自立と連携の
農村再生論

岡本雅美［監修］

寺西俊一
井上　真　［編］
山下英俊

東京大学出版会

本書は公益財団法人日本生命財団の助成を得て刊行された

Japanese Rural Communities in Global Era:
Crisis and Possible Proposals for Rebirth
M. Okamoto, S. Teranishi, M. Inoue, H. Yamashita, *et al.*
University of Tokyo Press, 2014
ISBN 978-4-13-076029-4

監修者序文

　本書は，「持続可能な農業・農村の再構築をめざして――自然資源経済の再生」というテーマで，2010（平成22）年度に公益財団法人 日本生命財団（以下，ニッセイ財団）の学際的総合研究助成を頂き，同年10月から2年間にわたり研究プロジェクトを実施した研究グループの，現時点までの研究成果の一部を取り纏めたものである。

　今や学際的研究は珍しくないが，この学際的研究を行ったグループは，今回のプロジェクトにあたって集まったタスクフォースではなく，岩波書店から季刊誌『環境と公害』を発行する編集同人として毎月顔を合わせ，また，機会あるごとに共同研究を続けてきた恒常的な学際的研究のグループであって，あまり例のないものと自負している。ちなみに本書の執筆者10人のうち7人は編集同人であり，編集同人でカバーしきれないテーマを，かつて編集同人と師弟であった研究者で，その後も機会あるごとに共同研究に加わっていた人たちに加わって頂いたという経緯がある。

　今回の共同研究では，グループ内の若い世代の研究者がそれぞれに熟達したテーマで研究を掘り進める縦串に対して，年長の研究者が分野・テーマを貫く横串を刺すという体制を組み，各人は，毎月の編集委員会の日に加えて，現地への調査や必要に応じての研究会を行って，濃密な学際的研究を進めてきた。

　この研究グループの出自は，1963年に都留重人委員長の下に結成された公害研究委員会であり，その委員として宮本憲一・柴田徳衛らが参加していた。1970年には，ストックホルムの国連人間環境会議に先駆けて，都留の主催によりレオンチェフ・カップ・サックスなど著名な研究者を招聘して，世界初の公害国際会議（国際社会科学評議会主催「環境破壊に関する東京シンポジウム」）を東京で開催した。その成功を受け，都留・戒能通孝・庄司光を編集代表として，幹事であった華山譲・岡本雅美に，この会議に参加した宇沢弘文・宇井純など

を編集同人に加えて，季刊誌『公害研究』が1971年に岩波書店から発刊された．毎月の編集委員会では引き続き研究会を開き，あるいは各地へ出かけて調査や討議を行うことを続けていた．

　時移り，公害問題がさらに環境問題へと拡大されていくなかで，誌名も『環境と公害』に改められて現在にいたっている．その頃の時流に反して誌名に「公害」が残されたのには，公害問題を環境問題に解消してはならないという主張が反映されている．編集代表は，第一世代の都留・庄司・戒能から最近では，宮本憲一・原田正純・淡路剛久に代わっていたが，研究者である編集同人の研究の学際性やスタンスは変わっておらず，その後参加した若い世代の編集同人に継承されている．

　今回，共同研究を開始する直前，日本の農村・農業・農民に決定的な影響を及ぼすであろう「環太平洋経済連携協定」（TPP）問題が，突如，喫緊の課題として登場する一方，調査活動が本格化した2011年3月11日には，東日本大地震・巨大津波，さらに東京電力福島第一原子力発電所の空前の事故が発生した．そのため，助成申請時に予定していた計画を，急遽，修正して拡張する必要が生じた．幸い，ニッセイ財団が好意的にお許し下さり，研究課題を拡大して研究を進めることが出来た．さらに，この種の成果の出版がきわめて困難となっている状況のなかで，東京大学出版会が出版を引き受けて下さり，ニッセイ財団からは研究助成に加えて出版まで助成して頂いた．ニッセイ財団と研究助成の審査委員各位，東京大学出版会には，研究グループの一同ともども，特記して深甚なる謝意を表したい．ありがとうございました．

　なお，本書は，日本の農業・農村をめぐる状況がますます悪化の一途をたどっているのではないかと思われるなかで，オンサイトでリアルタイムで伴走して研究している状況での中間報告であり，読者各位の忌憚のないご意見やご講評をいただけることを願ってやまない．

2014年1月

研究グループを代表して

岡本雅美

自立と連携の農村再生論・目次

監修者序文 ……………………………………………岡本雅美　i

まえがき ………………………………………………寺西俊一　1

第Ⅰ部　日本における農村の危機と再生への展望

第1章　現代日本における農村の危機と再生…………佐無田　光　7
はじめに　7
1. 農村問題をめぐる議論　8
2. 現代日本の過疎問題　11
3. 農村再生の地域連携アプローチ　22
おわりに　37

第2章　国際競争力をもった低コスト稲作農業の可能性
　………………………………………………石井　敦　45
はじめに　45
1. 規模拡大の必要性　47
2. 「規模拡大」の可能性と実現方策　52
おわりに——今後の水田農業と農村　61

第3章　原発事故が浮き彫りにした農山村の「価値」…除本理史　65
　——福島県飯舘村の事例から——
はじめに　65
1. 飯舘村の地域づくり　67
2. 「ふるさとの喪失」とは何か——危機に直面する「固有価値」　72
3. ふるさとの回復に向けて——原発事故からの地域再生　79
補論　農山村の「価値」と環境評価手法　81

iii

第Ⅱ部　農村再生のための新たな連携

第4章　エネルギー自立を通じた農村再生の可能性…山下英俊　89
はじめに　89
1. 「災後日本」のエネルギー・ビジョン　90
2. エネルギー自立の意義と可能性　92
3. エネルギー転換を進める政策　98
4. 固定価格買取制度導入後の日本の状況　106
5. 今後の政策に求められる論点　113

第5章　流域管理のための地域連携……………………泉　桂子　123
──水源地域における森林管理技術の自立と地域資源の再評価──
はじめに──流域が地域の「自立」と「連携」に果たす役割　123
1. 流域環境保全の現代的課題　126
2. 東京都水源林における東京都水道局と山梨県下地元村の関係　128
3. 横浜市と道志村の関係に見る「水源の郷」づくり　136
4. 地域連携による流域管理にむけて　141

第6章　野生動物問題と自然資源管理産業の可能性…羽山伸一　149
はじめに　149
1. なぜ野生動物問題か　150
2. 野生動物管理の考え方　157
3. 新たな産業としての自然資源管理　158
4. 自然資源管理産業の課題　161

第7章　産消提携による食の安全・安心と環境配慮…根本志保子　167
──生産を支える仕組みと原発事故への対応──
はじめに　167
1. 有機・産直農産物等の宅配事業と生産・流通・消費の連携　170
2. 福島原発事故による食品の放射性物質汚染と流通事業者による対応　183
3. 食の安全・安心，環境配慮，農業の持続性のための課題　196

補　章　棚田存続の危機と保全のための連携………石井　敦　203
　　はじめに　203
　　1. 棚田と谷地田　204
　　2. 棚田保全の含意と困難性　204
　　3. 各種の保全支援活動　205
　　4. オーナー制・トラスト制のネック　206
　　おわりに　207

第Ⅲ部　自立と連携のための政策

第8章　農山村の再生を支える税財政　……………寺西俊一　211
　　はじめに　211
　　1. 日本の農山村が直面している"四重の危機"　211
　　2. "自立と連携"にもとづく「内発的発展」の重要性　214
　　3. 農山村を支える税財政（1）──地方交付税制度のあり方　217
　　4. 農山村を支える税財政（2）──「農山村補助金」のあり方　221
　　おわりに　229

第9章　新たな自治体連携の枠組みのための試論…礒野弥生　235
　　──農漁村自治体の災害と連携を素材として──
　　はじめに　235
　　1. 災害救助と自治体間連携　238
　　2. 地域再生と自治体間連携　245
　　3. 多様な主体を含めた連携のハブとしての自治体連携　248

第10章　農山村の自立と連携のための「協治」……井上　真　253
　　はじめに　253
　　1. ガバナンス論としての協治より──行政の役割　255
　　2. 資源管理論としての協治より──専門家と素人　257
　　3. コミュニティ論／市民社会論としての協治より──外部者の役割　259
　　4. 公共性論としての協治より──かかわりの正当性　261
　　おわりに　263

あとがき……………………………………………………山下英俊　265

執筆者紹介　269
索　　引　271

まえがき

寺西 俊一

　監修者序文で触れられているとおり，本書は，日本生命財団の 2010（平成22）年度学際的総合研究助成として採択された「持続可能な農業・農村の再構築をめざして――自然資源経済の再生」（代表：岡本雅美）と題する共同研究の成果にもとづくものである。この研究助成における当初の申請では，本研究の背景と目的について，次のように呈示していた。

　「いま日本の農林業分野では，輸入農産物の増加や自給率の低下，後継者不足などを背景に，産業的な存続の危機に直面している。また，それらの産業に依拠している農山村では，過疎化と高齢化の進行により地域コミュニティの存続さえ危ぶまれる状況になっている。この状況を克服していくためには，新しい農業・農村への再構築を真剣に検討していかねばならない。今日，農業・農村の再構築は，食糧・エネルギーの自給率の向上のみならず，循環型社会や低炭素社会の実現といった『持続可能な社会』の構築という 21 世紀の基本課題にとってもきわめて重要となっている。本研究は，『自然資源経済』の再生とその持続可能性の確保という観点から，日本の農業・農村の再構築に向けた新たな政策体系を説得的に提示することをめざし，そのための学際的な総合政策研究を推進するものである。」

　われわれはこの共同研究を 2010 年 10 月から本格的にスタートさせたが，その前後に，これからの日本の農業・農村の行方を大きく左右する「環太平洋経済連携協定」（TPP）への参加問題が政治的に急浮上してきた。さらに，翌年（2011 年）3 月 11 日には，東日本大震災と東京電力福島第一原発の事故が発生し，とくに岩手・宮城・福島の東北 3 県を中心に，地震・津波による自然的災

害のみならず，原発事故による人為的災害が折り重なり，未曾有の「多重複合型大災害」ともいうべき甚大な被害がもたらされた。こうした事態を受けて，東北を中心とした被災地域における復興・再生に向けた取り組みをどのように支援していくかが，われわれの共同研究にとっても避けて通れない課題となった。このため，われわれは，当初の研究テーマに重ね合わせる形で，①TPPの推進が日本の農業・農村の将来に与える影響について検討すること，②東日本大震災と福島原発事故が日本の農業・農村に及ぼしつつある影響と被害を把握し，今後の復興・再生に向けた政策研究を進めること，以上の2点を研究課題として付け加え，本書における章別構成にも反映させることにした。

　ここで，本書の章別構成について，簡単に紹介しておく。

　まず，第Ⅰ部（「日本における農村の危機と再生への展望」）では，第1章（佐無田論文），第2章（石井論文），第3章（除本論文）を収めている。第1章では，現代日本における農業・農村の危機を生み出している過疎化の構造を都市―農村関係の視点から分析し，これからの農村再生のためには「地域内部の連携」と「地域間の連携」の再構築（「地域連携アプローチ」）が新たに求められていることが明らかにされている。なお，この章は，本書全体への総論として位置づけられる。第2章では，前出のTPP参加問題を念頭において，日本の「平地農業地域」における水田稲作農業に関しては，「利用集積」「集団化」「巨大区画化」を一気に実施することによって，それなりの国際競争力をもちうるものになることが論証されている。ただし，この場合，ごく少数の農業専従者以外は離農することになるため「農業栄えて農村滅ぶ」という懸念があること，また，とくに「中山間農業地域」については別途の政策対応が必要となることが指摘されている。後者の論点については，第Ⅱ部の補章（「棚田存続の危機と保全のための連携」）が石井によって用意されている。第3章は，福島第一原発事故によって「ふるさとの喪失」という深刻な被害に直面することになった飯舘村を事例に取り上げて，その実情調査にもとづき，そこから浮き彫りにされた農山村が有する「固有価値」の意義，および，この回復・再生に向けた諸課題を具体的に論じている。

　次いで，第Ⅱ部（「農村再生のための新たな連携」）は，第4章（山下論文），第5章（泉論文），第6章（羽山論文），第7章（根本論文），補章（石井論文）

から構成されている。第4章では，福島第一原発事故の衝撃を受け，日本においてもきわめて重要なテーマとなってきた「エネルギー転換」をめぐる問題に焦点があてられている。ここでは，再生可能エネルギーの導入が進んできたドイツ等での先行事例と日本の実情を対比しながら，「エネルギー自立」を通じた農村再生への新たな可能性と今後における諸課題が明らかにされている。第5章では，流域を単位とした地域の「自立」と「連携」の意義について，東京都とその水源地域となっている山梨県下の地元村との関係，横浜市とその水源地域となっている山梨県道志村との関係を中心に，具体的な事例分析にもとづく詳細な考察が示されている。第6章は，とくに1990年代以降，日本の農林業の衰退と従事者の高齢化等によって地域の自然資源を管理する担い手が不在となりつつある状況を背景にして，手入れ不足の人工林からの表土流出，管理放棄された竹林の分布拡大による森林枯死，捕食者不在のシカやイノシシによる農業被害の増加など，各種の深刻な影響が顕在化している問題に焦点をあて，農林業を「自然資源管理産業」として新たに位置づけていく必要性と可能性を論じている。この章は，長年，野生動物問題に取り組んできた専門家ならではの示唆に富む主張が盛り込まれている。第7章では，農業分野における生産者と消費者の連携（「産消提携」）による「食の安全・安心」と「環境配慮」，さらには「農業の持続性」を支える仕組みをめぐる考察が行われている。とくに福島原発事故後における食品の放射能汚染への対応に焦点があてられ，生産者・流通事業者・消費者の間での「情報共有」や「信頼関係」の構築をめぐる今後の諸課題が明らかにされている点で，非常に有益な論考になっている。補章については，すでに言及したとおりである。

　そして，第Ⅲ部（「自立と連携のための政策」）では，第8章（寺西論文），第9章（礒野論文），第10章（井上論文）が収められている。第8章は，"四重の危機"に直面している日本の農山村の再生を支える税財政のあり方に焦点をあて，とくに「地方交付税交付金」と「中山間地域等直接支払交付金」の制度について具体的に検討し，それらの意義，および，今後における改革や新たな展開への必要性を指摘している。第9章では，東日本大震災と福島第一原発事故にともなう災害救助や災害支援のあり方について取り上げ，市町村レベルでの「自治体連携」の重要性，その枠組み，今後における諸課題などが明らか

にされている．最後の第 10 章では，これからの農山村の自立と連携に求められている「協治」の基本的な考え方と意義（「ガバナンス論」「資源管理論」「コミュニティ論」「公共性論」としての「協治」の意義）が簡潔に示されている．この章は，本書全体のまとめとしての役割も果している．

　以上にみるように，本書は全 11 章（補章を含む）から構成され，各章で取り上げられている課題や論点は多岐にわたるものとなっているが，全体のタイトルは，『自立と連携の農村再生論』とした（ここでの「農村」には「山村」も含まれる）．

　いま，日本の農業・農村は，幾つもの点で重要な岐路に立たされているといえるが，こうした岐路を前にして，一方では，集約化・大規模化・国際化の推進による構造改革の必要性が声高に叫ばれ，他方では，とくに中山間地域については「積極的撤退」を進めるべきだとする農村計画論も登場している．そうしたなかで，われわれが本書全体を通じて示そうとしている基本メッセージは，"自立と連携"にもとづく「内発的発展」による「農村再生」への着実な取り組みこそが，これからの日本における「持続可能な農業・農村の再構築」につながる本道だ，ということである．本書が，大震災と原発事故の被災地における今後の復興・再生への諸課題を含め，これからの日本の「農村再生」ないし「農山村再生」のあり方を考える一助として，多くの方々に読まれることを期待する次第である．

第Ⅰ部

日本における農村の危機と再生への展望

第 1 章

現代日本における農村の危機と再生
―― 求められる地域連携アプローチ ――

佐無田　光

はじめに

　世界人口69億人のすでに約半数が都市（urban area）という人工空間に暮らし，ますます都市化が進む現在，人類社会にとって，農村（rural area）という，自然生態系を基盤とする居住形態をいかに続けていけるかが問われている[注1]。

　日本の農村では，著しい人口衰退と過疎化が進行している。ここで過疎問題とは，地域の共同生活条件を支える上で必要な人口規模が崩壊し，住民が職業，サービス，良好な生活環境を手に入れることが難しくなり，ふるさと居住の選択肢を奪われる人権の問題であり，同時に，地域の個性的な自然と一体となった暮らしの文化やストック（生産手段，生活手段，環境条件，知識の継承）が絶対的・不可逆的に失われるサステイナビリティの危機でもある。

　過疎化の進行の著しい中山間地域を支援する政策の根拠として「農業の多面的機能」が主張されることが多い。農業の外部経済効果は重要であるが，現代の日本の農村は都市化して久しく，農林水産業の就業者はいまや決して多くはない。そのため，現代の過疎化は，すでに農林水産業の保全だけで解決する問題ではなくなっており，地方圏の経済構造全般に関わる複合的な問題だととらえるべきである。過疎化現象は各国一様ではなく，この現象の背景には国民経済的な構造がある。本章では，現代日本における過疎化の構造を都市―農村関係の視点から分析し，農村再生政策の地域連携アプローチの課題を論じる。

1. 農村問題をめぐる議論

　2011年2月に国土審議会政策部会長期展望委員会が発表した「国土の長期展望」の中間とりまとめによれば，日本では2050年までに，現在，人が居住している地域のうち約2割の地域が無居住化するという衝撃の予測結果が示された。首都圏（1都3県）でさえ人口減に転ずるが，小規模市区町村ほど人口減少率が大きく，地域間の減少率の差によって首都圏の人口シェアは一層高まると予測されている。この傾向は，日本社会の少子高齢化によるものであるが，日本特有の都市－農村関係を反映している。

　「国土の長期展望」の基礎データにもなっている国立社会保障・人口問題研究所の予測にもとづくならば，人口減少の地域的な傾向は明瞭に3グループに分けられる（図1，参照）。①大都市圏（首都圏市部，愛知県市部，地方中枢都市）のグループは，2015年頃から人口減少が始まり，2035年には2005年に比べて5％ほどマイナスになると予測されている。②地方都市圏（大阪府市部，過疎地域を除くその他市部郡部）のグループでは，すでに人口減少が始まっており，2035年に人口は約－15％の予測である。大阪府市部の停滞は著しく，地方都市圏と同じ人口減少率のグループに入る。その他市部を，政令市，中核市，その他に区分したとしても，大きな差は生じない。対して，③総務省の過疎対策立法の下で過疎地域に全域指定されている市部郡部のグループは，2035年までに実に－35～40％の人口減少が見込まれている。この③のグループには，人里離れた山間部だけでなく，地方小都市が含まれていることに注意が必要である。日本の約3分の1の市町村で，2005年から30年間で人口が約3分の2以下になると予測されている。

　図1からもう1つ読み取れることは，地域間の人口動態の差異とその連動性である。人口動態は自然増減（出生数－死亡数）と社会増減（転入数－転出数）で構成されるが，地方農村部から地方都市圏を経由して大都市圏へという人口の社会移動の構造が，日本における地域間の人口減少格差に反映されている。逆に言えば，大本の地方農村部（③のグループ）が人口再生産能力を失うことで，農村部からの人口供給に支えられてきた地方都市圏（②のグループ）の人口減少が起こり，そして地方都市圏からの人口供給に支えられてきた大都

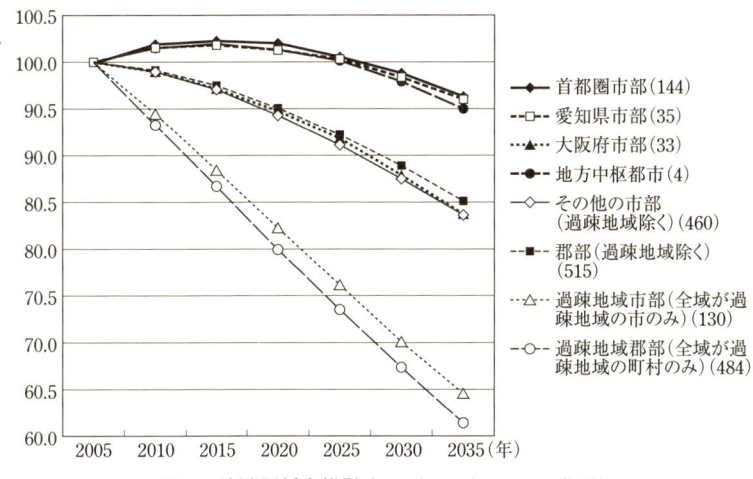

図1 地域別将来推計人口（2005年＝100の指数）
注）国立社会保障・人口問題研究所（2008）より作成．

市圏（①のグループ）でも人口減少が始まるという連動性が表れている．つまり，日本の大都市圏は依然として国内農村部の人口供給力に依存しており，世界の農村から人口を集めるような世界都市化は進んでいないため，日本農村の過疎問題は，ひいては大都市圏を含む日本社会全体の問題へとつながっていく．

　このような農村の過疎化の傾向に対して，どのような政策論が立てられるであろうか．第1に提起されるであろう方向性は，すでに農村計画論の一部から出されている計画的な集落撤退論である（一ノ瀬，2010；林・齋藤，2010）．このまま人口の自然減少が続けば，自治組織など集落の管理機能が低下し，自ら移動することができずに残される住民，とくに高齢者の生活の質が悪化して，集落環境が廃墟化するだけでなく，やむにやまれず個別に移住した住民も地域コミュニティの寄る辺を失うことになる．そのような消極的な廃村化の前に，集落で十分に話し合って（自己決定を基本とする），集落ごと流域居住圏に移転するのか，それとも，最後まで集落に住み続けたいという意思を尊重して，段階的に「村おさめ」をしていくのか，どちらにせよ「積極的な撤退」の計画を集落が選択するための支援を政策的にしていかねばならないという議論である．確かに，自然・社会条件を考慮した計画的な撤退の方が，社会的・環境的なリ

スクを小さくし，社会投資を「選択」「集中」することができるであろう。しかし，このアプローチは，住民福祉の責任を背負い切れない「行政の撤退」を正当化する議論につながりかねない恐れがあるとともに，過疎化を引き起こす日本経済の構造的問題にメスを入れない「消極的」な対症療法策でもある。

　第2の議論は，安心して暮らし続ける地域を創りたいと願う住民の切実な思いに寄り添い，「住み続ける権利」を主張する人権保障論の立場である（井上，2012）。過疎にせよ災害にせよ，地域崩壊によって移転を余儀なくされることは，居住の選択可能性を奪われる人権の侵害あるいは差別・不平等であると認識し，人口が少なくモノが豊かでなくとも人々が尊厳を持って生活することが可能な，「住み続ける権利」の人権保障システムを確立すべきだとする。福島原発事故によっても明らかになったように，「ふるさとの喪失」が非常に大きな精神的苦痛をもたらすこと（大島・除本，2012）に鑑みた場合，こうした精神的苦痛の防除は住民目線において重要である。ただし，この論理の弱点は，第1に，人権論だけを根拠にすると，不幸にして人が住まなくなってしまった場合の農村の処置が議論の射程に入らないこと（放置されてよいわけではない），第2に，過疎地域の生活保障を実現するための経済的条件が明らかにされていないことである。

　そこで第3の有力な政策論として，農村内部からの地域振興を主張する内発的発展論がある。農山村の内発的発展は提唱されて久しいが（宮本，1982；保母，1996；宮本・遠藤，1998），近年，過疎地域の厳しい不利な条件にもかかわらず，限られた資源を活かして地域独自の創造的な取組みに成功している中山間地域の新しい事例が多数報告されている[注2]。閉塞した日本経済のなかで，サステイナブルな社会に向けた新しい実験的な発展モデルは，もっとも条件の厳しい過疎農村でこそ生み出されているといってもよい。農村再生は，日本の社会的イノベーションの最前線に位置している。

　ただし，注意すべきは，福祉国家が後退している下では，内発的発展論が新自由主義的な自助努力論に組み込まれる恐れがあることである。農山村の内発的発展の研究を続けてきた保母（2008）は，中山間地域の再生・維持の可能性について，ミクロ的には「あり得る」が，マクロ的には「あり得ない」「極めて困難」と吐露している。農村集落が数千の単位で自然消滅を続け，農林業の

担い手も激減しているなかでは，あらゆる中山間地域に「振興」や「活性化」の自助努力を求めることは無責任であろう。内発的発展が一部地域の適者生存にとどまっていては，農村の過疎問題は改善されない。個々の地域の努力に任せるだけでなく，都市－農村関係の再構築を視野において，過疎化を引き起こしている国土構造的な問題を診断し，それに対する処方箋を書かなければならない。

2. 現代日本の過疎問題

2-1 日本における過疎問題の構造

工業化が進むと都市居住者が増え，農村部との経済格差が拡大するのが歴史的傾向であるが，全ての国や地域で同じようなペースで農村の過疎化が起きているわけではない。先進7カ国における農村人口の変化を比較してみると（図2），都市人口比率は第二次世界大戦以降拡大してきたが，農村人口自体が減少したのはフランス，イタリア，日本にとどまり，それも1～2割程度の減少にすぎず，1970年以降には比較的安定していた。それが，世紀をまたぐ頃から再び下降が始まり，各国とも趨勢では農村人口の減少に至ると予測されている。その数値は，1950年を1として2030年には1.2から0.3と，かなりの開きがある[注3]。

日本では1990年頃から再下降がスタートし，2010年頃以降加速して，2035年には1950年の約半分の農村人口になると予測されている。意外なことに（統計上の定義の違いに留意すべきではあるが），農村人口の減少幅がもっとも大きいのは，農業輸出大国といわれるフランスである。フランスの農家経営数は1970年の159万戸から2010年には67万5000戸まで激減してきた。とくに1990年代以降のEU共通農業政策の改革が大規模経営に有利に作用したことで，圧倒的多数を占める中小・零細な個人経営の消滅と，大規模なプロ経営の規模拡大が進んでいるという（石月，2007）。いずれにせよ，農村問題には各国・地域ごとに異なる構造がある。イギリスでは1960～70年代のポスト工業化の過程で，都市の工業が衰退し，農村地域に人口が回帰する現象が見られた（柿本，2000）。日本では逆に，ポスト工業化の過程で地方農村部から大都市圏へと人

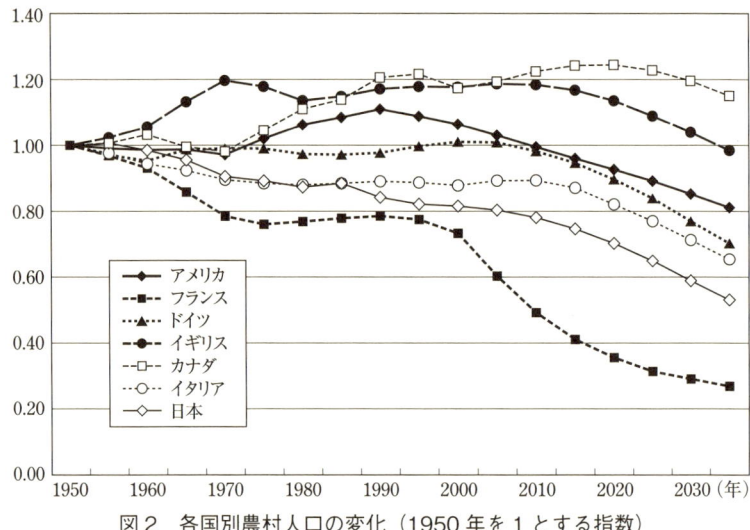

図2 各国別農村人口の変化（1950年を1とする指数）

注）United Nations, Department of Economic and Social Affairs, Population Division (2010) *World Urbanization Prospects: The 2009 Revision* より作成。ただし、2010年以降は予測値。

口流出が加速している。日本固有の制度的・構造的変化と経路依存性を分析しなければならない。なぜ1970〜80年代には相対的に安定していた農村人口が、90年代から再び下降スピードを強めたのであろうか。

　日本で過疎化が社会問題として認識されたのは、1960年代に生じた西日本の挙家離村や東日本の出稼ぎによる人口流出がきっかけであり、背景には高度経済成長による労働市場、エネルギー構造、農林業生産構造の変化があった。傾斜地の多い日本の農山村はもともと自然条件に規定されて多業的であり、村民は、米作、畜産、水産、製炭、製材、特産物等の組み合わせで所得を形成してきたが、エネルギー革命による薪炭需要の減少、農業の機械化による牛馬の代替、外材輸入増大による木材価格下落、米過剰問題と減反政策等に伴って、山村型経済は跛行的に崩壊した（斉藤編、1976；藤田、1981ほか）。

　1970年代から80年代にかけては、一転、地方都市や農村部における就業機会の増大によって在宅兼業が可能となり、過疎化は一時的に緩和された。岡橋（1997）は、これを農山村経済の「周辺化」ととらえる。すなわち、①公共投

資に依存した建設業の成長，②労働集約型の工場進出，③投機的リゾート開発の受容等によって，就業構造面では兼業化が進み，女子に工業・サービス業，男子に建設業・工業の雇用機会がもたらされた。地方農村部では農業との兼業のために相対的に低い賃金が受容されたが，安東（1986）はこれを「不本意な生活安定装置」だったと表現している。農村経済は市場経済に包摂されるとともに，中心地域への従属性が強められ，全国的な地域的分業体系の末端を担うべく再編されていった。

戦後の日本資本主義は，国内資源を動員しつつ社会統合を図る，国民経済単位の成長メカニズムを形成したが，日本農業の兼業農家モデルもこの構造に組み込まれて存立した。農外所得によって農業機械の導入が可能となり，農業機械の普及を通じて農作業は省力化され，農家世帯員は農外労働時間を増やして，農業はいっそう副次的な経済活動となった（ジュソム，2006）。農外所得がある程度安定すれば，農地や用水の既存ストックがあることによって，零細規模農家であっても週末農業で継続可能となる。年に数度の繁忙期には近隣都市で働く子弟や親戚が戻って手を貸した。自家消費分を超える余剰生産物の販路は国と農協によって用意され，販路開拓や生産調整など農業経営に多大な時間を割かなくとも一定の収入を得る道が確保された。こうして農家の多業収入構成は，兼業スタイルに中身を入れ替え，農村は「都市化・混在化」しながらも（宮本，1982），共同体的な社会と環境をそれなりに保持してきた。国は一方では農業の近代化・規模拡大を目指したが，他方で兼業化による農村の適応を容認し，「草の根保守主義」の基盤として体制内化した。

しかし，国民経済の成長の下で過渡的に安定していた兼業農家モデルは，経済のグローバル化・ポスト工業化によって揺らいでいく。1980年代後半から関税および貿易に関する一般協定（GATT）のウルグアイ・ラウンド交渉を通して農産物の輸入自由化が段階的に進んだが，農村におけるグローバル化の影響はそれだけではなかった。1990年代以降，日本の大企業システムが本格的に国際化し，国内分業の非統合化が明瞭になってくると，「高度経済成長期に形成された周辺型経済の後退」が顕著となる（岡橋，2008）。製造拠点の海外化や地域労働力の高齢化などにより工場の撤退が相次ぎ，公共事業に依存した建設業も財政赤字のために縮小した。流通の合理化に伴い，卸売業や小売業も

雇用吸収力を低下させた。事業所・企業統計調査にもとづけば，1996〜2006年の間に，製造業，建設業，卸・小売業の主要3部門を中心に，地方圏（首都圏，中部圏，関西圏以外）で実に約223万人の従業者が純減した。

　若者の就職先すなわち兼業先がないことが農家の継承に影を投げかけている。後継世代が地域を出て，遠方での仕事を続ければ，農村生活のノウハウも失われ，ますます農業に戻りづらくなる。子供世代の同居家族のいない兼業農家が定年退職すると，年金と農業収入の複収入に移行するが，統計上は専業農家となる（高齢専業化）。現在，農村環境のストックを管理し，地域のコミュニティの維持に尽力しているのは，こうした高齢農業者である場合が多い。彼らは，退職後に本格的に農業に復帰するケースもあるが，いずれ体力的に続けられなくなったり，労力に見合う見返りを期待できなくなったりして農業をやめると，耕作放棄地や土地持ち非農家が増えることになる。米の価格維持政策が転換されたことで，副収入としての農業収益も圧迫され，農業離れに拍車をかけている。いまや農村の担い手が消滅の危機にあるが，それは，自給的・副業的な農業でさえ農家の内部で代替わりができなくなった，後継者難による兼業農家モデルの危機である。教科書的には専業農家の少なさが問題だとされてきたが，最近20年間では，むしろ兼業農家を続けられなくなってきたことが地域にとって深刻な問題である。

　このように，1960年代の過疎化が大量生産システムの形成に伴う山村型経済の崩壊と周辺化であったのに対して，2000年代の過疎化は，ポスト工業化による周辺型経済の崩壊と国民的統合制度の削減（脱周辺化）である。地方圏の産業が軒並み衰退して，兼業農家モデルが危機に陥ったことに危機の本質がある。これに対して，政策的には，兼業農家層を分解させて，組織的農業経営（集落営農または農業法人）への再編を促進させる方針で，圃場整備事業や認定農業者制度など誘導的な農業政策が展開されてきた。しかし，兼業農家モデルが機能しなくなったことは，農林水産業の低生産性の問題というよりも，小都市を含む地域経済全体の危機であって，農業政策だけでなく農村経済の構造を射程に入れた政策アプローチが必要とされる。

2-2 能登半島を事例として

　過疎化の進む農村経済の実態を，石川県の奥能登地域を事例に検証しよう。日本海に突き出た能登半島，その北側半分，現在2市2町（輪島市，珠洲市，穴水町，能登町）の範囲（1130 km^2）が奥能登と呼ばれる地域である。港湾部に発達したいくつかの小都市と後背地の農村部を含む。1980年に11万7787人いた奥能登の人口は，2005年には約3割減の8万3214人まで減り，30年後の2035年にはさらに－45％の4万4500人ほどになると予測されている（国立社会保障・人口問題研究所，2008より）。過疎法および半島振興法の対象地域であり，広域にわたる過疎問題のひとつの典型である。

　能登半島は歴史を通じてずっと僻地であったわけではなく，地理的隔絶性が過疎の原因だと単純化はできない。歴史家の網野善彦の研究によると，近世の奥能登の実態は，「港町，都市が多数形成され，日本海交易の先端を行く廻船商人がたくさん活動しており，貨幣的な富については，きわめて豊か」であったとされる（網野，2005，250頁）。北前船の寄港地である輪島，小木，宇出津などを中心に，漆器製造業，酒造業，船大工業，船問屋，魚問屋，金融業などが栄え，その後背地では，米，木材，水産物，塩，窯業製品（珪藻土）などが生産されていた。また，在郷町と呼ばれる商業の拠点が各地にあり，朝市がひらかれ，農山漁村の産物と全国から集まる産品が取引されていた。

　しかし，明治に入り，交通網が北前船から鉄道に変わると，奥能登の港町は次第に拠点性を失った。港は漁業基地化し，市場機能や物流中継機能は薄れていった。奥能登は近代工業化に立ち遅れ，杜氏や左官・大工などの技術者は出稼ぎに活路を見出した。奥能登の酒造業は昭和初期までにかなり淘汰され，代わりに能登杜氏は全国で重宝された。輪島の漆器産業は，下地工程が複雑で代替塗料の利用が進まなかったため，機械化に向かわず，近代工業の基盤とはならなかった（須山，2004）。

　第二次世界大戦後になると，自前の経済基盤の弱い奥能登では周辺経済化が進み，高度成長の下で表面的な繁栄がもたらされた。観光ブーム，農業構造改良事業，大型イカ釣船団，土木建設業の隆盛などである。繊維工業や電気機械の下請け工場の立地も進められた。金沢の産元商社，地方金融機関，石川県政が一体となって，能登地域を織物の下請け産地として開拓していった（合田他，

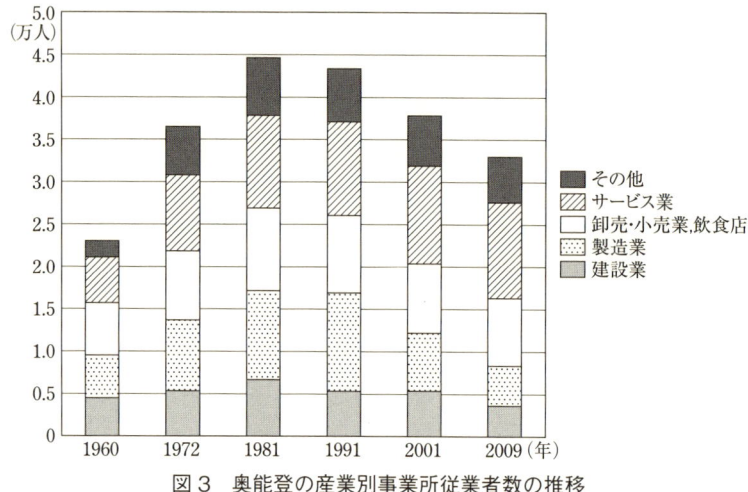

図3 奥能登の産業別事業所従業者数の推移
注）『石川県統計書』各年版より作成。

1974)。輪島塗産地は，伝統技法にこだわったことが逆に功を奏し，戦後，全国的な高級漆器の需要を一手に集めた。農村地主層から料亭・旅館などに顧客層を代えて，高度成長期後半から急速に生産を拡大した。

図3をみると，1960年から81年までは奥能登でも都市化が進み，順調に就業機会が増えていたことがわかる。81年の4万4609人をピークに91年までは雇用規模を保持していたが，それが90年代以降に明白に減少に転じた。製造業−56％，建設業−45％，卸・小売・飲食店−18％（いずれも1981〜2009年）と，3部門の従業者数が大幅に減り，サービス業のみがかろうじて水準を保持している。

奥能登の製造業の柱であった漆器産業（輪島塗）は，全国的な大衆市場に付随した高級品市場に依拠して成長した。流通ルートを外部の商社に依存することで，伝統的な訪問販売よりも料亭や百貨店を主な販路として，市場へのアクセスが格段に広がって成長を遂げた。ところが，バブル崩壊で高級品需要が激減すると，とたんに受注がなくなり，代替販路を独自に開拓するノウハウも乏しく，長期的な不況に落ち込んだ。輪島塗の売上げは1991年の180億円をピークに2008年には65億円に，従業者も2900人から1700人規模に減少した。また，繊維産業についても，1990年代に小売業者や大手メーカーが海外の織

表1　奥能登における専兼業別販売農家数および農家人口率の推移

(単位：戸)

年	専業	第一種兼業	第二種兼業	農家人口率
1960	1,920	10,953	7,015	69.7%
1965	1,148	7,040	10,180	66.2%
1970	726	5,012	11,613	61.6%
1975	589	1,636	13,647	56.1%
1980	763	1,256	13,163	54.0%
1985	1,074	1,229	12,017	51.4%
1990	1,188	697	10,572	46.6%
1995	1,417	944	8,766	42.4%
2000	975	321	5,074	26.8%
2005	1,012	372	3,421	20.6%
2010	1,090	290	2,325	16.6%

注)『石川県統計書』各年版より作成。

物業者を使うようになると、国内織物産地は崩壊し、取引を産元商社に依存する奥能登の繊維業者は急速に衰退した。珠洲市の繊維工業の製造品出荷額は1990年の98億円から2008年の38億円へ、従業者数は1400人から370人へと激減した。団体旅行客に依存していた観光業も苦戦している。輪島市では1991年をピークに旅館・宿泊業の従業員数も半数以下となった。建設業についていえば、2011年に公共事業をめぐる談合に関与したとして、奥能登2市2町の建設業者68社が総額46億円の課徴金・違約金を請求された。

つまり、奥能登の地域産業は一見繁栄していたように見えていたが、それは国民経済の分業体系の中で、遠方の大都市の成長の間接的な恩恵を受けていたにすぎず、地域外部の経済仲介機能に依存する構造にあった。グローバル化・ポスト工業化の下で分業体系から切り捨てられると、新たに市場を見いだして仕事を創り出す独自の経営資源に乏しく、淘汰を受け入れざるを得なかった。農村的下請け工場や土木建設業はもとより、輪島塗のような個性的に見える地方小都市の産地でさえ、同様の構造にあった。これは奥能登に限ったことではなく、現代日本の地方圏に共通する問題である。

周辺型産業の成長と後退という地域経済の動態を受けて、農家の生業はどのように変化してきたか。表1によれば、奥能登では1960年段階ですでに農家の約9割が兼業農家であったが、60～70年代に農業を主とする兼業から農業

表 2　石川県の農家経済　　　　　（単位：万円，2010 年実質値，各 10 年間の平均）

	1971～80 年	1981～90 年	1991～2000 年	2001～10 年
農業所得	124	82	71	61
農外所得	518	610	713	518
出稼ぎ, 年金, 補助金等	120	193	183	195
租税公課諸負担	-82	-122	-158	-132
可処分所得	680	763	809	642

注）『石川県統計書』各年版，総務省統計局「消費者物価指数」（北陸地方，総合）より作成。

を従とする兼業へと変化した。しかし，総人口に占める農家人口（農業に従事していない家族も含む）の割合をとると，1960 年には 69.7％，80 年でも 54.0％あり，農家中心の社会を保っていたことが分かる。ところが，1985 年以降，第二種兼業農家数が 1985 年の 1 万 2017 戸から 2010 年には 2323 戸へと激減した。農家人口の割合も 2010 年時点で 16.6％まで急激に下がり，農村社会の姿が一変した。

　表 2 で石川県の農家経済の経年変化をみると[注4]，実質農業所得がもっとも下がったのは 1970 年代から 80 年代にかけてであるが，そのことは農家経済に甚大な影響を及ぼさなかった。なぜなら，所得の大半を占める実質農外所得が 90 年代まで上昇していたことで，農家の可処分所得は上昇していたからである。ところが，2000 年代に入ると，農外所得が激減し，これによって農家の実質所得水準は 1970 年代以前のレベルまで圧迫されていることが示されている。農村の危機は農家の危機であるが，それを農業の危機として理解しては事態を見誤ることになる。

　兼業農家モデルの危機によって，地域資源として蓄積されてきた農地の継承が問題となってくる。石川県において，経営田に占める借入田面積の割合は 2010 年で 51.3％にも上り，農地の流動化が加速しているが，耕作が放棄される農地も非常に多い。2010 年時点で，奥能登全体で 33％，穴水町では 45％もの農地が耕作放棄地となっている。表 3 によれば，耕作放棄率の数字には明らかな地域差がある。石川県農政においては，国の方針に沿って，圃場整備事業をはじめとする農地の合理化と，一定規模の農地を持つ認定農業者や集落営農などの担い手農家育成が，いずれの地区でも推進されてきたが，大規模農業に

表3　耕作放棄地率の比較　　　　　　　　　　　　　　　（単位：ha）

	市町	販売農家	自給的農家	土地持ち非農家	合計	耕作放棄率
奥能登	輪島市	150	176	368	694	32.8%
	珠洲市	119	119	169	407	23.5%
	穴水町	177	130	264	571	44.9%
	能登町	247	126	260	634	34.9%
	計	693	551	1,062	2,306	33.2%
南加賀	小松市	67	20	107	195	6.6%
	加賀市	52	16	76	144	4.5%
	能美市	6	5	16	26	2.3%
	川北町	1	0	0	1	0.2%
	計	126	41	199	366	4.6%

注）農林水産省「2010年世界農林業センサス」より作成。

適した平地が多い南加賀地域の耕作放棄率は4.6％にとどまり，中山間地域で輸送費も余計にかかる半島地域の奥能登との差は歴然としている。兼業農家から組織的農業へと担い手の移行を促す農業政策は，条件不利な奥能登では有効に機能していないことを見て取れる。

農村経済の変化を受けて，集落の暮らしはどう変わってきたか。金沢大学が能登半島先端の珠洲市で行っている定点的な集落調査（井上他，1990；武田他，2013）によれば，1989年から2011年にかけて，人口ピラミッドの頂点は60歳代から70歳代にシフトし，世帯主の死去や転出などによって緩やかに戸数が減っている。それでも，集落の暮らしは表向き大きくは変わっていない。半農半漁の生活で，田畑もあり，漁具もあるので，現金収入手段がなくとも，集落居住者は健康であればある程度元気に生活できるからである[注5]。統計上は無視されがちな自給的農業は，集落の暮らしには非常に大きな役割を果たしている。空き家は増えているが，もともと1軒1軒は歴史のある立派な建物であり，「暮らし向き」は給与所得の有無にかかわらず，大半が「何とかやっている」と答えている。

しかし，集落経済は水面下では確実に侵食されている。農協や漁協は合併・閉鎖され，出張診療所も閉鎖されたり，食堂や土産物屋も商売をやめたりするなど，身の回りの生活サービスが減っている。漁師や大工の後継者もいない。つまり，高齢者の暮らしは生活・生業のストックがあるので急には壊れないが，

これから現金収入の必要な若い世代には仕事がない。また，高齢者が病気になったり災害が起きたりする緊急の場合には，身近に支援機能が不足しているため，住み続けたいが住み続けられない事態に陥りやすい。そのため，地域再生の現場で切実に求められているものは，単刀直入に言えば現金収入の手段である。それは，直接的に自分たちのためというよりは，次世代の青壮年が地域に残れるような条件を取り戻したいという思いからである。

2-3 国民経済システムの問題

農村の過疎化の背後にある地域産業の衰退をみてきたが，では，なぜ地方圏の産業は後退しているのか。ここで地方農村の過疎問題を，大都市圏との成長格差の問題だと認識しては誤ることになる。実は，大都市圏とくに東京経済こそ危機の中心地である。日本は，東京・大企業を頂点とした垂直的分業体系によって国内資源を動員して経済成長を実現し，分業と財政移転を通じて，その果実を地方に再分配して社会統合を実現するシステムを構築してきたが，いまやこの国民経済システムが機能不全に陥っている。

藤波（2010）を参考にして，2000〜09年の県内総生産を地域別に人口変化要因と人口1人あたりの生産性要因に要因分解したのが，図4である。これによると，首都圏では人口変化要因が＋5.8％なのに対して生産性要因は－2.3％である（GDPの成長率は人口の成長率を下回っている）。逆に，地方圏では人口変化要因が－2.3％で生産性要因が＋3.9％である。つまり，首都圏は人口増によって経済成長を保っており，地方圏は人口減少を生産性の上昇でカバーしていることが分かる。この20年間，新しい知識集約型のリーディング産業は大都市圏から生まれず，大量生産型産業が国内リストラを重ねて，競争力を保とうとしてきた結果である[注6]。

過密で子供を育てにくい環境にある東京の経済は，地方から若者の転入超過が続かなければ持続できないシステムである。2008年時点で，東京の合計特殊出生率は1.09で全国平均の1.37を大きく下回るが，2006年10月から2009年9月の3年間累計で，45万7181人の地方圏からの転出超過が，首都圏における43万5262人の転入超過を支えている。この人口移動の中心は20〜30代の若者であり，教育と就職のシステムがその推進力となってきた。ところが海

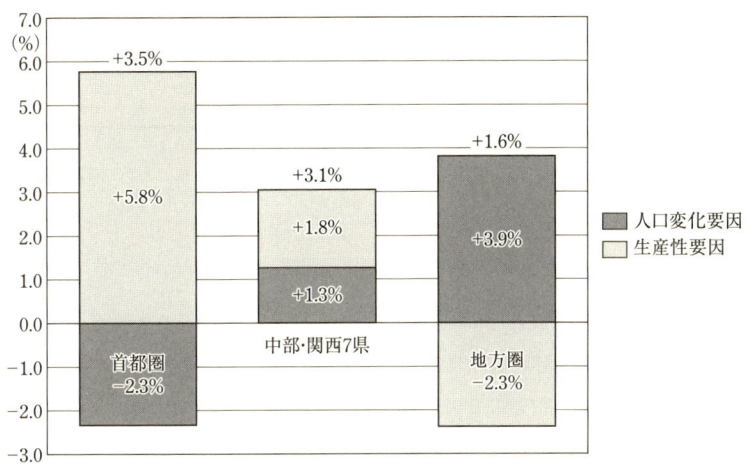

図4 県内総生産成長率の要因分解（2000〜09年）

注）内閣府『県民経済計算』，総務省統計局『人口推計』をもとに計算。県内総生産変化率＝人口変化要因（人口変化率×2009年1人あたり県民総生産）＋生産性要因（1人あたり県民総生産変化率×2000年人口）の式により要因分解を行った。

外との関係でみると，同じ時期に日本全体で26万1662人の出国超過であるが，うち首都圏から15万8472人の出国超過となっている。日本（東京）の多国籍企業は海外展開を強化する一方で，海外の多国籍企業は日本（東京）からアジアの他都市へ拠点を移しているためである。グローバル経済の時代に首都圏経済は，世界から人材と資金を集める拠点というよりも，国内から海外への「ポンプ」の役割を果たしている。

以上のとおり，現代日本の過疎問題の原因を探るならば，それは個々の地域経済の問題もさることながら，国単位の都市－農村関係に基づく国民経済システムに起因する問題だと診断される。ポスト工業化に対応した集積の効果や産業創出機能を発揮できていない大都市圏，ひいては日本経済の危機が，日本の垂直的国土構造の下では，国内分業のリストラと教育・就職の制度依存を介して，地方圏とくに農山村部の人口減少・過疎問題となって現象している。都市の危機は，人口と資本が集まれば見かけのうえでは市場規模が大きくなるため，見逃されがちであるが，生産手段を持たない都市労働者層の貧困問題がもし顕

在化すれば,農村よりも事態は深刻化するであろう[注7]。

　都市の資源は農村によって支えられているが,農村の経済は都市によって支えられており,本来両者は相互支援的にバランスしていることがサステイナビリティの条件である。現代日本の過疎問題の背景には,都市－農村間の資源配置の極端な不均等と,にもかかわらず停滞に陥っている都市経済の問題があり,現在の国土構造,すなわち人材と資金が中央に吸収され海外に出ていく構造を前提としたまま,個々の農村の自助努力によって,この状況の打破を期待することは幻想である。これまでの日本政府の過疎対策は,垂直的国土構造を前提とした対症療法的な財政措置が中心であって,ほとんど機能してこなかった(保母,1996)。農村再生は,国の負担となっている遅滞地域への支援という発想ではなく,人的資源・地域資源の有効活用による日本経済の再生を目指すものでなければならない。内発的発展をベースに,地域単位の発展論にとどまらず,都市－農村関係を再構築し,地域的連携によって垂直的国土構造を改革する「地域からの国土政策」のアプローチが必要とされる。その芽は,各地の過疎農村から発信されている新しい発展モデルの中に見出されよう。政策論の詳細は後の章に譲るが,以下,本章においては,農村再生の政策課題を地域内外における連携の再構築という視点から総論的に論じておきたい。

3. 農村再生の地域連携アプローチ

　日本の農村が目指すべき持続可能な地域づくりの方向性は,曰く,「地域資源を活かした産業の活性化」であり,「美しく暮らしやすい農山漁村の形成と農林水産業の新たな展開」,そして「地域間の交流・連携と地域への人の誘致・移動の促進」であるとされる。これらはいずれも日本の国土形成計画(2008年閣議決定,全国計画)で謳われている文句である。しかしながら,農村はいつの時代でも,地域資源に基づく生業(産業)を営み,それによって農村景観を形成し,地域間の連携を支えにしてきたのであって,これだけでは一般論にすぎない。国土形成計画は,農山漁村の理想論だけを語って,国土の構造に切り込まず,地域の自助努力に基づく自立と連携を求める書き方になっている。問題の本質は,農村の暮らしが従来の地域間連携では成り立たなくなって

いることにあり，今の時代にいかなる連携の再構築が必要とされているかにある。

　今も昔も農村経済が成立するためには，都市との連携——市場，仕事，資本，技術，人のつながり——が欠かせない。都市の市場が変化すれば，農村から供給される要素も変わり，地域内部における生産組織もまた変化する。都市の力が衰え，都市からの仕事や資本が遠方の農村まで及ばなくなった場合には，農村生活を維持する条件も変わらざるをえない。農村を支える地域連携は，大きく分けると，資源供給（分業関係），社会統合（資金移転），人の移動（労働市場）に関わるが，それぞれに，時代に応じた地域間および地域内部の組織的・制度的な再編成が課題となる。それらは相互に関わりあっているが，順番に論じていきたい。

3-1　地域間分業と農村の多就業モデル

　都市と農村の連携の第1の柱は，地域間分業である。都市の生活や生産は農村からの食糧・資源の供給を受けて成り立ち，農村はこれによって稼得を得て都市のサービスを入手する。この分業関係に基づく農村の移出産業は，通常一次資源から出発するが，時代によって変化し，地域資源の利用のあり方（技術・権利・組織等）次第で多様な可能性がある。

　農村の移出産業の中でも，農林水産業は，地域の自然環境ストックと特別な関係を有し，引き続き農村産業の重要な構成要素であるが，現在その担い手は歴史的な変化の途上にある[注8]。兼業農家モデルによる農地の継承が困難になるなかで，零細農家経営から組織的農業（農業法人，集落営農，農作業の受委託契約）への移行が課題とされてきた。野菜や果樹に加えて平地稲作農業に関しても，農業経営にマネジメントの手法を取り入れることで，収益性を改善する余地はある（本書の第2章，参照）。農業経営に専念できなかった兼業農家と比べると，専門的な農業の担い手は，生産技術を習得し，戦略作物を選択し，販路や流通を工夫する意欲が高い。ただし，地区ごとに生産品目，土地利用構造，集落の自治方式，組織改革の主体や過程に違いがあるため，土地利用権の流動化と農地再編は一様ではない。全体として，収益性を保持する組織的農業に再編される一部の優良農地と，収益性を伴わない自家消費的農業あるいは耕

作放棄地へと，分化していく傾向にある。

　仮に農業の組織的経営に成功したとしても，それは農業の効率化，つまり必要労働力が減ることを意味するため，それだけでは過疎化の問題解決にはならない。例えば，能登半島のある地区を一例とすれば，排水施設の故障をきっかけに長年進まなかった合意形成を実現し，約 47 ha の圃場整備事業を通じて，区画の大規模化と受委託契約が進んだ。集落の担い手不足から共同体的なため池管理はすでに困難に陥っており，用排水施設の整備でより機械的な施設管理に移行した。これに伴って，圃場整備以前には 100 戸弱の農家があったのが，6 名（2013 年現在 9 名）で経営する農事組合法人と小規模な 24 戸の農家へと整理統合された。農事組合法人の経営は順調であるが，地区全体の一般世帯数・人口は 2005 年の 369 戸（1037 人）から 2010 年には 348 戸（964 人）に減少した。組織的農業への再編成は，農家を専門農業者と地権者（あるいは期間従業員）に分化させ，集落の共同性を変化させる。専門農業者の収入は増え，地権者化した農村居住者への地代が発生するが，離農者家族は土地所有権のみ残して地域を離れることもある。

　したがって，地域に根ざした農村の暮らしが続いていくためには，農林水産業の再編成だけでなく，農業以外の収入機会が確保されることが条件となる。中山間地域の暮らしは歴史的に多業収入の構造をしており，これは，専門化と社会的分業を原則とする都市とは大きく異なる特徴である。21 世紀の農村再生においてもまた，兼業農家モデルに代わる，新しい多就業スタイルの実現が求められる。おそらくは，かつてのような周辺型産業の末端現場労働の比重は減り，「半農半 X」（塩見，2008）と言われるように，自給自足・専門職業・社会的活動の多様な組み合わせになるであろう[注9]。

　多就業の可能性は地域資源の特徴次第で多様であるが，都市のニーズが時代とともに変化していることを受けて，農村に求められる「資源」も意味を変えつつある。これからの地域資源を活かした移出産業の可能性として，例えば，エコ・ツーリズムや農業体験といった新しい観光業や，絶滅危惧種の野生復帰などの環境管理事業，バイオマスや小水力発電などの再生可能エネルギー事業なども含まれてこよう（本書の第 II 部の各章を参照）。これらは個々の事業でどれだけ収益を上げるかということよりも，事業の多様な組み合わせによって複

数の収入源を得て、総合的に地域生活を支える仕組みになっていくことが期待される。

とりわけ、農村の「固有価値」（本書の第3章、参照）が消費の対象として関心を集めている。ポスト工業化段階において、人々は物質的な充足・機能性・利便性からだけでなく、調和・物語性・歴史性など情緒や精神に働きかける非物質的な「文化的付加価値」からも満足感を得る（佐無田，2008）。ヨーロッパの農村地理学では、ポスト生産主義の時代には、農村空間のもつ様々な要素（景観、イベント、土地、伝統、社会関係等）が、消費の対象として市場的評価の対象となると論じられている（立川，2005；矢部，2005）。日本でも、農産物を「都市で」消費するのではなく、農家民宿、農家レストラン、農産物直売所など、都市住民が「農村で」空間を消費する、あるいは、農村空間の保全に付加価値を見出して農産物を消費するパターンが見出される（岡橋，2008）。

例えば、兵庫県豊岡市から始まった「コウノトリ育む農法」（本書の第6章，参照）は、コウノトリの生息空間の復元を目的に、通常の有機農法よりさらに手間のかかる環境保全型農業をめざし、高価格のブランド米を実現した。消費者は、単に食べるための米の価値（有機生産による品質の安全性を含む）だけでなく、コウノトリの野生復帰の一助を担っているという自然再生のストーリーを文化的付加価値として消費している[注10]。農村的価値の保全から金銭的な見返りは常に保証されるわけではないが、有機農産物の流通ネットワーク（本書の第7章，参照）や棚田のオーナー制度（本書の第Ⅱ部補章，参照）などのように、都市の消費者の一定層がこれを評価し、何らかの契約関係を制度化する場合には有効性を発揮する。

このように、現代のポスト工業化段階の地域間分業では、農林水産業に加工工程を付け加える「1.5次産業」にとどまらず、サービス工程や文化的付加価値を組み合わせて、農林水産業と農村空間を一体的に開発することで付加価値を多重化させるアプローチが重視されている[注11]。現代では、技術や市場が変わり、農村空間の利用から再生可能エネルギーまで、地域資源の利用可能性は広がっている。しかし、地域振興が、どこでも当てはまる画一的な技術的解決策ではなく、地域の住民自身が学習能力を高めて、地域の自然資源の潜在力（風土）を見極め、暮らしの質を多面的に向上させるような、サステイナブル

な資源利用の過程であることは，いつの時代にも通底する（三澤，2008）。

3-2 農村の知識経済化と産地機構の再編成

　地域間分業の変化とともに，地域内部における生産・流通の体制も変わらなければならない。農村経済が単純な資源供給地域から脱却し，資源一体的な農村空間に基づく新しい分業関係を構築することは，決して簡単なプロセスではない。資源供給地域の構造においては，地域内経済循環の基礎が失われていることが多い。例えば，北海道のある離島はウニやアワビ，肉牛の産地であるが，観光客が現地を訪れてこれら新鮮な食材を入手する機会は少ない。島内には中間加工施設や仲買業者が乏しく，地域の産物は域外の業者に一括購入され，島内ではほとんど流通していないためである。地域の生産者は地域外の買い手とつながり，地域の消費者は（自家消費や共同体内で分け合う非流通品を除けば）地域外から供給される規格品で暮らしている。もし地域資源や農村空間に付加価値をつけようとするならば，こうした構造を改革しなければならない。

　農村資源の一体的管理を実現するうえで，地域の産地機構の役割は極めて重要である。産地機構のあり方次第で，個々の経営体が小さくとも資源をまとめることが可能となり，ステークホルダー間の協力関係が促され，対外的な交渉が容易になる。産地機構を通じて地域の広範な主体に波及効果が及び，それが地域全体の底上げや社会的統合に寄与する。これらは，個別の事業的成功だけでは成し得ない地域的な作用である。

　これまで，日本の農村がヒエラルキー的な全国の生産・流通機構の末端に位置づけられてきた時代には，地方の産地機構（協同組合，地方商社，談合組織など）が現場の生産調整，販路確保，受注配分などを引き受け，全国市場や中央財政とつながることで，地方の暮らしを支えてきた。ところが，いまや国内分業体系は解体しつつあり，こうした地方産地機構はその変化に対応できないばかりか，地元の支配力を堅持するゆえに，新規事業の芽を摘み取っている場合さえある。そのため，農協批判論に見られがちなように，地方産地機構の弊害を説き，個別事業者の自由な生産活動をより重視する議論を巻き起こす。しかし，産地機構がなくなると，たとえ個別の成功事業体が出ても，地域全体の底上げ効果を期待できないわけで，産地機構を廃止すればよいのではなく，既

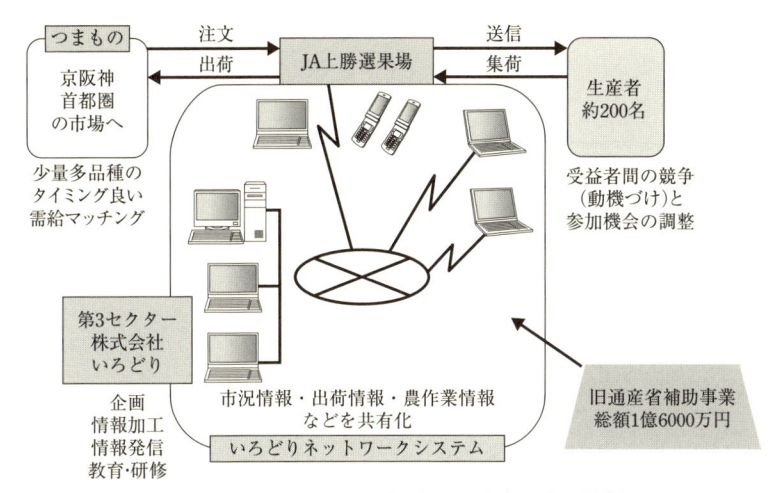

```
        注文              送信
つまもの  出荷              集荷    生産者
京阪神        JA上勝選果場          約200名
首都圏
の市場へ

少量多品種の                        受益者間の競争
タイミング良い                       （動機づけ）と
需給マッチング                       参加機会の調整


  第3セクター
  株式会社
  いろどり                          旧通産省補助事業
                                  総額1億6000万円
  企画        市況情報・出荷情報・農作業情報
  情報加工     などを共有化
  情報発信      いろどりネットワークシステム
  教育･研修
```

図5　上勝町いろどりビジネスの生産・流通体制

存のそれに代わる（あるいは既存の機構を再編・発展させた）新しい経済仲介機能の創出が課題となる。

　農村の産地機構の役割は，資源供給地域であれば主に生産機能の統括で済むが，地域資源の総合的な保全と活用のためには，より高度な各種の専門的機能を統合する必要がある。すなわち，商品開発，市場開拓，環境マネジメント，ブランド戦略，企画・イベントなど，「ものづくり」の前後にあるサービス工程を高度化・分業化することが必要とされる。これは「農村の知識経済化」の課題と言える。「農村の知識経済化」とは，情報サービスなどの知識集約型産業を農村に誘致することではなく，農村の地域資源に根ざし，それを市場に展開するために必要な知識集約的なサービス工程を，農村地域の住民が自ら能力形成したり専門家を招いて事業化したりする地域の発展段階のことである。

　地域資源に基づいた産地機構の再構築にもっとも成功したモデルは，映画にもなった徳島県上勝町の「いろどりビジネス」であろう（横石，2007）。上勝町は「葉っぱ」を「つまもの」という商品に換えた農村イノベーションの成功例として有名であるが，その成功要因は「葉っぱ」という地域資源に目を付けた発想力にあるのではない。そうであれば，後発の地域がいくらでも模倣し，価格競争に巻き込まれて長続きしない。上勝町のオリジナリティは，「つまもの」

という特殊市場に対応した独自の生産・流通体制をつくり，これをマネジメントする新しい産地機構を構築したところにある（図5．参照）。

　料理に添えて季節感を演出するための「つまもの」は，いわば文化的要素の味付けのための商品であり，規格農産品とは異なり，典型的な多品種少量出荷である。毎日変わる市場のニーズを的確に把握し，求められる品質（季節を少しだけ先取りする品，大きさ，美しさ）の素材を適量だけ供給する需給マッチングが決め手となる。これに応えるために，上勝町では，独自の情報ネットワークシステムを構築した。市場や営業先から農協に入った注文は生産農家の端末に一斉送信され，生産農家はエントリーの先着順で注文を取り付ける。農協支所に集められた商品は生産者番号と商品番号のバーコードで管理されて，京阪神や首都圏の消費地市場に出荷され，翌朝の競りで入札価格が決まると，その情報が生産者にフィードバックされる。この情報ネットワークシステムを運営しているのが，上勝町が出資する第3セクターの「株式会社いろどり」である。同社は，販売動向予測，過去の出荷数量と単価の比較表，売上金額順位などのデータを提供し，生産者（おばあちゃんたち）に経営の工夫を促している。当初は防災無線を利用したFAX送信を使っていたが，1999年に旧通産省の補助金を受けて，地元徳島県の企業が高齢者にも使いやすいパソコン情報システムを開発・整備した。「つまもの」の生産・流通の管理に関する産地機構の独自ノウハウは，一朝一夕には真似できない上勝町の競争優位を作り出している。

　上勝町の場合，農協と生産者が連携するだけでなく，市場調査，情報管理，企画・広報，ブランド戦略，人材調達などのサービス工程を補うために，自治体が出資者となって「株式会社いろどり」が設立された。もちろん新しい産地機構の形態は多様であって，このような農協，自治体，生産者の連携に限られない。いずれにせよ，事業を継続させて地域振興の基盤としていくには，農村に都市的な起業家マインドをただ持ち込めばよいわけではなく，農村固有の諸主体の連携した産地機構が必要とされることが分かる。農村の地域的競争優位モデルの鍵は，住民自治や自然環境といった非経済的条件であり，起業家マインドと住民協働とのバランスを工夫せねばならない。

3-3 広域連携による社会統合

　都市と農村の連携の2つ目の柱は，地域間の社会統合を目的とする資金（あるいは現物サービス）の移転制度である。都市化・工業化で地域間の所得格差が大きくなると，政治的に社会統合のための格差是正政策が求められるようになる。社会統合の単位や制度は政治状況により異なるが，日本では，国の介在する財政移転の資金が農村の経済をかなりの程度支えていた。地方農村で公的支出された資金は，農村で仕事を創り出しつつ，国内の分業関係や本社－支店関係を通じて大都市企業に吸収され，いわば国レベルの都市－農村間の資金循環装置として機能していた。ところが，グローバル化段階における国家の成長力の低下に伴って，この財政移転制度は合理化の対象になり，とくに2000年代に公共事業費削減と地方行財政システムの三位一体改革が進むと，農村への公的な資金移転は著しく縮小した。これによって，農村における仕事の機会が減り，住民生活サービスを維持することが困難になりつつある。

　国内分業体系が形成されていた時代には，ある程度全国共通の産業基盤があり，ナショナルミニマム的な福祉が成り立つ条件があったが，地域間分業が再編される時代に入ると，地域の差異化がより際立ってくる。農村の自然条件や地域資源は集落単位で多様であり，単品作物の大量生産を展開する地域もあれば，有機農業に力を入れる地域，あるいは観光や伝統工芸を重視する地域など，産業条件は一律でなく，競争力のある移出産業を持たない地域も当然でてくる。住民の年齢構成や自治体の財政基盤も様々であり，個々の自治体単位で住民生活サービスを標準的に供給できる条件ではなくなってくる。これを優勝劣敗で片付けるのは簡単であるが，自分たちの地域が生き残っても，例えば上流の村が撤退して廃棄物処分場になったりすれば他人事ではなく，何らかの社会統合手段によって地域住民の福祉水準を保つことが課題となる。

　医療・福祉，地域交通，教育，文化などローカル・サービスの多くは，財政悪化の下で公的供給が困難になる一方，市場条件の悪い地域では民間事業が成立せず，住民の基本的サービスの不足に陥りやすい。そこで，ローカル・サービスの新たな供給システムと公民連携のあり方が各地で模索されている。例えば，地域医療においては，自治体公立病院が累積赤字で事業改革を迫られる一方で，民間病院が僻地医療や救急医療などの不採算の政策医療を担う比重が増

している。結局，いずれの病院も単独では過疎地を含む広域の不採算医療を担いきれないため，他医療機関でも閲覧可能な電子カルテシステムなどを整備し，地域の開業医や福祉施設との連携を強め，ネットワーク的な地域医療連携を進めることが避けられない課題になっている。

　長野県における佐久総合病院の再構築は象徴的である（池上，2013）。JA長野厚生連の佐久総合病院は，故・若月俊一氏の理念の下，旧臼田町（現佐久市）を拠点に，「農民とともに」をスローガンに農村医学を開拓し，全村民集団検診などを手がけてきた。その佐久総合病院が，旧佐久市の中央部に2013年に新病棟を完成させ，病院再構築を推進している。新病棟では救急・急性期医療や，高度先進医療を含む専門医療に特化して拠点性を強めるとともに，「病院完結型」から「地域完結型」への転換を掲げて，佐久広域，東信地域の地域医療支援病院を目指すとしている。他方で佐久総合病院は，南側の山間部で経営の悪化した旧小海日赤病院を引き継ぎ，南部5カ町村も出資して2005年に小海分院を開設した。また，南佐久郡の5つの国保診療所に医師を派遣し，老人保健施設や訪問介護ステーションも運営するなど，医療過疎地域の地域密着医療のネットワークを担っている。つまり，長年，農村医療を推進してきた佐久総合病院は，いまや都市と農村の連携による地域医療システムへと進化してきている。広域の救急医療や山間部の僻地医療を担いつつ，他方で事業の収益性を確保するためには，施設間の専門的機能分担とネットワークが不可欠であり，都市型の拠点病院機能を強化する再構築計画となっている。

　このように，国レベルの都市－農村関係による所得再配分的なセーフティネットが機能低下する状況下において，代わって，広域レベルの都市-農村関係による事業ネットワーク的なセーフティネットが地域の社会統合を支える比重を増している。過疎自治体としては，自前で供給困難なサービスについては，アクセス可能な身近な都市の専門能力を頼りにするしかなく，都市の側から見ると，同じ圏内の地域が困っているならば「共感の原則」から助けないわけにはいかないからである。経済面から見ても，地方広域圏の中心都市の経済は，後背地たる農村部から人口供給・資源供給・商品消費を受けて成り立っており，後背地が過疎化で衰退してしまうと，時間差を伴いつつ連動して衰退する運命にある。したがって，たとえ持ち出しになるとしても，広域圏の中心都市の事

業者(企業や病院だけでなく自治体,大学,NPO等を含む)が後背農村部の生活条件を共同で支援することには,経済的な合理性がある[注12]。

広域連携において,中心都市の果たす役割は非常に大きい。農山漁村全てが全国市場で競争できずとも,移出産業の核となる都市が近くにあれば,ローカル市場や職場が提供され,都市との分業で農村の多就業が可能となる。また,都市は地域住民に必要なサービスや人材を僻地まで提供する拠点となる。とくに,これからの地方中小都市が中核的に果たすべき経済機能は,医療・福祉部門と各種専門的ビジネスサービスになろう。医療機関や教育・研究機関が広域連携に携わる機会が増すとともに,これを支えるための財政措置や人的・組織的なネットワークの形成が課題となる。

3-4 社会的企業による公民連携

農村の社会経済を支えるためには,広域連携に加えて,農村内部でも公民連携の受け皿が必要とされる。前項で述べたように,過疎地域におけるローカル・サービスの多くは,公共サービスとしても民間事業としても供給困難になっている。また,地域資源の事業化の場合でも,単純な民間ビジネスモデルでは事業リスクの割に市場規模が小さすぎて成り手がいない。これらの地域事業においては,高い事業革新能力が求められる一方で,住民の協力や地域資源の保全などの公的要素を組み入れる必要がある。そこで,市場の資源(事業収入)と,公的資源(行政からの委託事業や雇用補助など),さらには共同の資源(地域住民の共同出資や都市住民のボランティア)を組み合わせることによって必要なサービスを提供する,半営利・半公共の事業スタイルが注目されている。

この半営利・半公共の事業体は,「社会的企業」「ソーシャル・エンタープライズ」「コミュニティ・ビジネス」といった呼び名で,近年研究や政策の対象になり始めている。その基本的特徴は,まず,事業の目的に社会的な課題解決を掲げていること,そして,事業を行うための資源の調達方法が「市場」「公共」「共同」領域にわたっている点(資源混合)にある。組織形態はNPO法人から株式会社まで多様であって,利潤の取り扱いも一様でないが,地域社会のステークホルダーに対して「開かれた」意思決定過程が模索される傾向があ

る。従来の協同組合が組合員のみに対する「閉じた」組織であったのと比較して，より柔軟でオープンな目的と運営組織が特徴とされる。社会的企業は，一方では，経営面で民間ビジネスと同等の事業の工夫や革新を発揮する経営体であり，他方では，公的な制度設計や地域社会の合意形成など公民連携を成立要件としている。これは，福祉国家型のマクロな混合経済に対して，事業レベルのミクロな混合経済の展開といえる（Borzaga and Defourny, 2001）。

　社会的企業は，各国の制度条件によって多様な形態があるが，公的サービスのパートナーシップの法制度が整備されたイギリスや，NPOの営利化が進んだアメリカに対して，対応する法人制度の整っていない日本では，主に地域ビジネスに近い形での展開が観察される。とくに過疎農村地域では，住民共同出資会社，行政主導の第3セクター方式，地域共同体のNPO化，地域自治組織の事業活動，民間のまちづくり会社など，実に多様なタイプの地域ビジネスが見られる。松永（2012）は，「地域資源を活かしたビジネスによって一定の収益を生み出しながら，それを地域問題に継続的に投資し」「そこから仕事や雇用が発生する」ような事業組織を「地域型社会的企業」と呼んでいる。松永によれば，地域型社会的企業が登場する背景には，農村が過疎高齢化や集落組織の変化とともに，従来のように家父長主義の閉鎖的な共同体のままではいられなくなり，U・Iターン者や女性を含む「普通の人びと」の主導するオープンな農村コミュニティに変化していることがあるという。

　過疎農村は，その差し迫った地域課題のために，日本でもっとも活発な社会的企業の実験場となっている。この社会的実験が成功するためには，いくつかのハードルがある。第1に，社会的企業は先述のように資源混合で成立するので，市場，政府，地域社会の資源にそれぞれ独自のアクセスが可能でなくてはならない。そのため，単独の主体が農村の社会的企業の担い手になることは稀で，多くの場合，民間事業者，自治体，地域団体などが共同出資やメンバー参加したり，これら諸主体の連携で事業を企画・運営したりする公民連携の事業体制づくりが課題となる。第2に，既存の不採算事業を引き継ぐこともあるが，たいていの場合（とくに地域資源を活用した新しい事業の場合），新規事業を興すことになるため，過疎農村の乏しい資本基盤のもとで創業資金とくに初期投資を確保することが必要である。第3に，利潤動機よりも地域社会を優先す

るイノベーティブな経営者や専門的技術者が必要であり，そのような人材を発掘・育成し，彼らの活躍できる事業環境を地域社会が準備できるかどうかが決め手となる。

この3つの課題は相互に関連しているが，地域型社会的企業の実験をできる地域とそうでない地域の違いを分けているもっとも大きな要素は，1つ目の地域的な公民連携の体制づくりであろう。停滞している農村地域では，農業者や事業者は行政のリーダーシップを要求し，行政は民間の主導性を原則として動かず，大学や地域運動家は批判者となって，リスクを負って新しい事業を始める担い手が登場しにくい社会状況となっている。逆に，誰かが率先してリスクを負い，それをきっかけに地域で事業リスクを共有する仕組みを作り出したケースでは，社会的企業を次々と立ち上げる土壌が培われる。先述の上勝町の事例でも，いろどりビジネス1つだけでなく，椎茸栽培，観光・宿泊，住宅設計，測量など5つの戦略的な第3セクターやゼロ・ウェイストを推進するNPO等が，それぞれ地域的課題の解決に取り組み，人口約2000人の町に150名の雇用を創り出している（笠松・佐藤，2008）。これは，自治体を中心とした公民連携の協力関係の下で，地域関係者が合意して法人を起動させる手順が，いわば「地域的制度」（中村，2010）として確立されているためである。

地域ビジネスを興すにあたって，資金不足は決定的な制約要因ではない。成功事例をみる限り，地域資源の価値づくりのストーリーが明確で，事業リスクを負う主体があるならば，各種補助金メニューや地域金融機関を活用して，事業の初期投資を補うことは，現行の制度でも十分に可能である。資本調達の手段はいくつかあるが，第1に，過疎債・辺地債などをはじめとする政府の各種補助金や，被災地域に対する復興基金などの財政制度は，主体的に活用すれば，新しい農村事業を立ち上げる際の設備の初期投資を相当程度カバーしてくれる[注13]。第2に，これまでの過疎対策等によって資本蓄積してきた地元の企業とくに建設業は，公共事業の縮小などに直面して，事業の多角化を模索しており，新規事業に投資する主体になりうる[注14]。第3に，信用金庫や農協などの地域金融機関も，自らの存続が地域活性化にかかっていることを理解しており，上記のような資金源や自治体・商工会などのサポートが期待できる場合には，一定のリスクを負ってでも融資や投資に踏み出したいと考えている。

事業展開能力のある社会的企業家や知識集約的な専門工程を担う人材の存在が，農村には決定的に不足していると思われがちである。しかし，農村にも周辺型産業があったことで事業的経験は蓄積されており，地域の未来を我が事のように考える人々は都市部以上に存在し，しかも，現代の成熟社会においては自然環境に囲まれた農村の暮らしを選択したい都市住民も少なからずいる。それらが結びついて，実践的な学習を積み重ねていけば，社会的企業の事業化に必要な人材は揃うはずである。問題は，資金でも人でもなく，それらを組み合わせて社会的企業を実験できるようにするための公民連携の体制づくりにこそある。

3-5 人材還流戦略

　都市と農村の連携の第3の柱は，人の移動によるつながりである。一般に自然条件に恵まれた農村は多産であり，家族単位の小さい都市は農村からの社会移動を受けて人口成長を生じる。農村の居住者は，交易，仕事，教育，交流の機会を求めて都市に出るが，その見返りとして都市から農村へ所得や知識（技術）が還元される。都市と農村の人の循環の範囲は労働市場の構造によって決まり，身近な都市でとどまる場合もあれば，海外まで広がる場合もある。現代日本の過疎問題は，農村の人口再生産を上回る勢いで人口の流出超過が続いた結果であるが，それは教育と就職の中央集権メカニズムに起因し，地方都市の労働市場が弱く，農村への人材還流が乏しいためであった。

　農村が過疎高齢化で人口の自然減少（死亡率が出生率を上回る状態）過程に入った現在，Uターン（農村から都市へ出て行った人の帰村）やIターン（都市で生まれた人の農村への移住）に目が向くのは当然の流れである。また，農村の内発的な諸事業を遂行するには，住民や自治体の学習と協働が第一ではあるが，農村では訓練機会の限られる知識集約的なサービス工程に関しては，都市からの人材調達が求められる。専門的技能も社会的意識も高いが大都市圏で十分活かされていない人材を，地方圏や農村部に還流させる政策は，人的資源の有効活用という観点から日本経済全体にとって有効である。ところが，農村には雇用機会が乏しく，農村の暮らしに関心がある人がいても，農村への居住選択は進まないのが実情である。とくに高度な科学的知識を身につけた職業従

事者の労働市場は地方圏では限られ，大都市圏に留まらざるを得ない構造になっている．

こうした人的資源配置の構造を変えるような地域政策が始まっている．その最先端の1つは島根県の隠岐郡海士町であろう．人口2400人弱の離島に2004年からの8年間に延べ218世帯330人のIターン者が移住した（定着率は約7割，ほかにUターン者が173人）．2000年代前半には自治体財政破綻の瀬戸際まで立たされた島は，生産年齢人口のおよそ4人に1人がIターン者という，外部に開かれた島へと変化した．島の何がIターン者を引き寄せたのか．北川ほか（2010）のアンケート分析（島根県3地域比較）によれば，海士町では，移住のきっかけは現実的動機よりも情緒的動機が多数を占め，移住後の仕事としては管理職，専門・技術職，事務職の割合が多く，U・Iターン後に平均年収は約345万円から約286万円へと減少しているが，時間単価が上昇または一定で，就業時間数が減少している（自由時間が増えている）という結果が示されている．

海士町では，仕事がないため島に住めないのであれば，仕事を創れる人を連れてくるという発想で，農村起業人材に焦点を当て，場合によっては必要なポストを準備した上で，積極的・戦略的に人材調達している．条件不利地域での事業創出への挑戦意欲や能力の高い人材を，町長や自治体職員，先輩Iターン者等がリクルートする．移住者は，事前に複数回の島への訪問機会を経て，海士町の抱える課題や事業創出のための環境，支援等について町長自らや担当者から説明を受け，企業選びと同様に，就業先の内容を理解した上で移住を決定する．このように移住者と島側のニーズの事前マッチングがあった上で，島での事業や生活を開始するための各種サポートが準備されている[注15]．

農村の新規創業においては，資本未形成下で設備投資や技能訓練・研修費用，そして事業が軌道に乗るまでの運転資金が必要となる．海士町では，国や県の制度も利用しながら町営施設として水産加工場等を建設し利用者に貸し出したり（CAS凍結センター，牡蠣養殖施設，干しナマコ加工施設など），町が出資者に対して元金を保証する「海士ファンバンク」の融資制度（出資者は1口50万円につき5000円分相当の島内産品を季節ごとに受け取る）などがあり，創業時の負担が軽減されている．海士町の「商品開発研修生」制度は，月15

万円の給与（社会保険付）と家賃1万円の住宅への入居という条件で，海士町の地域資源を活かした商品開発に挑戦できる独自の制度である（1998年から2012年までに延べ27名が利用）。生活面でも，定住促進住宅や，保育施設，子育て応援制度等が整備され，自治体が転入希望時に住宅の情報提供や支援等を行っている。農村の暮らしは多業であり，「半農半X」や地産地消型で暮らしていくためには，地域コミュニティに溶け込まなくてはならない。海士町では，行政や関係者のネットワークによって，地域社会や既存組織との関係を可能な限りフォローする体制になっている[注16]。

　海士町のIターン者は，農業・畜産（隠岐牛など），水産（牡蠣，ナマコなど），教育（高校改革）[注17]，観光協会，自治体広報など，さまざまな職場で専門的技能を活かし，あるいは培いながら働いている。その前職は首都圏の大手企業であるなど前途有望な若手が，なかには給料半減を受け入れて，島での暮らしを選択した。その理由をIターン者の言葉から探るならば，いろいろな理由はあろうが，大都市圏に劣らない自己実現の可能性を感じたことにつきるのではなかろうか。海士町のIターン者は，単に地域振興を目指しているのでなく，小さい島から日本の未来を変えていくという気概を持って事業に取り組んでいる。

　海士町が，このようにIターン者に自己実現の可能性を感じさせる条件として，自治体の自己改革が前段にあったことが大きい（山内，2007）。2003年からの「海士町自立促進プラン」を通じて，町長の50%を筆頭に一般職員でも最大30%の給与削減を受け入れ，限りある資源の下で知恵を出し合って地域の活性化に取り組んでいく経験を積んだ。民間ができないのであれば役場の職員が自ら地域を変えるという改革意欲が浸透している。農村起業の大きな障害となるのは，実は農村自体の保守的な文化である。既存の組織が権力を握り，新しい動きに白い目を向け，面倒な協力を拒み，陰に陽に圧力がかけられて自由に挑戦できない。これが農村の活力を奪っているわけであるが，実は大都市圏の大きな組織でも似たような状況がある。農村コミュニティは新規事業の制約要因にもなるが，コミュニティが助け合いのインフラとして機能するならば，生活や事業のリスクが緩和される要素にもなる。海士町のケースは，地域のコミュニティが比較的オープンで，自治体の支援が徹底されたことで，Iターン

者を通じてコミュニティの起業環境が累積的に改善されるメカニズムが働きはじめ，人材還流に適した条件を急速に形成してきた結果であるといえよう。

　海士町の地域資源や環境条件は過疎農村としては特別なものとはいえず，むしろ人材とコミュニティという普遍的資源の活用方法を示している。海士町はますます注目を集めて全国から人を呼び寄せると同時に，これをモデルとして，他地域にも類似のアプローチを促すであろう。もちろん農村コミュニティの改革はどこでも容易に進むわけではなく，軋轢は常に存在するが，地域が変わることで，過疎化の著しい地域でも人材還流が加速するパターンがありうることを示した意義は大きい。

おわりに

　本章では，都市－農村関係の視点から，現代日本の過疎問題の構造を分析し，地域内外における諸連携の再構築という視角から農村再生の政策課題を整理した。地域間の連携の再編成と地域内部の連携の再編成は連動しているが，これらが単に個別地域の成功にとどまらず，都市－農村間の関係ひいては国土構造を変える「地域からの国土政策」につながることを示した。

　最後に，地域連携アプローチにおける国の役割について一言だけ触れておこう。国民経済システムが機能低下した現在では，農村政策に関わる国家の役割も変わらざるを得ない。まず，国家が経済成長のために国土資源を統括する意味はほとんど失われている。地域資源の多様な潜在力を活かす主体は，その地域に暮らす人々でしかあり得ず，国土計画のような上から方針を与える手法は多様性の時代にはそぐわない。これからの農村政策は，地域ベースの資源管理と公民連携の混合経済体制にあるというのが本章の主張である。その際に，国家の果たすべき役割は何であるか。現時点で確実な方向性は描けないが，今後の展望として次の2点を提起しておこう。

　第1に，地域成功事例の横断的なネットワーク化の支援である。過疎地域の生活を支えるためには，農林水産業と，加工，流通，観光，エネルギー，環境保全等との連関に加えて，医療・福祉，教育・訓練，地域交通などの各領域の政策が総動員される必要があるが，過疎自治体の限りある資源の下では全ての

領域で政策実験を試みることは困難である。そこで，他地域の成功事例に学んで政策実験の情報や経験を共有すれば，地域的な社会実験はより大きな効果をもたらすであろう。これによって，地域間のゼロサム的な競争ではなく，個々の地域の創意工夫と地域間の協力によって国土全体で相乗効果を発揮するような，協調的な政策思想が培われる。このためには，地域間の情報共有や交流促進のためのプラットフォームが必要であり，これを整備することが上位政府の仕事になる。欧州で1990年代に取り組まれたサステイナブル・シティズ・プロジェクトが参考になろう（佐無田，2001）。

第2に，構造的な改革が進まない地域に対する重点支援である。実験的な社会的事業を支える地域的協働が成立しない地域では，地域連携の再構築は容易に進まない。この場合，上位政府がサポートする責任があるが，財政支援もさることながら人材支援が肝要となろう。その地域の社会的事情をよく考慮して公民連携に助言を与えうる人材や他地域で地域組織づくりに実績のある人材を派遣したり，あるいは，地域の組織横断的な協議機関を立ち上げることを条件に，コーディネーターや専門的技術者のポストをつけたり（人件費支援）することが考えられる。自治体間連携による人材交流も有効であるが，上位政府による制度的支援がなくては十分に浸透しない。あくまでその地域における問題解決能力の形成を優先して，それを促す人的連携を支援することが上位政府の役割であろう（本書の第Ⅲ部の各章を参照）。

［注1］日本語で農村ないし農山漁村というと，住民の多くが農林水産業を生業とする村落を指すが，今日では必ずしも農業をはじめとする第1次産業に携わる住民が多いとは限らない。ここでは，都市（urban area）という人工的環境の下での密集した居住形態・生活空間と対置して，自然生態系を基盤とした分散的な居住形態・生活空間を，広く農村（rural area）と定義する。

［注2］例えば，下川町，葛巻町，住田町，飯舘村，茂木町，栄村，佐久市，飯田市，長浜市，香美町，智頭町，海士町，真庭市，新庄村，上勝町，直島町，内子町，馬路村，檮原町，由布市，水俣市など。これらは全て過疎地域に指定されている自治体であり，それぞれ不利な条件にとらわれないオリジナルな発展モデルを実験していることで注目されている。しかし，それらが過疎を逆転させるほどの潮流にはまだなっていない。

個別地域の革新的な取組みがあっても，それがなぜ過疎化を押しとどめられないのかというと，国民経済システムの問題があることを本章では指摘したい。

[注3] 国連による農村人口の定義は，総人口から都市人口を引いたものである。都市人口の定義は，主に居住者数と人口密度などで定められているが，各国の都市化や統計の実情に応じて異なる。例えば，日本の場合，①人口5万人以上で，②住宅の6割以上が市街化区域に建てられ，③人口の6割以上が非農林水産業で生計を立てている市町村の人口として定義されており，フランスの場合では，200 m四方区画につき2000人以上が居住しているコミューンの人口である。日本の定義では農村人口に多くの小都市の人口が含まれるのに対して，基礎自治体の規模の小さいフランスでは小都市の人口は概ね都市人口に含まれると考えられる。したがって，このデータは直接的な比較には使えないが，各国ごとの農村人口変化の時系列的な傾向の違いを見ることはできるであろう。

[注4] 農家経済調査は標本抽出であるので，表3は10年間の平均をとることで数値を平準化してある。

[注5] これだけ農村で雇用機会が減っているにもかかわらず，深刻な失業や生活困窮問題に直結しない理由の1つは，戦後の農地改革のおかげで農村生活者は小規模ながら生産手段や資産を所有しているために，現金収入がなくとも生活がすぐには崩れないからである。この状況は昭和恐慌の時代とは大きく違っている。農地の集約化・規模拡大が進まなかったことは，農業の低生産性の問題と認識されがちであるが，農村の暮らしの上ではセーフティネットになっている状況があることを，農業政策においては考慮する必要があろう。

[注6] 東京大都市圏が停滞している理由について，中村（2012）は次のように論じている。日本経済の垂直的国土構造は，一方では東京地域の頭脳機能に依存する他律的な地方経済をつくり出し，他方では東京を中枢管理機能都市化させた。いずれも企業内分業システムの中でしか活動できない会社人間を育て，多様な人材の集積と交流による知識創造という都市の意義を重視してこなかった。知識経済への移行に伴い，東京圏が世界で通用する知識労働の生産性や創造性に見劣りして停滞すると，日本経済全体が長期的な停滞に陥った。

[注7] 農村の危機は裏返せば都市の危機でもあるので，農村の再生のためには同時に都市の再生が必要である。とくに地方都市が，東京依存でなく，独自の集積の基盤を強みにしたポスト工業化段階の発展の核を創り出していくことが，後背地たる農村の繁栄にもつながる。また，東京大都市圏が，現在のように地方からの人口流入に依存する経済ではなく，世界に通用するイノベーションを発揮してグローバルセンターとして自立し，むしろ国内的には地方都市や農村に人材や資本を還流させるような大都市

圏経済に転換していくことが条件となる。しかしこれらはまた別の，都市政策の課題であり，本章では農村の側からの地域連携アプローチに焦点を当てて，農村再生を論じていく。

［注8］2009年に農地法が改正され農地貸借が原則自由化されたことで，戦後農地改革以来の家族経営を主とする農地制度のあり方が転換され，農地の流動化と農業経営主体の多様化（とくに法人的・組織的対応）に大きく道が拓かれた（原田，2011）。

［注9］現代農村の多就業形態には，前近代的要素，近代的要素，ポスト近代的要素が混ざりあっている。農林水産業の生産性を高める「産業化」だけが解決策ではなく，一部では地縁・血縁型の共同体的自給自足の農村が今後も残存し，一部では新しいタイプの社会的企業や農村芸術活動などが始まっている。しかもそれらが諸個人の中で様々な形で同居しているケースが多く，現代の農村再生の理解を複雑にしている。

［注10］農村の文化的付加価値を重視する振興アプローチは，農地再編によって目指される大規模農業とは方向を異にすることがある。したがって，地域資源をどのようにバランスを取って利用するかは，地域住民の慎重な学習と計画を要する。これからの農業政策は国際貿易交渉とも絡んで流動的であるが，特定の方向に画一的に誘導するのではなく，少なくとも地域住民自身が地域資源の利用可能性を選択できる制度設計が望まれる。

［注11］「6次産業化」あるいは「農商工連携」といった国（農林水産業・経済産業省）の政策概念においても，第1次・第2次産業に加えて第3次産業との連携が課題とされているが，それらはあくまで農林水産物の加工・販売戦略を指している（柳井，2011）。本章で論じているのは，農村の文化空間や農村の自然環境の保全といった非物質的要素それ自体が「地域資源」として意味を持つようになり，そうした非物質的資源と農林水産物のような物質的資源とを組み合わせた価値実現の方法が，多方面で模索されているということである。

［注12］農村とくに中山間地域を支援すべき根拠を「農業の多面的機能」に見出す議論があるが，都市が水源涵養や洪水防止等の副次効果を享受できるのは流域圏に限られ，離島や半島などのより限界的な地域が射程から抜けてしまう。むしろ，後背地の人口供給能力や商品購買力の減退が地方都市の経済の衰退に連動することを認識し，流域圏よりも経済圏の視点から，広域の都市－農村関係の再構築を論理立てるべきであろう。

［注13］過疎地域の補助金は，これまで不要なインフラ施設を増やし，補助金依存型の経済構造を作り出すなど，「バラマキ」と批判される内容を含んでいた。国や都道府県の地域向けの交付金・補助金制度は，基礎配分部分が削られ，競争的資金配分が重点化される傾向にあるが，依然として有効に使用されているとは言いがたいケースが

あることを否定できない。しかし，モデルケースといわれるような農村地域の自治体行政は，主体的に事業を計画し，各種補助金を組み合わせることで，資本力の不足を上手にカバーして自主事業を展開している。

［注14］建設や運輸関係など大量生産型の末端産業に携わってきた農村の事業者が，農林水産業などに直接的に進出しようとすると，事業形態の違いが大きすぎて失敗することも多い。とはいえ，彼らには他の農村関係者にはない資本力と経営のノウハウがあり，投資主体，あるいは，事業遂行能力のある人材の供給源として，私的利害を超えて地域のために資源を提供するとき，こうした事業者の存在は農村再生の重要な基盤の1つとなる。

［注15］2012年6月に日本生命財団助成研究会メンバー等で実施した海士町合同調査，および，この調査内容を取りまとめた神崎（2013）に基づく。

［注16］例えば，農地の賃貸借に関する地権者との調整や就業先となる雇用主との受入れ依頼等に自治体職員が交渉するなど，非公式なサポートが行われている。

［注17］海士町の島根県立隠岐島前高校は，2000年には71人いた入学生が2008年には28人まで減り，統廃合の危機に直面した。高校がなくなると，若者やその家族などが島を離れることになり，過疎化が一気に進む。そこで，島前3町村と高校が連携して島前高校魅力化プロジェクトがスタートした。島前高校に「地域創造コース」と「特別進学コース」を新設し，前者は，島ならではの環境を活かして地域づくりの実践的教育プログラムを組み，全国から生徒を募集する「島留学」を進めている。後者は，学力強化のための個別指導体制であり，2010年に設立された公営塾「隠岐國学習センター」と連携している。町の雇用で4名（社会教育主事，魅力化プロデューサーなど）を県立高校に派遣・常駐させ，プロジェクトをコーディネートしている。こうした改革によって2012年には入学者59人（うち島外者23人）まで回復した。この教育プロジェクトをプロデュースしたり公営塾を運営したりしているのも，首都圏の大手企業をスピンアウトしたIターン者である。

参考文献

網野善彦（2005）『日本の歴史をよみなおす（全）』ちくま学芸文庫。
安東誠一（1986）『地方の経済学』日本経済新聞社。
池上甲一（2013）『農の福祉力』農文協。
石月義訓（2007）「EU農政改革とフランス農業の経営構造変化」中野一新・岡田知弘編『グローバリゼーションと世界の農業』大月書店，123-137頁。
一ノ瀬友博（2010）『農村イノベーション』イマジン出版。
井上英夫（2012）『住み続ける権利』新日本出版社。

井上英夫・伍賀一道・横山寿一 (1990)「過疎地域における医療・福祉——珠洲市日置地区医療・福祉実態調査報告」金沢大学文学部『日本海文化』16 号, 1-81 頁。
大島堅一・除本理史 (2012)『原発事故の被害と補償』大月書店。
岡橋秀典 (1997)『周辺地域の存立構造』大明堂。
——— (2008)「知識経済化時代における中山間地域の新展開——東広島市福富町竹仁地区の事例を中心として」『地理科学』63 巻 3 号, 194-204 頁。
柿本国弘 (2000)『英国の都市農村計画と過疎地域政策』八千代出版。
笠松和市・佐藤由美 (2008)『持続可能なまちは小さく、美しい』学芸出版社。
神崎淳子 (2013)「島根県海士町における I ターン施策に関する考察」金沢大学地域政策研究センター『地域政策研究年報 2012』, 53-58 頁。
北川幸子・橋本貴彦・上園昌武・関耕平 (2010)「島根県 3 地域（海士町，美郷町，江津市）における U・I ターン者アンケート調査の検討」『山陰研究』3 号, 37-66 頁。
合田昭二・竹田秀輝・青野寿彦・奥山好男 (1974)「奥能登における織布業の創設とその背景」『地理学評論』47 巻 9 号, 557-583 頁。
国立社会保障・人口問題研究所 (2008)「日本の市区町村別将来推計人口」。
斉藤晴造編 (1976)『過疎の実証分析』法政大学出版局。
佐無田光 (2001)「欧州サステイナブル・シティの展開」『環境と公害』岩波書店, 31 巻 1 号, 36-43 頁。
——— (2008)「文化のまちづくりと地域経済——金沢を事例として」『環境と公害』岩波書店, 38 巻 1 号, 37-43 頁。
塩見直紀 (2008)『半農半 X という生き方』ソニーマガジンズ。
ジュソム，レイモンド (2006)「戦後日本の兼業農民」，西田美昭，アン・ワズオ編『20 世紀日本の農民と農村』東京大学出版会, 191-210 頁。
須山聡 (2004)『在来工業地域論』古今書院。
武田公子・横山壽一・久保美由紀・小柴有理江・神崎淳子 (2013)「過疎集落の生活実態にみる政策課題——珠洲市内三集落調査より」『日本海域研究』44 号, 71-93 頁。
立川雅司 (2005)「ポスト生産主義への移行と農村に対する『まなざし』の変容」日本村落研究学会編『消費される農村』（『年報村落社会研究』41 集）農山漁村文化協会。
中村剛治郎 (2010)「現代政治経済学への視座——『共同社会的条件の政治経済学』をめぐって」『エコノミア』61 巻 2 号, 1-16 頁。
——— (2012)「地域問題と地域振興をめぐる研究課題——地域政治経済学的アプローチの歩みを通して」『経済地理学年報』58 巻 4 号, 1-24 頁。
林直樹・齋藤晋編著 (2010)『撤退の農村計画』学芸出版社。
原田純孝編 (2011)『地域農業の再生と農地制度』農山漁村文化協会。

藤田佳久（1981）『日本の山村』地人書房。
藤波匠（2010）『地方都市再生論』日本経済新聞出版社。
保母武彦（1996）『内発的発展論と日本の農山村』岩波書店。
────（2008）「中山間地域の再生と維持可能性」『環境と公害』37巻4号，2-8頁。
松永桂子（2012）『創造的地域社会』新評論。
三澤勝衛著作集（2008）（第3巻）『風土産業』農山漁村文化協会。
宮本憲一（1982）『現代の都市と農村』日本放送出版協会。
宮本憲一・遠藤宏一編著（1998）『地域経営と内発的発展』農山漁村文化協会。
柳井雅也（2011）「農商工連携と地域産業振興」，伊東維年・出家健治・下平尾勲・柳井雅也・田中利彦『現代の地域産業振興策』ミネルヴァ書房，111-165頁。
矢部賢一（2005）「体験される農村──ポスト生産主義の視点から」，日本村落研究学会編『消費される農村』（『年報村落社会研究』41集）農山漁村文化協会。
山内道雄（2007）『離島発 生き残るための10の戦略』NHK出版。
横石知二（2007）『そうだ，葉っぱを売ろう！』ソフトバンククリエイティブ。
Borzaga, C. and Defourny, J. eds. (2001) *The Emergence of Social Enterprise*, London: Routledge.（『社会的企業』内山哲朗・石塚秀雄・柳沢敏勝訳，日本経済評論社，2004年。）

第 2 章

国際競争力をもった低コスト稲作農業の可能性

石井　敦

はじめに

　ここ数年，環太平洋経済連携協定（TPP）への参加問題も契機となり，日本農業の今後について，多種多様な悲観論や楽観論が飛び交っている。しかし，その際の前提となっている認識や提案されている政策には，重要な点についての欠落がある。そこではじめに，筆者の認識と政策案を要約して示す。

　日本の主食であり，最大の作付け農地面積を占めるコメについては，5 ha（ヘクタール）規模の水田を連坦的に配列した水田群を，1人当たり60～80 haの耕作規模で，さらに数名ないし数十名からなる営農集団として耕作・経営すれば，長年コメの輸出を続けてきた実績のある豪州（オーストラリア）並みになるから，生産コストの点でも国際競争力をもつことができる。このような大規模経営は，農林水産省が進めている「利用集積」によって営農集団に集約された農地を「耕作地調整」によって集団化し，それを「巨大区画」に再整備するという，すでに部分的に実行されている政策をバラバラではなく一挙に進めることによって十分に実現可能である。

　平地水田地帯で，住宅地や道路・河川等の境界条件のため5 ha区画の水田が作れない区域でも，国際競争力のある露地畑や施設園芸の農業経営が可能である。さらに，農業とはいえない飯米農家や第二種兼業農家の耕作も併存するから，非農家の在村通勤者とあわせて，「農業栄えて農村滅ぶ」といった愚を避けることもできる。

　他方，条件不利地域や，「土地利用型農業」であっても麦・大豆等の生産で

45

は，国際競争力をもつ農業はきわめて困難である。そこでは，別途，何らかの施策が必要である。

　以上は，かくありたいという願望的な提案や，かくあるべしという当為的な提案ではない。また，一般化はできない成功例をあげる「例証主義」的な提案でもなく，現在の制約条件を前提とし，これまでの実現可能な方策を用いた現実的な提案である。

　一口に農業と言っても，農作物を育てる耕種農業だけでなく畜産業もある。また，耕種農業の中でもコメ・麦・大豆・トウモロコシ・サトウキビ等を生産する「土地利用型農業」と，露地野菜や花卉の生産，施設園芸等の「労働集約型農業」とがあり，それらすべてを一律にして，今後の日本の農業について議論することはできない。ただ，このうち少なくともコメについては，日本でも国際競争力をもった大規模で低コストの稲作農業を実現できるはずである，と筆者は考えている。これは，筆者がこれまで訪れた米国・豪州や日本国内での，規模の大きな稲作農業経営体や大区画水田の実態分析にもとづいている。

　本章では，日本の稲作と水田地帯における低コスト稲作農業の実現可能性について，米国・豪州・日本の事例を参照しつつ，論述する。

　コメを検討対象とするのはまた，いまだ国民の「主食」であって安全保障のうえからも国内での安定的な持続的生産が重要であり，しかも，水田は日本の農地の過半を占めており，現在進んでいる耕作放棄地の問題等，農村部の土地利用を考えるうえでも重要だからである。

　結論を先取りして言えば，日本では，中山間地域の稲作条件が不利な傾斜地水田は別として，平野部水田地帯であれば，①農業専業の担い手への農地の集約（農林行政用語では農地の「利用集積」という）を推進し，②利用集積されたままでは分散して小規模なままの１枚１枚の水田群を担い手の耕作地として「集団化」し，③集団化した水田群を１枚５ha以上の「巨大区画水田」として整備する，といった３つのステップを一気同時に行う水田の整備（「圃場整備」という）を行い，また，大型農業機械の作業効率を大きく向上させることによって，専従農業者１人あたりの水田経営規模を60〜80 haとする本格的な大規模稲作経営が可能になり，国際市場水準の低コスト稲作を実現できる。

以下では，まず，日本の主要な水田農業地域である平地農業地域について，低コスト大規模稲作農業の必要性・可能性とそれを実現するための方策について検討し，次いで，中山間地域等も含めた今後の水田地帯農村の住民・農業・農地について検討する。

　なお，本章と関連して第Ⅱ部補章では，傾斜地稲作の限界地である「棚田」において，その保全にどれだけの労力・費用を要するのか，どのような支援が現在行われており，どの程度の効力があるのかを示し，その方策について論述した。

1. 規模拡大の必要性

1-1　1人あたりの経営規模の拡大が必要

　日本のコメの生産コストが国際的にみて高く，その生産者価格は国際市場価格の数倍に及ぶこと，そして，その原因が基本的には経営規模の零細性によることはよく知られている。

　コメの生産コストのうち，その大部分を占める農業機械・施設・器機等の費用と農業者が取得する所得分（労賃・利益等）は，経営規模の拡大によって縮減できる。つまり，経営規模拡大によって，コメ1俵（60 kg）に対する農業機械・施設・器機のコストと，労賃を減らすことができる。ここからも分かるように，コスト削減のための経営規模拡大という場合は，単純に経営体全体の規模を拡大するだけでなく，そこで働く農業従事者1人あたりの経営規模を検討対象とし，その拡大をはかることが重要である。仮に経営体の規模が100 haを超えても，経営体の構成員として農業に従事する者が数十名もいるようでは，コメ1俵あたりに含まれる農業者の所得分を減らすことができず，真のコスト削減はできない。

　また，農業従事者というと，農作業を行う者だけを考えてしまいがちであるが，大規模な経営体では会計や総務のような事務職も必要であり，また，「6次産業化」によってコメの直売等を行うようになれば営業・販売担当者も必要となり，経営全体のマネージャーも必要である。農業従事者とはこれら全員を含むのであって，そうした専従の農業従事者について，1人あたりの経営規模

を拡大する必要がある。

1-2 どれだけの経営規模が必要か——米国・豪州を参考に

では，国際競争に耐えられる稲作農業のためには，どれだけの経営規模が必要か。その目安となるのは，国際化が進展した後の米価水準で，経営体の専従構成員が一般の都市労働者と同等の（他産業並みの）所得を持続的に得られるだけの経営規模である。

構成員の所得は，販売収入（＝単収×経営（耕作）面積×生産者米価）と材料・機械等のコストの差として求められるが，その１つ１つの費用を数量的に示すことは困難である。しかし，それでも他のコメ輸出国との比較から，おおよその必要な経営規模を類推することはできる。その場合，日本との比較・参照の対象とすべきは，コメ輸出国のなかでも低賃金がコメの低コスト・低価格の主因となっているタイ・ベトナム・ミャンマー等ではなくて，米国・豪州等の先進国であろう。

米国や豪州の農業というと，平均経営規模が日本の数百倍・数千倍とも言われ，「とても対抗できない」「比較の対象にはならない」といった議論もよく見られる。しかし，それは粗放的な放牧地等も含めた平均経営規模であり，水田農業だけでみると経営体の規模はそこまで大きくはない。なかには数千 ha 規模の稲作経営体もあるが，その場合でも実際は多数の労働者を抱えていて，労働者１人あたりの経営規模は，日本の数百倍・数千倍といった大きさにはならない。

たとえば，豪州では，その多くはいわゆる家族経営で，典型的なケースでは農業に従事するのは数名であり，経営体の全体規模はコメのほか，麦などを含めて，数百 ha 程度である。さらに水稲作付け面積を専従者１人あたりでみると，60〜80 ha 程度の規模にすぎない。そして，この程度の規模で，豪州は長年国際市場にコメを輸出し続けており，農民は輸出を一手に引き受ける稲作協同組合（SunRice）に，国際価格でコメを売り続けている。

また，米国の事例では，筆者らが訪問したカリフォルニア州の国府田(こうだ)農場は水稲作 2000 ha，畑作 800 ha を有しているが，その一方で，数十名の農場労働者を雇用し，農作業のほか，コメの出荷のための袋詰め等，各種作業を行って

いる。水田水稲作に従事している農場労働者数だけを分離して示すことができず，また，水田作業以外の間接的なコメ生産従業員数も不明であるが，直接・間接のコメ生産従業員1人あたりでは数十～100 ha の経営規模になるであろう。

さらに，カリフォルニア州以上のコメ主産地域であるミシシッピー河流域のアーカンソー州にある，「ゼロ・グレード」という標語の巨大水田整備で国際的に有名な Isbell 農場では，コメだけを専作で作付けしている。経営は，家族のほか親族と常勤の労働者1名を含む「親族経営」とでもいうべきもので，筆者が調査した2011年では，6名で1000 ha の水稲を作付けしていた。

たしかに，現在の日本で農政上の目標とされている30 ha 程度の経営規模では国際競争に太刀打ちできないが，何千 ha もの経営体を創出する必要はない。1人あたりの経営規模も，米国までは難しいかもしれないが，豪州程度であれば，手の届かない規模ではない。豪州の経営は，麦等を含めた複合経営であるため，単純な比較はできないが，中期的には日本でも60～80 ha/人程度の経営規模を目標にするとよいと思われる。

1-3 集落を越える地域的経営体

稲作の農作業は1人だけで行っては十分に効率よくできない。また，農作業以外に，経営全体の管理，会計等の業務，6次産業化して加工・宣伝・販売等の業務も必要であろうから，分業・協業のメリットを活かすためには数名～十数名の構成員からなる経営体が望ましい。そうなると，経営体全体の規模は数百 ha になり，一般的な農村集落の農地規模を超える。したがって，集落ごとに経営体を作るのでは小さすぎ，複数の集落が連携した，より広域を対象とした経営体の設立が必要になる。

また，国内外のいくつかの大規模経営体の事例を踏まえると，こうした大規模経営体では，複合経営を行うことが合理的である。稲作に非土地利用型の労働集約農業等（施設園芸や露地野菜・果樹栽培等）を組み合わせて行うことで，稲作労働の季節変動が平準化でき，稲が作付けされていない冬期のみならず，稲作のピーク労働（収穫等）時期以外も経営体内の労働をむらなく合理的に配分できる。

1-4 水田の「区画」規模拡大が必要

これだけの経営規模を実現するためには，現在日本で使われているよりもはるかに大型のトラクターやコンバイン等の農業機械を，より効率よく使う必要がある。そのためには，現在の日本の水田は小さすぎ，水田の1枚1枚（水田の「区画」「畦区（あぜく）」という）の規模拡大が必要である。

現在の日本の水田は，その過半が昭和40年代から平成（1960年代～90年代）にかけて全国で実施された「30a（アール）標準区画」で整備されている。平野部の優良な水田のほとんどが，こうした30a区画で整備されているといってもよい。また，近年は「大区画水田」として1～2ha区画程度での水田整備も実施されるようになった。しかし，この程度の区画規模では，60～80ha/人といった経営規模を実現することはとてもできない。

この点については，経営規模を拡大しても1戸あたり10～20ha程度までが限界で，それ以上規模を拡大しても，人員・農業機械等を増やさざるを得ず，コストは下げ止まるという生源寺眞一の指摘もある（生源寺，2008）。現在の日本の水田区画を前提とした経営規模の限界である。

実際，大規模稲作経営体として著名な富山県のサカタニ農産では，経営体の全体規模は200haを超えるが，耕作する水田群の区画規模が30a程度である。しかも，それが分散しているため，経営地10～20ha程度に対して構成員1人・中型機械1式を配置することになり，1人あたりの経営規模を十分には拡大できていない。米国や豪州の稲作農業をみれば明らかなように，10～20ha/戸程度の経営規模でコストが下げ止まることなどありえない。より大きな水田区画に「大区画化」することが必要なのである。

1-5 必要な水田区画規模——米国・豪州を参考に

水田で使用する農業機械の作業効率は，単純にいって，区画の規模が大きいほど高いので，水田造成に必要な田面水平化のための土木工事が少ない平地農業地域であれば，区画規模は大きいほどよい。

では，100ha/人前後の経営規模を実現している米国や豪州の区画規模はどれだけか。

米国の農場では，かつて欧州系移住民に開拓地の所有権を与えたときの単位

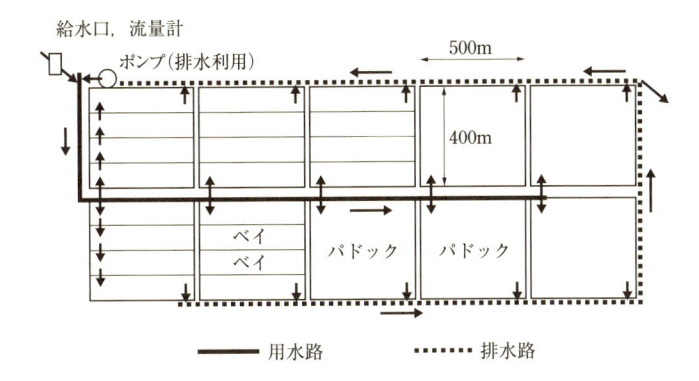

図1 豪州の典型的な稲作農場（ファーム）の概念図

として，半マイルや4分の1マイル四方を道路や水路で囲まれた区画がよく見られる．800 m四方の64 haや400 m四方の16 haの区画である．かつては，この区画内に高低差がありすぎて，湛水がうまくいかないので，毎年播種前の耕耘・砕土や均平で壊した仮畦畔を等高線に沿って築造し直して，大区画を小面積の耕区に割り直して使っていた．しかし近年では，レーザーレベラー等を使って大区画の内部を水平に均平して，仮畦畔を造らないでも均等に湛水できるまったいらの16 haとか32 haといった巨大耕区に造りかえている．

日本での「水田大区画化」を考えた場合，ここまで超巨大な水田区画を何枚も連坦して整備できるのは，干拓地や北海道等のごく一部の地域に限られるだろう．

しかし，ここで再度豪州のケースをみると，水田区画はそこまで大きくなく，1枚5 ha程度が典型的で，これを連坦させ，60〜80 ha/人の稲作経営を実現している．

図1は，典型的な豪州の稲作農場（farm：ファーム）とその区画割りを示している．豪州の農場では，農地は200 ha程度のファームに区分されており，農地の売買貸借，用水供給の単位となっている．ファームは10程度のpaddock（パドック）（20 ha程度）に分かれ，これが圃場の用排水管理の単位になる．パドック内には中畦をつくり，1枚5 ha（100 m×500 m）程度のbay（ベイ）とし，ベイが農作業の単位となっている．

灌漑会社からの用水給水口は，通常1ファームに1カ所で，農場経営者はファーム内に給水口から続く水路を建設し，各パドックに送水する。パドック内の各ベイは主に畦越しの田越し灌漑排水で，水管理労働力が節減されている。ファーム内の総水路延長は，日本の圃場整備田と比べてきわめて短く，水利施設の維持も容易である。

5ha程度の水田区画であれば，日本の平野部水田地帯でも，連坦して整備することが十分可能である。そして，豪州に拮抗するような作業効率での大規模経営が可能なはずである。実際，すでに福井県の営農組織ハーネス河合等で，5ha程度の区画を連坦して大規模稲作経営を行うケースが出てきており，5ha水田を造成することに何ら技術的な問題はないことも分かっている。今後，平野部水田地帯では，こうした5ha以上の水田区画での水田整備を早急に推進することを奨めたい[注1]。

2.「規模拡大」の可能性と実現方策

2-1 これまで規模拡大ができなかった理由

「規模の拡大」「零細性の打破」は，明治・戦前から日本の農業施策上の目標とされ続けてきたが，現在にいたるまで実現せず，零細性は日本農業の痼疾，不治の病とされてきた。

戦後，商工業や都市が発展して農業・農村との格差が拡大したことを受け，農業基本法（昭和36（1961）年）では，「他産業との生産性の格差が是正されるように農業の生産性が向上すること及び農業従事者が所得を増大して他産業従事者と均衡する生活を営む」ことができるように「自立農家」の稲作経営規模の拡大が目標とされた。しかし，規模拡大の前提として想定された零細自作農家の離農・農地売却は，土地価格の（期待）上昇率が高かったため実現せず，また，米価が相対的に高かったため，零細農家は耕作を継続し第二種兼業化した。

また，水田農業の技術革新も第二種兼業化を可能にした。すなわち，戦後の農地改革によって大勢の小作人が自作農となった結果，地主制下では進まなかった水田の圃場整備が進み，農業機械（特に代かき田植えと脱穀），農薬（特

に除草と防除），肥料，栽培技術や作業のマニュアル化，苗つくりやモミ乾燥や防除作業の農協等への外注（アウトソーシング）等により，コメ生産は第二種兼業で十分こなせるようになった。

このように，これまでは零細農家が農地を手放さず，種々の施策もかえって兼業化を安定させるものとなり，水田農業の経営規模の拡大は進めようがなかった。

2-2 本格的な規模拡大が可能になってきた

ところが，農用地利用増進事業（昭和50（1975）年）および農用地利用増進法（昭和55（1980）年。現在の農業経営基盤強化促進法）によって「利用権の設定」による農地の「流動化」，その後，農地の「利用集積」という施策が考案され，担い手農家が水田を「借りて」経営面積を増やす道が開かれた。そこに米価の下落が重なって，近年，農地を貸し出したいという意向の農家が急増している。初めて日本で，零細性を解消して大規模経営体を創出できる可能性が出てきたのである。

しかし，貸し出される水田は10～30a区画と零細で，かつ分散していて農作業効率が低く，担い手農家は十分な経営規模拡大ができていない。また，担い手農家が農地を借り切れないため，耕作放棄が生じている地域も多い。

このように，現在は，かつてとは違い，零細農家から担い手への農地の供給（貸地）は十分見込めるが，担い手が水田を借りるための基盤条件が整っていないため，経営規模の拡大が進んでいない。逆に言えば，農地の「利用集積」と合わせて農地の集団化と水田区画の規模拡大を十分に行って巨大区画化すれば，稲作農業経営の大規模化が進められる可能性が出てきている。

2-3 実現の方策とその範囲──利用集積・集団化・巨大区画化を一気に

以上のような「巨大区画水田」での大規模稲作経営は，①経営体への農地の集約（利用集積），②集積された農地の集団化（耕作地調整），③巨大区画化の3つのステップを一気に行う，といった水田整備（圃場整備）を実施することで可能になる。

この「一気に」ということが重要である。そもそも，経営体の規模や耕作予

定地を計画して,それに適した整備をするのが本来の圃場整備の姿である。それを,利用集積の十分な推進を後回しにして大区画化だけを進めると,現状のまま利用集積が進まなかった場合に対応した区画規模・道水路レイアウトで整備することになり,「巨大区画水田」は実現できない。そして整備後,今度はそうした区画が耕作作業の制約条件となり,農地の貸手が多数現れたとしても,1人あたりの経営規模の十分な拡大は困難になる。

また,経営規模・区画規模・使用機械規模は相互に関係していて,中規模経営なら中型機械・中型区画のセット,大規模経営なら大型機械・巨大区画のセットで,それぞれ収益は最大化(コストは最小化)する。

例えば,20 ha/戸程度の経営規模だと,大型機械を使わず100馬力以下のトラクターのような中型機械でも経営地全体を耕作しきれるし,その方が安価で「低コスト」でもある。また,中型機械ならば,1～2 ha 区画程度で作業効率は頭打ちになるから,区画規模はその程度にとどめ,丹念な水管理等を行って単収増加・品質向上に努めた方がよい,ということになり,巨大区画化は進まない。大規模経営・大型機械・巨大区画のセットの方が大幅にコスト削減できるのは,米国や豪州の稲作コストをみれば自明である。しかし,それらを1つ1つばらばらに規模拡大することは困難であり,利用集積・集団化・巨大区画化＋大型機械導入は,一気に行わなければならないのである。

日本の水田の過半を占める平地水田地帯のほとんどは,こうした圃場整備によって,国際競争に対抗できる低コスト大規模稲作経営が実現可能である。特に,現在,「整備済み」とされている30 a 標準区画での水田整備がなされた地域は,今後も主要なコメどころとなる優良な水田地帯であり,巨大区画での水田整備が強く求められる。30 a 区画水田は,1 ha 程度の零細兼業農家には適した区画だが,大規模経営にはもはや小さすぎて,「再整備」が必要である。

なお,数百馬力以上の大型トラクターや大型の収穫機械等は,現在,国産の農機具メーカーではほとんど販売されていないから,当面は海外の農業機械メーカーから輸入することが必要になる。その際,個々の農業経営体が買い付けるよりも,公的機関等が100台程度をまとめて購入・用意して,全国の大規模経営体にリースする等の方策が,購入費用も安上がりになり有効であろう。

2-4 農地集約の推進策

　農地を集約（利用集積）するといっても，圃場整備地域内の零細農家全員から農地を完全に手放させる必要はなく，自家消費米（飯米）作付けや趣味的な農作業（ホビー農業）を希望する場合は，その分だけ耕作地を確保し，残りを貸し出してもらえばよい。

　前記のように，現在，零細第二種兼業農家の農地貸出のポテンシャルは高くなっていて，その多くは，いずれ，農業機械が使えなくなるか，現在日々の農地管理を行っている高齢者が農作業できなくなれば，農地を貸し出すことを考えている。それを，この機に早期リタイアしてもらって，一気にまとめて貸し出してもらうことが必要である。

　その方策として，圃場整備の際に農地貸出に協力した農家に，「離作料」的な高い小作料を支払うのが有効である。例えば，千葉県の印旛沼土地改良区の臼井第一工区では，整備前の収量が6俵/10a程度の地区で3俵/10aの高率小作料を設定し，地区の9割以上の農地を一気に利用集積し，5haを超える「巨大区画水田」を創出した。また，福井市の河合地区では，圃場整備の際に150haの農地を利用集積して大規模経営体ハーネス河合を設立したが，その際も周辺地区より1俵/10a多い小作料を設定して集積を促した。

　ただし，この方策だと，小作料が高額になる分，経営体の専従構成員の所得が少なくなるという難点がある。そうでなくても，こうした大規模経営体を創出する場合，零細地主の方が数では圧倒するから，どうしても地主の利益中心の配分になりがちである。

　これを緩和するため，高額地代の期間は数年間の期限付きとし，また，米価の下落にともなって自動的に小作料が下がるよう，10aあたりコメ何俵というように「物納」的に小作料を決めるのが望ましい。また，貸し出す側への貸与を促す補助制度の拡充や，ハーネス河合でもみられたような，大規模経営体の設立を条件づけた大型機械等の設備投資に対する補助も有効である。

2-5 ゾーニングと集約された水田群の集団化

　農地の集約が進んでも，すべての水田が大規模経営体に集約されるわけではなく，飯米生産や趣味的な零細稲作を継続する意向の農家の水田群や，施設園

芸等の労働集約型農業を行う土地等が残り，それらが水田地帯の中に混在している状態になる。

そのため，巨大区画化のためには，大規模経営体の耕作する巨大区画水田エリアと零細農家等の中小区画農地エリアとを明確に分けるゾーニングを行って，そこにそれぞれの耕作地を集団化する必要がある。

その際，圃場整備事業区域の中には，住宅地周辺や河川，一般道路との関係で巨大区画をつくれない場所もあるから，そういった場所を中小区画のエリアとし，ほかは極力「巨大区画水田」のエリアにするとよい。

エリア内への農地の集団化の方法として，従来は土地改良法に基づく「換地処分」によって，農地を貸し出した地主の所有地を，借手（耕作者）の耕作地として集団化して圃場整備後の土地（換地）の位置等を定める，という方策がとられていた。

しかし，このやり方だと，貸手と借手とで換地の定め方の利害が必ずしも一致せず[注2]，かつてほとんどが自作農家だったときですら困難であった換地の計画が，さらに紛糾するおそれがある。結局は，地主の意向に沿って換地が定められ，耕作地としては集団化できない，ということが多かった。

この問題を回避する方策として有効なのが，「耕作地調整」と称される集団化手法である。すでにこの手法で耕作地を集団化した圃場整備事業地区が何地区もある。具体的には，巨大区画エリア内に自作続行を希望する零細農家の所有水田があり，換地処分で中小区画ゾーンに集団化することが困難な場合，この零細農家と大規模経営体との間で耕作する場所を（所有権と分離して）交換調整し，零細農家に巨大区画ゾーンの端や巨大区画ゾーン外の大規模経営体の借地で耕作してもらう，という方策である。

なお，現在，麦・大豆の国内生産のために水田で畑作を可能とする「汎用耕地化」のための排水改良工事等が各地で行われているが，畑や汎用耕地のエリアは地下水位の低い場所に集団化することで特別な工事は不要になり，土地改良投資が減額できる。麦・大豆といった，コメよりも安い農産物を作るために，コメよりも多額の工事費を要する汎用耕地化を広範に推進することは好ましくなく，適地適作による作付けを検討すべきである。

2-6 巨大区画化の技術的難点？

5 ha 程度の水田区画群は，日本の平地農業地域であれば連担して創出することが十分可能であり，施工上・営農技術上の決定的な問題はない。実際，すでに 30 年近く前に，前出の印旛沼土地改良区で 7.5 ha の水田が作られた。また，同じく前出のハーネス河合では 15 年以上前に 5 ha 区画を何枚も並べる圃場整備事業を実施している。近年では，北海道でも標準 4 ha 以上（最大 6.8 ha）の区画規模で国営圃場整備が実施されつつあり，いずれも現在まで施工上・営農上の大きな問題は生じていない。

巨大区画の難点として，例えば，巨大区画化によって，初期湛水時に強風によって湛水面が大きく波立ち畦畔が浸食されたり，区画の風上側が湛水状態を保てず初期除草剤の効きが悪くなる，等の指摘がある。大規模干拓地で大規模農家が集まる大潟村でも，田植え時期に海側から強風が吹くため，農家らもそれを問題視している。しかし，そうした農家であっても配分当初の 1.25 ha 区画の畔を撤去して 2.5 ha, 3.75 ha と区画規模を拡大し，作業効率の向上を進めている。風対策という一面からみれば区画規模は小さい方がよいが，経営コスト削減という目的からみれば，区画規模は大きい方がいいからである。このように部分最適ではなく全体最適を目標として区画規模を検討すべきである。

かつて，30 a 標準区画を導入する際にも，「大きすぎる」「水管理が困難になる」等の議論がなされてきた。新沢嘉芽統が『耕地の区画整理』等で初めて明らかにしたように（新沢・小出, 1963），平野部の水田区画規模や用排水路の形態は基本的には経営規模と経営地の分散性によって規定される。また，それに合わせて機械や水管理・営農技術等が整備されるのであり，その逆ではない。現在の巨大区画に関する難点も同様に理解すべきである。小規模経営・小規模区画に合わせて作り上げられた技術に合わないから，区画を小さく制限するというのでは，論理の転倒である。

2-7 巨大区画水田整備の含意と効果

巨大区画の圃場整備は，ただ単に区画規模を大きくすればよいわけではない。水田は，水田それ自体のほか，用水路・排水路・農道等を附帯した稲作のための施設であり，圃場整備はこれら末端の用排水路・農道の建設整備をも行う事

業である．圃場整備に際しては，大規模経営体にとって施設の維持管理や用水管理が容易で，整備・更新・維持管理費用が安い末端用排水路・農道システムを構築しなければならない．

　それには，何よりもまず，本来不要な道路・水路を極力減らすことである．現在の30a区画の区画規模・道水路レイアウトは，新沢の原理的検討を受けて岡本雅美が明らかにしたように（岡本, 1978），経営規模が1ha程度と零細で経営地が数カ所に分散していれば，区画規模は30a程度にならざるをえない．その小規模な区画すべてに対し「個別的水利用・土地利用」が可能なように道水路を整備したため，これだけ重密な道水路レイアウトになっているのである．本来，栽培管理技術や農作業等のためこれだけの道水路が必須なわけではない．小規模区画に適したように，用水管理の技術が積み重ねられた結果，逆にその一種矮小化された技術によって，現在の道水路レイアウトが規定されているように見えるのである．利用集積によって経営規模が拡大し，集積地が集団化すれば，区画規模・道水路レイアウトもそれに適したものとして整備できるし，すべきである．

　現在の密度が高い末端用排水路の維持管理を1人で60haのエリアにわたって行うことなど，ほとんどできたものではない．これに対し，パイプライン化を推奨する道府県も多いが，建設費やその後の更新費が膨大になり，問題である．

　また，水田に用水を供給する水口も50aに1カ所というように小さく分けて設置されたら，大規模経営体ではその数があまりに多数になって，適切な水管理などしきれるものではない．水口の施設容量を大きくして，個数を極力減らす必要がある．

　米国の64ha, 32ha, 16haといった超巨大区画では，給水栓は1カ所のみである．また，豪州の典型的なケースでは，5ha区画を4枚程度連坦させた20haの田越し灌漑を行っている．給水口は，この20haに1カ所のみで，末端の用排水路延長は大きく節減されている．

　このように，巨大区画化すれば現在の標準的な圃場整備での通作道(つうさくどう)や小用排水路，給水栓・排水口等のほとんどが不要になり（図2，参照），圃場整備の水田面積あたり建設事業費は大幅に削減される．全国の圃場整備事業の年間補助

⟨30a標準の区画制⟩　　⟨巨大畦区⟩

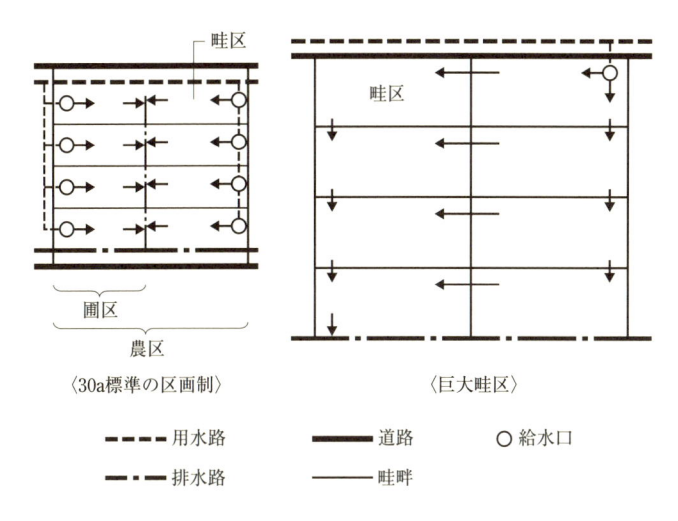

----- 用水路　　——— 道路　　○ 給水口
—・— 排水路　　——— 畦畔

図2　巨大区画とその附帯施設のレイアウト概念図

予算額が変わらなければ，事業の進捗速度は速まり，低コスト稲作が早期に実現・普及しうる。

　また，水路が減ることで草刈り等の維持管理労力も激減する。近年，零細農家の地主化によって農家の数が減り，ムラ仕事で行われている水路の維持管理が困難になることが問題視されている。地主や住民の維持管理作業への参加協力が期待されているが，経営規模が現在の日本よりはるかに大きい米国や豪州で，道水路の維持管理労力は問題にはなっていない。管理すべき道水路が少ないからである。水利施設の補修費や更新費，災害復旧費も，施設自体が少ないのだから安くなる。

　さらに，給水栓・排水口が大きく減ることで水管理労力が減り，掛け流しがなくなり，用水ロスも少なくなり，節水的な水利用が可能になる。広域の用水管理を行っている土地改良区のレベルでも，エンドユーザー間の配水調整が容易になり，その分，土地改良区の労力が軽減され，配水ロスも減ることが期待される。

2-8 環境負荷・有機無(減)農薬栽培との関係

米国の国府田農場等では，田畑輪作によって水稲・畑作の雑草を抑制し，緑肥作物の作付けにより肥料の多投を抑え，コストも削減している。また，有機米も作付けしていて，有機農法に巨大区画がマイナスになってはいない。

日本でも大区画水田での大規模経営の方が，畦畔が少なくなることで畦畔除草のための労力が軽減され，除草剤なしでも管理がしやすくなるし，また，水管理が容易で圃場から河川等への肥料流出が抑えられる等，環境負荷の小さい農業がやりやすくなっている。手間・労力の必要な有機栽培こそ，管理労力の軽減される巨大区画の必要性が高いのである。

また，巨大区画水田整備をした場合，道水路が減って「つぶれ地」が減るから，その分を利用して，巨大区画水田の区域外に生態系保全に特化した水路やビオトープを作ることも考えられる。

2-9 「農業栄えて農村滅ぶ」の懸念

以上のように，平地農業地帯では大規模経営体による低コスト稲作が実現しうる。その場合，ごく少数の農業専従者以外は農業をしなくなり，結果，「農業栄えて農村滅ぶ」ことになるのではないか，という懸念がある。

しかし，たしかに大規模経営の成立は多くの離農者を生むことになるが，そのほとんどすべては農業以外の所得を主とする第二種兼業農家か「高齢専業」農家であり，専業農家と違って離農によって生業を失うわけではない。そのため，北海道の専業農家からなる農村の一部で見られるような，離農＝離村といったことが短期的に生ずることは考えにくい。

また，中期的・長期的にみた場合は，こうした「土地持ち非農家」となった離農者達の後継者が農村に住み続けず，農村人口が減少するということはありうるだろう。しかし，彼らは農業で生計を立てていないのだから，農村に住む／住まないは，営農を継続する／しないということよりも，近在の就労・生活環境条件（教育，医療，福祉施設や商店等）の良し悪しによって判断されることであろう。この点については，本書第1章における理論的検討を踏まえ，第Ⅱ部各章で農業以外の稼得機会の創出可能性について，詳細に検討されている。

そのほか，離農した農家らは集落での活動の場を失い，集落の活力が失われるのではないか，という懸念もある。これについては，前記のように飯米農業やホビー農業等を持続できる場所を確保するほか，集落で農家・非農家のグループをつくり，農産物加工（みそ，パン，漬け物等）を始めて，離農した農家が「小遣い程度」の時給を得ながら活動を楽しむようにする，といった取り組みが各地で見られる。また，こうしたグループが大規模経営体の農繁期の労働需要を提供することも可能である。さらに，圃場整備に合わせてビオトープや生態系に配慮した水路等を整備し，離農者や集落の住民がその管理を行ったり，小学生らへの説明等をボランティアで行うケースもある。

　こうした活動は「農村滅ぶ」の危険軽減に役立つだろうし，また，零細農家の農地貸出を後押しするものになりうるので，圃場整備と合わせて推進してゆくことが望ましい。ただし，その際，こうしたグループを大規模経営体とは独立させるか，同一組織とする場合でも運営は別会計にした方がよい。そうしないと，大規模経営体が多数の構成員を抱え込み，耕作担当者が増え，1人当たりの耕作規模が拡大できず，低コスト稲作が実現しないおそれが出てくるからである。

おわりに——今後の水田農業と農村

　以上を受けて，今後，大規模稲作経営体が成立した場合の農村はどのようになるか，図式的に示したものが，図3である。ここには，合わせて，中山間地域，都市的地域の土地利用等も付記している。なお，これは農業生産からみた地域の仕分けであって，例えば野生生物の生息地やその管理に関しては，本書の第6章で羽山伸一が指摘するような管理のしくみが別途必要である。

　現在の農村の多くは，かつての「農民」が「農地」で「農業」を行って生計を立てている場所，といった三位一体の農村ではなくなっている。農民は第二種兼業化・高齢専業化しており，生業としての「農業」はほとんど行っておらず，多くは自家消費野菜・コメ（飯米）の生産や，生きがい・趣味等としての稲作・畑作といった「農」を行っている。また，農村の住民は，こうした「小農者」[注3]のほか，その子息等の非農家や離農して地主化した「土地持ち非農

		中山間地域	平地農業地域		都市的地域
農村住民	農家	小農者	農業者 ムラ連帯　地域連帯 大規模経営体 経営体内複合農業		小農者 農業者
		兼業，所得保障 （直接支払い）	露地畑作 施設園芸	低コスト稲作	兼業 近郊農業
		畑，小規模水田	畑	巨大区画水田	畑，小規模水田
	非農家	―	在村零細 農地地主 （貸手農家）		―
		在村非農家			
都市住民		グリーン・アグリツーリズム，貸し農園，オーナー制，地産地消，朝市等々			

図3　地域別にみた今後の農村像（農村住民・営農・農地）

注）農村の維持：農村は，農家だけでなく，非農家が居住し続けなければ維持できない。
　　6次産業化：農村では，農家（と非農家の協働）によって農業の6次産業化が期待される。
　　パートナーシップ：特に中山間地域では持続的農業に，官公―民／民―民／共―民のパートナーシップが必要。
　　農地地主：村外に住む零細地主も多い。農村の農地整備・農地利用で問題も。

家」で構成されていて，彼らの多くは都市への在村通勤者である。

　大規模稲作経営体が成立した場合も，農村には，経営体構成員である少数の「農業者」[注4]のほかは，こうした小農者や非農家が多数住み続けることになる。また，農地も，大規模稲作経営体が「農業」を行う巨大区画水田や施設園芸用地のほか，小農者らが"農"を行う小規模水田・畑が残る。「農業滅びて農村滅ぶ」の回避のためにも，大規模稲作経営だけでなく，これら多様な「農」と「農業」が地域内に複合的に共存する，いわば「地域複合経営」が持続的に行われる農村が，今後の一つのモデルとなろう。

　その際，農地はゾーニングを行って，巨大区画ゾーンとその他のゾーンとに分け，それぞれにとって適切な整備をする必要がある。巨大区画ゾーンでは，ムラ連帯による大規模経営体が効率的な稲作農業を行うことで国際競争力をもったコメ生産が実現可能であり，そのためには，農地の利用集積（貸借），利

用集積地の集団化・巨大区画化を一体的に進める奨励策が望まれる。

　他方，第Ⅱ部補章で詳述するとおり，中山間農業地域（条件不利地域）では，農地・農村の存続のためには，欧州などでも行われている「所得補償」政策によって，小農者が"農"を続行する必要がある。また，産直などの都市・農村連帯，観光・エコツーリズム・農業体験など，官公と民，民と民のパートナーシップが有用であろう。

[注1] この5 ha 水田区画を，筆者らは「巨大区画水田」と呼称している。米国の水田区画と比較すると，「巨大」とは言い難い規模だが，日本の農林水産省が1～2 ha 程度の区画を「大区画」と称しているため，そのように呼称している。
[注2] たとえば，国道沿いや住宅隣接地といった特別地価が高い場所はもちろんだが，それ以外でも，貸手は換地と自宅からの距離が遠くなることは望まず，集団化する場合でもすべてが遠くに集団化されるよりは，近い場所と遠い場所の2～3カ所に分けて集団化することを望むケースが多いが，耕作者は多少通作距離が遠くなっても，耕作地として一カ所に集団化されることを望む等。
[注3] 小農者：便宜的造語。農外収入をもち，零細規模の農作業を行っている者。農業者とはいえない。第二種兼業農家，高齢専業農家，飯米農家，援農者，市民農園的農地利用者。
[注4] 農業者：農"業"に従事する者。"業"とは生計を（持続的に）たてられるもの。

参考文献
石井敦（2005）「米国巨大水田見聞記」『農土誌』，73巻4号，65-68頁。
────（2010）「巨大畦区水田整備によるコメの生産コスト削減」『農業農村工学会誌』，78巻11号，19-21頁。
────（2012）「5 ha 巨大区画によるオーストラリア大規模水田の農業分析」『農業農村工学会誌』，80巻3号，29-32頁。
岡本雅美（1978）「農道密度等決定のメカニズム」地域社会計画センター『昭和52年度畑地の整備基準設定調査報告──普通　畑・農道密度』，11-18頁。
新沢嘉芽統・小出進（1963）『耕地の区画整理』岩波書店。
生源寺眞一（2008）『農業再建』岩波書店，126-131頁。
杉浦未希子・石井敦（2013）「今こそ，経営と水田区画の規模拡大を」『農業農村工学会誌』，81巻1号，11-14頁。

第 3 章

原発事故が浮き彫りにした農山村の「価値」
――福島県飯舘村の事例から――

除 本 理 史

はじめに

　2011年3月に発生した東日本大震災によって，東北地方を中心に農林水産業が甚大な被害を受けた。震災復興の議論のなかで，農林水産業をどのように再建していくのかが焦点の1つになっている。

　復興の理念に関する大きな争点は，東日本大震災復興構想会議が2011年6月の提言のなかで打ち出した「創造的復興」をどうみるかにある。田代洋一は，「創造的復興」を批判する立場から次のように述べている（田代，2012，2-3頁）。

　「創造的復興」が叫ばれるが，……「創造的」とは，被災地の長い歴史的営みを「非創造的」なものとみなし，そこに戻る「復旧」を排して，自分たちが前々から描いていた設計図を「創造的」だとして押しつけ，災害による更地化を奇貨として被災地を営利の場に転じようとする災害資本主義の一環に他ならない。

　他方で被災地は，高度経済成長による地域再編のなかで過疎化と高齢化を余儀なくされてきた。その元に「復旧」してもどうなるものでもない。……求められているものは「再生」であり「再構築」である。

　現地では，あるいは夫を，あるいは妻子を，あるいは縁故友人知人を亡くしながら，瓦礫の中から，一人，二人と，「これまで地域が取り組んできたことを再開しようじゃないか」「地震で断ち切られた思いを再び追求しようではないか」「地域の農業に責任のもてる器をつくり，次の世代に渡そうじゃないか」という再生の動きが出てきている。

　それは歴史を断ち切り，あるいはチャラにするのではなく，地域自身の歴史的な動態と営為の中から将来を描き出そうという動きである。

筆者も，田代のこのスタンスに共感を覚える。つまり，過去との「断絶」ではなく，「連続性」のなかで復興を考えるということである。ただし，これまでの延長線上での「復旧」ではない。したがって問題は，地域の歴史的な営為のなかで，何を積極的に評価し，守り再生していくべきか，ということになる。本章では，この守り再生されるべきものを，農山漁村の「価値」と呼ぶ。
　震災と原発事故による福島県の避難者は16万人以上に及び，飯舘村など9町村が役場機能の移転を強いられた。まさに未曾有の被害である。逆説的ではあるが，原発避難でふるさとを追われたことで，改めて事故以前に暮らしていた「地域」の価値を捉えなおし，回復していこうという動きも生まれている。
　以下では，まず第1節で，1980年代以降の飯舘村における地域づくりの取り組みについて概観する。飯舘村の地域づくりは，内発的発展の試みといってよいが，そうした実践の基盤となった「価値」とは何なのか。この点が次節の課題となる。原発事故によって失われたものは，地域づくりの取り組みの成果であり，地域に蓄積されてきた「価値」のストックであろう。
　第2節では，ふるさとを追われたある飯舘村民の訴えを起点とし，そこから掘り下げることによって，避難住民が受けた被害の本質を，地域の「固有価値」喪失の危機として把握する。被害とは経済学的にみれば価値喪失であるから，これは，地域の価値をいわば「裏側」から捉えなおそうとするものである。
　固有価値とは，「かけがえのなさ」の経済学的表現である。たしかに固有価値それ自体には値段はつかないが，貨幣的価値とまったく無縁ではない。ふるさとは，かけがえのないものである。かけがえのないものは，他に代えがたいという個別性，固有性とともに，人びとからその意義を認められる普遍性を併せもつ。かけがえのなさが，「地域ブランド」のようなかたちで消費者から評価されることで，市場において価値実現が図られるのである。
　以上の考察のうえに立って，第3節では，原発事故からの地域再生に向けた課題について考える。なお，本章の関心は，農業・農村の「多面的機能」の評価問題と重なっている。この点に関し，補論では，従来とられてきた「環境評価手法」アプローチの限界と，固有価値論の有効性について考察した[注1]。

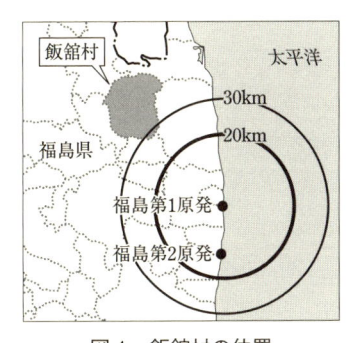

図1　飯舘村の位置
注）毎日新聞社ウェブサイトより作成。

1. 飯舘村の地域づくり

1-1 地域の概要

　福島県飯舘村は，原発事故の被災地としてマスコミなどで頻繁に取り上げられるようになっている。しかし，それ以前から，飯舘村の地域づくりの取り組みは注目されていた。本節では，1980年代以降の展開について述べるが，まず震災直前の飯舘村の概要について簡単に記しておこう（境野ほか編著，2011，第2章，参照）。

　飯舘村は，福島県の浜通り地方に属するものの，阿武隈山系の北部に位置するため，標高は220～600mであり，総面積231km^2の74.4%を山林が占める典型的な中山間地域である（図1，参照）。夏はヤマセの影響でたびたび冷害に見舞われ，近年では1980年，1993年に大冷害が起きている。

　2010年9月時点の人口は6160人，世帯数は1706である。産業別就業者数（2005年国勢調査）をみると，第1次産業が29.8%，第2次産業が39.3%，第3次産業が30.9%で，第2次・第3次産業の比率が高まってきている（表1，参照）。しかし依然として，農業は村の基幹産業である。村内総生産は約133億円で，そのうち第1次産業の割合は福島県の平均よりもかなり高い（2007年度，表2，参照）。

表1　飯舘村の産業別就業者数　　　　　　　　　　　　　（単位：人）

年	総数	第1次産業	第2次産業	第3次産業
1970	4,873	3,745	430	698
1980	4,600	2,474	1,299	827
1990	4,237	1,682	1,678	877
2005	3,402	1,013	1,338	1,051

注）国勢調査による。境野ほか編著（2011）27頁，表2-2より転載。

表2　飯舘村の域内総生産と産業構造（2007年度）

（単位：百万円，％）

	域内総生産	第1次産業	第2次産業	第3次産業
飯舘村	13,306 (100.0)	1,415 (10.6)	3,775 (28.4)	8,315 (62.5)
福島県	7,944,545 (100.0)	150,687 (1.9)	2,556,986 (32.2)	5,414,231 (68.2)

注）域内総生産には帰属利子等を含むため，第1次産業〜第3次産業の合計と一致しない。「福島県市町村民経済計算年報」（2008年度版）より作成。

　飯舘村に関するこれまでの文献をみると，同村の地域づくりが注目を集めたポイントは，次のように整理される。第1は，住民が主体的に参加する形で，内発的発展（本章2-2，参照）の取り組みを進めてきたことである。これは，社会教育や村のコミュニティ行政ともかかわっているため，それらの視点から取り上げた文献も多い。第2は，産直事業やグリーン・ツーリズムなど，都市住民との交流である。第3は，2004年に，現在は南相馬市になっている旧小高町，鹿島町，原町市との合併協議会から離脱し，「自立」の道を選択したことである。以上の諸点は，いうまでもなく，たがいに密接に関連している。次に，これらの点に着目しつつ，1980年代以降の飯舘村の地域づくりについて概観しておこう。

1-2　住民主体の内発的発展への転換——1980年代前半

　上記の1点目については，1983年に始まる飯舘村第3次総合振興計画（以下，3次総と略）の策定プロセスが重要な画期になった[注2]。3次総は，広く一般公

募によって集まった30代の若い世代が中心となって検討を進めた。

3次総の策定過程では，旧村間で住民意識が乖離した状態を解消していくことがめざされた。旧村とは，1956年の合併で飯舘村になる前の飯曽村，大舘村のことである。たしかに，旧村感情が根づよければ，村としての課題の共有などが難しくなるので，地域づくりの障害となりうる[注3]。しかし，なぜ合併から20年以上を経た1980年代前半の時期に，問題を解決する転機が訪れたのか。

村役場の担当者として1982年から3次総の策定を担当した長正増夫は，1980年の大冷害で「強烈なショック」を受けたことがそのきっかけになった，と説明している（菅野・長正，1998，20頁）。

長正は当初，地域振興には100人規模の工場誘致が必要と考えていたが，1970年代の石油危機で村内の工場の従業員が解雇され，企業誘致型の開発に疑問をもったという。「その頃，全国的に村おこし運動がおき，内発型の地域振興というか，企業とかの他力本願ではなく，自分たちの地域の中の資源や素材を磨いていくのが本当の，長い目で見た場合の地域振興だと」考えるようになった。そこに起きたのが1980年の冷害である。「冷害を教訓とした新たな産業おこし」として，「新しい物より今ある物を磨くことはできないかということで絞られてきたのが〔天候の影響が少ない〕牛」だった。具体的に取り組まれたのは，飯舘牛のブランド化を図るための「ミートバンク事業」である（菅野・長正，1998，20-21頁）。

このように，飯舘村の地域づくりは，1970年代の石油危機と1980年の冷害をへて，住民主体の内発的発展をめざし始めたことが転機になっている。その流れのなかで，具体的事業として展開されたのが1985年に始まるミートバンク事業であった。これは，牛肉の産直事業を直接的な内容としており，その点で，上記の2つ目のポイントに含まれる。

1-3　飯舘村「ブランド化」の試みと住民参加の発展
　　——1980年代半ば〜1990年代はじめ

1980年代前半の転換を受けて，この時期，村の「ブランド化」をめざす取り組みが開始され，住民参加の発展もみられた。前者は，前述のミートバンク

事業に代表され，後者は公民館などを通じた地域リーダーの育成に象徴される。

(1) ミートバンク事業を通じた飯舘村「ブランド化」の試み

1985年からのミートバンク事業については，稲田（1989），守友（1991）が詳しく紹介している。これは，村営牧場，生産者から農協が肉用牛を購入し，福島県経済連食肉センターで屠殺・解体後，再び農協を通じてミートバンク（村，農協，商工会，森林組合，生産団体等で構成）にまわされ，そこから「牛肉でいいたてと手をつなぐ会」会員への宅配，イベントや村内飲食店等への供給を行う，というものである。この取り組みは全国紙に掲載され，首都圏を中心に1000人を超える入会申込みがあった。

ミートバンク事業は，直接的には牛肉の産直事業であるが，それにとどまらず，3次総からの地域づくりの流れのなかに位置づいており，いわば「起爆剤，シンボル」としての意味をもち，村全体を「ブランド化」していく中心的な手段とされた。図式的にいえば「畜産振興を軸とした所得の向上──▶飯舘牛の銘柄化とそれにあわせた高原野菜の振興──▶会員制による牛肉宅配事業と牛肉を主にしたイベントの開催──▶郷土の見直し，イメージアップ，村の誇り，連帯感醸成，むらおこしの機運の醸成など」という流れである（守友，1991，216-217頁）。また，旧村感情の解消という点でいえば，そのために「村全体で共通の課題として具体的に取り組まれた」事業という意味ももっていた（西山，1999，151頁）。

(2) 住民参加の発展──地域リーダーの育成・確保

3次総を受けた飯舘村の住民参加は，「長期的な視野に立った地域リーダーの育成・確保」へと展開する。そのための場となったのが，たとえば住民の自主的な組織「夢創塾」や，公民館を通じた「若妻の翼」の取り組みなどである（佐藤，2010，222頁）。「夢創塾」は「人づくりの基礎過程」であり，そこから生まれた「若妻の翼」は「人づくりの展開過程」だ，という位置づけもなされている（西山，1999，151-152頁）。

① 「夢創塾」

初代の塾長を務めた現村長によれば，1986年に発足した「夢創塾」は，「役

場の役員も，農協の職員も，酪農家も主婦も，商工会の青年もすべて肩書きを取っ払って，まったくの個人の資格で集まりに参加する『ルールをつくらないことがルール』という自由な集まり」である（菅野，2011，52-53頁）。

集まったのは20〜40代の住民であり，自分たちの暮らしや地域のことを自由に考え，忙しいなかでもゆとりある楽しいライフスタイルを探る，というのが活動趣旨であった。組織の維持に力をさくのを避けるため，規約や会員名簿，事業計画をなくし，やりたいことをやりたい人がやるという「この指とまれ」方式をとった。それによって，参加者の思考が柔軟になり，行動力がつき，本当にふるさとに思いを寄せられる雰囲気ができてきた。具体的な取り組みとしては，ハンガリー舞踊団の招聘，コンサートや講演会，新年の「初夢拾う（披露）会」（別名「新春ホラ吹き大会」）の開催などが挙げられる。このうち「初夢拾う会」では，ユーモアを交えつつ地域への思いを語り，また柔軟な発想で地域づくりのアイデアが出されることも多く，そこから次に述べる「若妻の翼」も生まれてきたのである（辻，2008，48-49頁）。

② 「若妻の翼」

「若妻の翼」は，現村長が公民館長であった時期に，「人づくり事業」として取り組まれたものである（1989〜93年）。これは農繁期にあえて「農家の嫁」をヨーロッパ研修に派遣することで，閉鎖的な村社会を変え，女性が旧来のしがらみにとらわれず，主体的にライフスタイルをデザインできるよう促すものであった。「若妻の翼」を通じて，自らの生き方を模索し，地域づくりにも発言する女性たちが多数生まれていった。こうして，女性による自主的な活動は，次の1990年代に入ってから本格化する（千葉ほか，1995；菅野，2011，58-72頁；千葉・松野，2012，75-78頁，など）。

1-4 住民参加の本格化と「までいライフ」の実践へ──1990年代以降

「住民参加が本格的に定着する契機」となったのが，1994年策定の第4次総合振興計画（4次総）の「地区別計画」である。4次総では，村政全体に関する分野別の基本計画に加え，20の行政区すべてに住民からなる地区別計画策定委員会を設け，地区の現況，課題の把握と分析，地区の目標と重点施策の検討を義務づけた。これを契機として，担当行政区と村役場とのパイプ役となる地

域担当職員の制度が発足した（佐藤，2010，222-223頁）。また，4次総では，「暮らしの質」についての内容が盛り込まれた。「クオリティライフいいたて」をスローガンに，暮らしの質を吟味し，今ある環境のなかで，無理せず自分らしい生活を送ることを重視した。

さらに，2004年の第5次総合振興計画（5次総）では「スローライフ」がテーマになった。これには，過剰な都市化とは異なり，地産地消や心の豊かさをめざす生き方，という意味が込められている。この「スロー」という言葉が，しだいに「までい」（昔からの村の方言で「丁寧に」「大事に」「思いやりをもって」などを意味する）に置きかえられ，「までいな村おこし」へと発展していった。これは，昔から受けつがれてきた暮らしのなかに，村の未来を方向づけるヒントを探るということを意味した。こうしたなかで，農家レストランを営む女性が地元のコメと水でどぶろくをつくり，それが村の名物となったり，村内産食材100％の給食を提供する取り組みが始まったりしていた。また，都市住民との交流により，住民が村のよさを自覚し始めていたのだった（菅野，2011，118-121頁）。

5次総が策定された約3カ月後の2004年9月，飯舘村が注目されるもう1つのできごとがあった。現在は南相馬市になっている旧小高町，鹿島町，原町市との合併協議会から離脱することを村長が表明したのである。その年の村長選は，この問題をめぐる激しい対立となったが，現村長が再選され，飯舘村の合併協議会からの離脱が正式に確定することになった（菅野，2011，117-118頁）。この「自立」の選択は，飯舘村がそれまで進めてきた住民参加，住民自治の流れの延長線上にある（松野，2006）。

2.「ふるさとの喪失」とは何か——危機に直面する「固有価値」

2-1 ある飯舘村民の訴え

筆者は，2011年5月以降，共同研究者とともに，福島で被害実態の調査を継続している[注4]。そのなかで，飯舘村に生まれ育った80歳の男性（県内に避難中）から，次のような話を聞く機会があった。

写真1　空になった牛舎
(飯舘村で2011年8月11日，筆者撮影)

「一生懸命，村をよくしよう，楽しい村にしよう，とみんなで本当にがんばってきた。『日本一美しい村』を合言葉に，ようやくそれに近い線に〔きた〕。飯舘牛も牛乳も，世間に広がってきたところだった。環境づくりも，みんなでこうしよう，ああしようとがんばってきたんだよ。それなのにこうなるなんて，あきらめきれない。」「飯舘牛はブランド品になった。飯舘の牛乳も濃度がうんとつよい。……こういうのは，ちょっとやそっとで，できるものではない。長い努力の成果でそうなってくる。……〔それが今度の事故でひっくりかえされたのは〕くやしい」[注5]。

　男性は，生家のある村内の他地区から事故前の住所へ1952年に移り住み，農地を開拓し，地域づくりにも取り組んできた。その成果が失われつつあるというのである。ここには，避難を強いられた人びとの「ふるさとの喪失」に対する危機感をみてとることができる。

　住民の避難はすでに長期化している[注6]。それにともない，緊急的避難（遠からず帰還）から「移住」へと，人びとの意識に変化が起きている。もとの土地に密着した営みを「失った」という意識がつまり，避難者たちの精神的苦痛をいっそう深くしているのである[注7]。被害のどこまでを賠償すべきかは，文部科学省に設置された原子力損害賠償紛争審査会（以下，紛争審）によって議論され，指針として策定される。紛争審は，避難者に対する精神的損害を認めてはいるものの，その中身は，避難生活の不自由さ等にとどまっている。「ふるさとの喪失」による精神的苦痛とは，およそ次元が異なっている。

2-2 何が失われつつあるのか

飯舘村の実践を紹介した『までいの力』という本がある(「までい」特別編成チーム編,2011)。期せずして震災発生の1カ月後に刊行されることになり,中扉に「ここには2011年3月11日午後2時46分以前の美しい飯舘村の姿があります」という一文が,急遽,加えられた。

村長の著書では,2011年1月,役場の仕事始めの式で,5次総の10年目を展望して地域づくりのビジョンを語ったというエピソードが紹介されている。村長は「私が口にした未来へのプロジェクトは道半ばにして,すべてが止まってしまった」と書いている(菅野,2011,131頁)。原発事故で奪われたのは,地域の「未来」である。

「ふるさとの喪失」は,避難者たちの主観的な被害というだけではない。前述した飯舘村の男性の言葉にもあるように,地域づくりの取り組みが,道半ばで断たれたのである(堀畑,2012)。

飯舘村の地域づくりは内発的発展の試みといってよい。内発的発展とは「地域の企業・労働組合・協同組合・NPO・住民組織などの団体や個人が自発的な学習により計画をたて,自主的な技術開発をもとにして,地域の環境を保全しつつ資源を合理的に利用し,その文化に根ざした経済発展をしながら,地方自治体の手で住民福祉を向上させていくような地域開発」を意味する(宮本,2007,316頁)。ここでいう「地域」は閉鎖的な空間ではなく,域外向けの移出産業の意義も適切に評価される(保母,1996,145-146頁;中村,2004,62-63頁)。

また,飯舘村の実践は「地域ブランド」の好例でもある。「地域ブランド」とは,地域固有の資源をもとに財やサービスをつくりだし,地域外の消費者の評価を高めて,付加価値の獲得と地域活性化にむすびつける戦略,取り組みである。地域固有の資源には,①「自然・景観資源」(自然環境や歴史的町なみ等),②「歴史・文化資源」(伝統工芸,伝統芸能,風習等),③「モノ資源」(農産物,工業製品,製造技術等),④「サービス資源」(イベント,ご当地グルメ等)が含まれる(田中,2012,67-75頁)。

これらは財・サービスをつくりだす資源であり,それ自体は(一部を除いて)売買することができない。いわば地域固有のストックであって,その価値がフローとしての財・サービスに「体化」され,市場で実現されると考えられる

（除本，2012a）。

　飯舘村のような農業地域に即していえば，地域資源の維持・管理等は，いわゆる農業・農村の「多面的機能」（本章末補論，参照）に含まれる。前述した地域固有の資源は，その多くが，農村集落や自治体によって維持・管理されてきたといってよい。しかし今回の事故によって，地域固有の資源とともに，それらを維持・管理してきた集落や自治体が，まるごと存亡の危機に立たされている。

2-3 「固有価値」喪失の危機

　被害とは，経済学的にみれば価値喪失である。したがって，いかなる価値が失われようとしているのかが問題となる。

　農村集落や自治体は，人びとの生業や暮らしが営まれる場である。農村の美しい景観は，そこに暮らす人びとの，いわば「までい」な営みによって維持されてきたのだといえる。人びとの営みが積み重ねられることによって，「生産と生活のノーハウ」というべきストックが歴史的に形成される。このストックを，19世紀の思想家，ラスキンにしたがって「固有価値」と呼ぶことができよう（池上，1991；寺西，2000，69-70頁）。

　飯舘村が「地域ブランド」戦略で追求してきた付加価値の実体は，この固有価値であろう。価値実体としての固有価値が，財やサービスに「体化」され，貨幣と交換されることによって，目にみえるかたちで現象するのである。前述した地域固有の資源，あるいはそれらにもとづく財やサービスは，固有価値の「担い手」となる（除本，2012a）。

　福島原発事故は，人びとをふるさとの地から離散させることで，「生産と生活のノーハウ」の継承を困難にし，固有価値を危機にさらしている（除本，2011，19-20頁；大島・除本，2012，91-93頁）。

2-4 個別性と普遍性

　固有価値のストックそれ自体は，市場を通じて売買できるものではなく，貨幣的評価になじまない。しかし固有価値は，財・サービスに「体化」され，市場で売買されれば貨幣的価値としても現象する。買い手がみつかるということ

は，当該財・サービスが他者から必要とされている証である。つまり固有価値は，単に地域固有（個別的）というだけではなく，普遍性をもっており，だからこそ「価値」と表現されるのである[注8]。

ところで，前述した飯舘村の男性の話のなかに，NPO法人「日本で最も美しい村」連合のことが出てくる。飯舘村が，原発事故の前年（2010年）に同連合に加盟したためであろう。その事務局を務める北海道美瑛町の浜田哲町長が述べていることは，非常に示唆的である。

同連合の掲げる「日本で最も美しい」とは何か。それは，「地域に暮らす人々が日々の営みの中で形成される景観や文化などを大切にし，守り育てること。そうした取り組みを含めて美しいと解釈し，この組織に加盟することが地域にとってステータスとなりうる組織にしていこう」という意気込みをあらわしたものだという。そして，活動目的を「失ったら二度と取り戻せない景観・文化を守る」ことと規定し，それを「小さくても輝くオンリーワン」と表現している（浜田，2006，32頁）。

つまり，個別的なもの（オンリーワン）が，同時に普遍的な「価値」（かけがえのなさ）をもつということであろう。飯舘村でも，日々の暮らしや何気ない風景が多くの人びとに感動を与えるのだということ——いいかえれば普遍性をもつのだということを，都市住民らとの交流を通じて村民が発見しつつあった（菅野，2011，119頁）。

2-5 市場観の転換——「生存競争」から「共存的競争」へ

固有価値は，貨幣的価値と無縁のものではなく，消費者から評価されることによって，市場において価値実現が図られる。伝統工芸のような，地域固有の資源にもとづく生産活動は，資本主義の発展過程において「経済効率性」の観点から駆逐されてきた。しかし近年，それらが地域発展の基盤として見直されつつある。しかも，単なる懐古趣味ではなく，市場に向けた現代的な生産活動と結合されている点が重要である[注9]。こうした見直しが可能になった背景には，市場のあり方の転換という歴史的趨勢がある。

従来の経済学が考えてきた市場とは，「生存競争」型のそれである。すなわち，ある効用を充足するのに最低の機能を備えた財をもっとも安価に供給する，

といった単一の目的に適合する消費者と供給者が生き残る世界である。このような市場では，地域の環境，歴史，文化のもつ固有性は，およそ価値評価の対象とならない。

これに対して，現代の市場がむしろそうであるように，「共存的競争」の世界では，地域固有の資源をもとに，多様なものが供給，購入され，それらが共存しつつ，たがいに補足しあう。このような市場では，職人の手仕事にも，相応の評価が与えられるのである（池上，2003，13頁）。

「最近の消費者がもつ商品やサービスへの欲求は，『商品やサービスの消費によって，心が豊かになる，元気がでる，なつかしさを感じる，生産者の芸術的センスに共感する』などの独自の価値を求める傾向が強まっている」。「同じく消費といっても，単に量産された標準的な豆腐を買って，食欲を満たすために消費するのではない。むしろ，かけがえのない豆腐の逸品物を求めて他人から情報を集め，資料やホームページを探し，本を読んで学習し，場合に依れば，製造の現場まで，おもむき，『本物』の味を確かめてから買う。『本物の味』は，大抵の場合，生産地の自然条件と一体のものであり，美味しい水，それを用いて造る豆腐，味噌，醤油などと併せて賞味する調味材料と一体のものである。……このような逸品ものを探して止まない消費者の存在こそ，新たな水の発見や，新たな逸品ものを生産する産地の開発を呼び起し，豆腐市場を豊かにして，生活全般の質を高めてゆく」。「時間の制約の許す限り学習して，ある果物の多様の成り立ちから，かけがえのない1個を選び，空間の制約の中でも，出来る限りコミュニケーションを行ない，商品の質を高めながら買う。このような購買行動は，消費者の個性的な欲求と生産者の個性的な生産物が，市場で出会って初めて成り立つ」（池上，2003，1-2頁）。

2-6 固有価値実現の諸段階

ただしもちろん，このような市場のあり方の転換は，あくまで傾向として看取されるにとどまっている。現状では，むしろ従来型の市場が強固に機能しているというべきである。大量現象としての市場においては，漆塗りの器もプラスチックの器も同じであり，価格は1つに収斂する傾向をもつ。漆塗りの器を生産する職人の手仕事は，市場においては複雑労働ではなくむしろ生産性の低

い労働として評価され，競争力をもたない。したがって，固有価値が評価されるのは，まず，大量現象としての市場から外れた，いわば周辺部分からである。

この点では，中山間地域における活性化事業の発展過程が参考になる。保母武彦は，中山間地域の活性化事業を6類型に区分し，次のAからFへと発展していくとした（保母，1996，221-229頁）。A「精神結合型」，B「農林産物取引型」，C「資産投資型」，D「流域互助型」，E「都市・農村共同開発型」，F「農村自立経営型」。これらの類型区分は，都市の住民あるいは自治体から，中山間地域に向けて，どのような事業を通じて地域発展の原資が流入するかに着目したものである。

これらの類型のうち，実践例が多く，比較的初期の発展段階に属するBは，産直事業や果樹オーナー制度などにより，農林産物の取引を通じて，都市住民が中山間地域に資金を提供する形態である。そして，もっとも発展した形態であるFは，特定の都市住民・自治体との結合を越えて，中山間地域の側が，自立的に地域の魅力や特産物等をアピールし，都市部の顧客を獲得する段階である。

以上の諸段階を，固有価値の実現過程にもあてはめることができるだろう。すなわち，AからFへ向かうにしたがって，地域のもつ固有価値が，資金力を有する都市サイドからしだいに評価され，「対価」として貨幣的価値を獲得していく（＝固有価値が実現する）過程として捉えることができる。上記Bには，不特定多数の消費者を相手にした市場出荷は含まれず，さしあたり大量現象としての市場取引からは外れたところで，固有価値が実現されていく。そしてFは，地域のもつ固有価値が，市場において一定の評価を得た段階だといってよい。

飯舘村でも，こうしたプロセスがみてとれる。「地域ブランド」は，固有価値実現の有力な手段となる。先ほど，原発事故で地域の「未来」が奪われたと述べたのは，将来における固有価値実現の潜在的可能性が断たれた，という意味を含んでいる。

3. ふるさとの回復に向けて——原発事故からの地域再生

3-1 政府「帰還」路線の困難

　政府は 2011 年 12 月，「事故収束」を宣言し，住民の「帰還」を推し進めている。しかし，筆者が避難者の方々にお会いするたび，必ずといっていいほど聞くのは，事故が「収束」していないという話である。

　たとえば，福島県富岡町から避難した男性は，自分たちは放射能が飛散したからというだけでなく，事故が収束しておらず危険だから避難しているのだ，と話していた。大熊町の男性も，第一原発で働く知人から，収束していない実状を聞いているという。また，南相馬市の旧警戒区域に自宅がある男性は，2011 年 3 月の原発の爆発は始まりであって，問題はむしろ，これからもっと起こってくるのではないか，と危惧を述べた（2012 年 6 月～8 月の聞き取りによる）。

　福島の人びとだけでなく，国会事故調も『調査報告書』（2012 年 7 月公表）のなかで，次のように強調している。「依然として事故は収束しておらず被害も継続している。／破損した原子炉の現状は詳しくは判明しておらず，今後の地震，台風などの自然災害に果たして耐えられるのか分からない。今後の環境汚染をどこまで防止できるのかも明確ではない。廃炉までの道のりも長く予測できない。一方，被害を受けた住民の生活基盤の回復は進まず，健康被害への不安も解消されていない」（国会 東京電力福島原子力発電所事故調査委員会，2012，10 頁）。

　政府は，避難指示を出した区域の除染を進めて，放射線量を下げ，帰還を促そうとしている。しかし，とくに農地や山林の除染は困難をきわめる（北林，2012，81-82 頁）。すくなくとも，今回の事故の被災地のなかには，汚染がひどく，住民が長期間戻れない地域が存在する。そうした「帰還困難区域」の存在は政府も認めている（飯舘村では 20 の行政区のうち，1 つが「帰還困難区域」に指定された）。さらに現状では，インフラの復旧なども十分進んでおらず，避難者たちが地元に戻り，どのように生活を「再建」していくか，具体的にイメージするのは非常に困難であろう（除本，2013，45-50 頁）。

3-2 被災地に対する「まなざし」

今回のように人びとがふるさとの地を追われ，それによって固有価値のストックが失われてしまうと，回復は非常に難しくなる。本来は，地域における人びとの暮らしをもと通りに回復することがもっとも望ましいが，前述のように，現実には困難な場合もすくなくない。

全域に避難指示が出ている浪江町では，2011年7月，商工会青年部のメンバー有志が，町に対し，代替地への住民の集団移住を訴える要望書を提出した[注10]。これは，子どもの健康などの観点から，浪江町に戻ることは難しいという若い世代の意識を反映している。もとの土地にこだわるより，線量が低減するまで別の土地に住民が一緒に避難し，人びとの絆を維持しながら帰還の時機を待つほうが，地域の存続につながるという考え方である。こうした構想は「セカンドタウン」などと呼ばれる（山下・開沼編著，2012，48，79-89頁）。新聞等では「仮の町」と表現されることが多く，政府の文書では「町外コミュニティ」ともいわれている。

これは，住民が避難によって離散することを防ぎ，地域に根ざした人びとの生産・生活を維持しようとするもので，完全な原状回復ではないが，固有価値を保存する一手段と位置づけられる。日本弁護士連合会は，加害者たる東京電力と政府の責任で，このような原状回復に準ずる措置を実施することを提言している。「長年住み慣れた土地・地域からの避難を強いられる住民にとっては，生活・労働・生産基盤のすべてを喪失することを意味するのであって，適切な避難先，避難費用，避難後の安定した生活基盤が確保されなければならない。事故を発生させた東京電力は，まず放射能汚染を除去し原状回復することを基本とすべきではあるが，それがただちには困難な場合でも，地域コミュニティを維持できる避難先の確保や避難先での雇用の確保など，可能な限り従前どおりの生活を保障するため原状回復に準じた適切な措置をするべきである。また，これまで原子力政策を国策として推進し，上記避難を指示した政府も，こうした原状回復に準じた生活基盤等の確保を行う責任がある」（日本弁護士連合会，2011）。

ここで懸念されるのは，社会学者の山下祐介が述べるように，原発避難者と国民全体のあいだに「断絶」が広がりつつあるのではないか，ということであ

る（山下, 2013）。ある原発避難者は, 次のように訴える。「どんな地域であっても, なくしていい場所は絶対ない」「どこも, みんな誰かにとっては大切な場所なんで, あって当たり前」[注11]。ふるさとを取り戻したいというこうした避難者の思いが, 都市住民を含む幅広い国民の共感を呼べるのか。これがカギである。

　震災前から地域づくりに取り組んできた人びとにとって, 事故被害からの原状回復とは, これまでの地域発展の軌道に再び立つことであろう。冒頭で述べたように, これまで取り組んできたことを再開する——その延長上にこそ地域の再生がある。被災地の農山漁村でつづけられてきた人びとの営みが, 他の地域とくに都市地域の住民から, どう評価されるのか。被災地に対する国民的な「まなざし」が, 復興のあり方を左右するといっても過言ではない。

補論　農山村の「価値」と環境評価手法

　本章で考察した農山村の「価値」とは, 地域資源を維持・管理する基盤となる「生産と生活のノーハウ」のストックであった。したがって本章の関心は, 農業・農村のいわゆる「多面的機能」（農業生産以外の各種の社会的・文化的・環境保全的機能等）の評価問題と重なっている（多面的機能の概念については日本学術会議, 2001）。

　多面的機能の評価が問題となるのは, 農業・農村のもつ生産以外の諸機能が, 対価の支払いをともなわない「外部経済効果」を生むためである。したがって, その計測・評価手法が研究されてきた。環境経済学で「環境評価手法」などと呼ばれるものである。

　環境評価手法（以下, 人びとの選好を基礎にした評価手法をさす）は, 顕示選好法と表明選好法に分けられ, 前者にはトラベルコスト法やヘドニック法が, 後者には仮想評価法（CVM）やコンジョイント分析が含まれる。

　顕示選好法は, 環境のレクリエーション価値への対価が反映されていると考えられる旅行費用や, 環境の質の違いが反映されていると考えられる地代などをもとに, 環境の価値を評価する手法である。これに対し, 表明選好法では, 人びとに支払意思額（WTP）などを直接たずねることによって価値評価を行う。

しかし，本章の関心からすれば，これらの手法は，次の点で重大な限界を抱えている。すなわち，人びとの選好の動態的変化を捉える枠組みをもっていないことである。環境評価手法に詳しい栗山浩一は，CVM の限界を次のように述べている。「CVM の評価額は，自然環境に対する一般市民の価値観を反映したものである。しかし，それはあくまで現在時点での瞬間的な価値観を示したものにすぎず，普遍的・固定的な金額と見ることはできない。……CVM で評価した金額は，〔人びとの〕価値観の変化に応じて，ダイナミックに変化するものとして捉えなければならない」（栗山，1998，238 頁）。したがって，結局のところ，環境評価手法が導き出す金額は，社会の動態的変化のなかでは「1つの意思決定材料にすぎない」（竹内，1999，27 頁）。

　この点が重要だと思われるのは，次の理由による。本論の最後で論じたように，被災した農山村の「価値」に対する国民的なまなざしが，復興のあり方を左右するであろう。本章の冒頭でも述べたが，筆者は，地域の歴史的営為との「連続性」を重視して，復興のあり方を探るべきだと考えている。つまり，従来の地域発展の取り組みの潜在的可能性を重視しようという立場である。これまで地域が培ってきた「価値」を国民がどう評価するか。その変化の方向性が重要な意味をもつのである。これは，環境評価手法の有効な領域の，外側にある問題である。

　それとは対照的に，本章で述べた固有価値論は，価値の実体と形態を区別することで，この動態的変化のプロセスに迫ろうとしている（除本，2012a）。価値形態とは，ある財が他の財と等置されることによって，価値の実体が目に見える形で表現され，現象することを意味する。

　本論で述べたように，農山村の「価値」とは，地域にストックされた「生産と生活のノーハウ」であり，これが固有価値の実体であった。それがフローとしての財・サービスに「体化」され，貨幣と交換されることを通じて，市場で実現されると考えられる。人びとの価値観が変化すれば，実体としての固有価値が，市場において目にみえるかたちであらわれるのである。地域の歴史的営為との「連続性」を重視して今後の復興のあり方を探るためには，こうした固有価値論の視点が有用ではないか。

[注1] 本章は，別稿（除本，2012a〜c）をもとに加筆を施したものである。また，本稿を提出したのは2013年5月であり，その後の情勢の変化や，筆者の理論的考察の進展は十分反映できていない。最新の拙稿をご覧いただきたい。

ところで，福島県農業の復興については，小山良太（福島大学）らの研究がある（小山・小松，2012；小山編著，2012）。小山らは，農地の詳細な汚染調査の必要性を強調し，汚染の程度によって，作付制限，除染，移行率が小さい作物の生産，などの対策をとるよう提言している。そこでは農業の再生という視点から，避難指示が出されておらず，生産活動が可能な区域に主要な関心が向けられる。これに対して，本章の考察は，全住民が避難を強いられ，生産活動が不可能な区域を主に念頭に置いている。

なお本章の関心と重なる議論として，社会発展の維持可能性を保障するという観点から，震災被害の評価と補償について論じた植田（2012）がある。

[注2] 以下の時期区分は，西山（1999），佐藤（2010）を参照した。

[注3] 『飯舘村史』は，合併直後の時期の旧村間の対立を伝えている（飯舘村史編纂委員会編，1979，428-442頁）。

[注4] 避難住民を対象とした聞き取り調査の中間報告として，除本・堀畑ほか（2012）。

[注5] Hさんからの聞き取り（2011年8月11日）。

[注6] 山下祐介は，震災発生後6カ月間を「緊急避難期」，それ以降を「避難長期化期」と区分している（山下・開沼編著，2012，34-37頁）。「緊急避難期」終了の目安は，この時期，避難者たちが避難所から仮設住宅へ移行していったことに求められている。

[注7] 筆者らは，浪江町からの避難者に対する聞き取り調査にもとづいて，このことを論じている（除本・根本ほか，2012，7頁）。

[注8] 筆者は別稿で，価値実体と価値形態を区別することにより，いまだ価値形態をもたない「潜在的」な固有価値の存在を指摘し，経済学における「環境評価手法」の限界を明らかにした（除本，2012a）。他方，山下英俊は，「自然資源の固有性」に着目し，「環境評価手法」や費用便益分析の限界を論じている（山下，2012）。これは，筆者の問題意識と近接しているが，固有価値論の立場から，若干の異論を述べておきたい。

山下は，発電所建設計画がもちあがっている浜辺を例にとり，その浜辺が周辺住民等にとって「かけがえのないもの」であれば，その経済的価値は無限大ということになり，費用便益分析の適用が不可能になると論じている。これを，地域固有の資源の意義が社会から十分に評価されていないケース（発電所をつくって海辺をつぶそうというのだから）と解釈すれば，筆者のいう「潜在的」な固有価値の一例とみなすことが可能である。

おそらく山下と筆者のちがいは,「かけがえのなさ」の定義にあるだろう。山下は,他のものに換えがたいという個別性に着目して,「かけがえのなさ」を把握しているようにみえる。しかし本章で述べたように,「かけがえのなさ」は同時に普遍性をもっている。だからこそ,固有価値は,市場において貨幣的価値としても現象しうる(固有価値そのものがではなく,財・サービスに「体化」されることによって)。人びとがコミュニケーションと学習を通じて,固有価値の意義を広く理解するようになれば,「自然資源の固有性」を評価しうる「共存的競争」型の市場が形成されるだろう。たしかに,現在の市場はこうした固有性を適切に評価できていないが,人びとの価値観が変化することにより,市場のあり方が転換していく可能性もみすえておきたい。

[注9] 池上惇は,伝統的工芸品を例にとり,地域の固有性に根ざした生産活動が,資本主義の発展過程のなかでいったんは危機に陥りながらも,地域発展の基盤として位置づけを変えながら復権していく過程を描きだしている(池上,2003, 18-23頁)。

[注10] NHKクローズアップ現代「町をどう存続させるか——岐路に立つ原発避難者たち」No. 3091(2011年9月7日放送)。また,大島・除本(2012)66-68頁。

[注11] 福島の詩人,和合亮一による川内村の避難者(50歳代,男性)に対するインタビュー(和合,2012, 66頁)。

参考文献

飯舘村史編纂委員会編(1979)『飯舘村史・第一巻 通史』飯舘村。

池上惇(1991)「固有価値の経済学——その生産と実現の条件,および結果に関する研究」『経済論叢』(京都大学)48巻1・2・3号,1-21頁。

———(2003)『文化と固有価値の経済学』岩波書店。

稲田定重(1989)「"やませ"からの脱却をめざす村づくり——福島県飯舘村」『農村計画学会誌』8巻1号,39-44頁。

植田和弘(2012)「環境被害の評価と補償問題——持続可能な発展理論を手がかりにして」,大塚直・大村敦志・野澤正充編『社会の発展と権利の創造——民法・環境法学の最前線』有斐閣,813-828頁。

大島堅一・除本理史(2012)『原発事故の被害と補償——フクシマと「人間の復興」』大月書店。

菅野典雄(2011)『美しい村に放射能が降った——飯舘村長・決断と覚悟の120日』ワニブックス【PLUS】新書。

———・長正増夫(1998)「過疎地に生きる住民の学びと村づくり——福島県飯舘村の公民館と村行政の取組みから」(インタビュー)『月刊社会教育』42巻4号,14-23頁。

北林寿信（2012）「放射能汚染がつきつけた食と農への難問――土壌生態系の崩壊は何をもたらすか」『世界』827号，75-83頁．

栗山浩一（1998）『環境の価値と評価手法――CVMによる経済評価』北海道大学図書刊行会．

国会 東京電力福島原子力発電所事故調査委員会（2012）『調査報告書』（本編）．

小山良太編著（2012）『放射能汚染から食と農の再生を』家の光協会．

小山良太・小松知未（2012）「なぜ放射能汚染問題は収束しないのか？――現状分析を踏まえた安全対策の必要性」『環境と公害』41巻4号，52-58頁．

境野健児・千葉悦子・松野光伸編著（2011）『小さな自治体の大きな挑戦――飯舘村における地域づくり』八朔社．

佐藤彰彦（2010）「地域担当制度の運用と住民自治の拡大――福島県飯舘村を事例に」『日本地域政策研究』8号，221-228頁．

竹内憲司（1999）『環境評価の政策利用――CVMとトラベルコスト法の有効性』勁草書房．

田代洋一（2012）「まえがき」，田代洋一・岡田知弘編著『復興の息吹き――人間の復興・農林漁業の再生』（シリーズ 地域の再生8）農山漁村文化協会，1-4頁．

田中章雄（2012）『地域ブランド進化論――資源を生かし地域力を高めるブランド戦略の体系と事例』繊研新聞社．

千葉悦子・市沢美由紀・佐藤悦子（1995）「『自分さがし』で村の女たちが変わる――福島県飯舘村からのレポート」『月刊社会教育』39巻6号，36-45頁．

千葉悦子・松野光伸（2012）『飯舘村は負けない――土と人の未来のために』岩波新書．

辻浩（2008）「住民の語りあいから内発型の地域計画策定へ」，島田修一・辻浩編『自治体の自立と社会教育――住民と職員の学びが拓くもの』ミネルヴァ書房，47-62頁．

寺西俊一（2000）「アメニティ保全と経済思想――若干の覚え書き」『環境経済・政策学会年報』5号，60-75頁．

中村剛治郎（2004）『地域政治経済学』有斐閣．

西山未真（1999）「村づくりにみる農村住民の『生活者』への成長過程――福島県飯舘村を事例として」『日本農業経済学会論文集』（1999年度），148-153頁．

日本学術会議（2001）「地球環境・人間生活にかかわる農業及び森林の多面的な機能の評価について（答申）」．

日本弁護士連合会（2011）「福島第一原子力発電所事故の損害賠償等として避難者に対する生活基盤の保障等の速やかな確保を求める意見書」5月30日．

浜田哲（2006）「『日本で最も美しい村』連合の設立と美瑛町のまちづくり」『住民と自治』513号，30-33頁．

保母武彦（1996）『内発的発展論と日本の農山村』岩波書店。
堀畑まなみ（2012）「飯舘村にみる地域づくりの破壊——原子力災害が奪ったもの」『環境と公害』42巻1号，41-46頁。
松野光伸（2006）「住民参加の村づくり——福島県飯舘村の取り組み」『住民と自治』513号，16-21頁。
「までい」特別編成チーム編（2011）『までいの力』SEEDS出版。
宮本憲一（2007）『環境経済学（新版）』岩波書店。
守友裕一（1991）『内発的発展の道——まちづくり，むらづくりの論理と展望』農山漁村文化協会。
山下英俊（2012）「自然資源経済論の理論的基礎に関する試論——自然資源の固有性に着目して」『一橋経済学』5巻2号，117-126頁。
山下祐介（2013）「不理解がもたらす暴力性——沈黙させられる原発避難者」『週刊金曜日』21巻8号，26-27頁。
――――・開沼博編著（2012）『「原発避難」論——避難の実像からセカンドタウン，故郷再生まで』明石書店。
除本理史（2011）「福島原発事故の被害構造に関する一考察」OCU-GSB Working Paper No. 201107。
――――（2012a）「環境の価値評価に関する一試論——福島原発事故による『環境損害』を念頭に」，淡路剛久・寺西俊一・吉村良一・大久保規子編『公害環境訴訟の新たな展開——権利救済から政策形成へ』日本評論社，171-187頁。
――――（2012b）「原発事故被害の政治経済学——『ふるさとの喪失』の補償・回復にむけて」『経済』206号，104-112頁。
――――（2012c）「福島原発事故と地域の固有価値——福島県飯舘村の被害を念頭に」『経営研究』63巻3号，55-70頁。
――――（2013）『原発賠償を問う——曖昧な責任，翻弄される避難者』岩波ブックレット。
――――・根本志保子・土井妙子（2012）「福島原発事故による避難住民の被害実態——福島県浪江町からの避難者に対する聞き取り調査にもとづいて」『人間と環境』38巻2号，2-9頁。
――――・堀畑まなみ・尾崎寛直・土井妙子・根本志保子（2012）「福島原発事故による避難住民の被害実態調査報告書」OCU-GSB Working Paper No. 201201。
和合亮一（2012）『ふるさとをあきらめない——フクシマ，25人の証言』新潮社。

第II部

農村再生のための新たな連携

第 4 章

エネルギー自立を通じた農村再生の可能性

山 下 英 俊

はじめに

　現代日本における農村の危機の根底には,「ポスト工業化による周辺型経済の崩壊と国民的統合制度の削減（脱周辺化）」, つまり「地方圏の産業が軒並み衰退して, 兼業農家モデルが危機に陥ったこと」がある。農村再生のためには, 農村部においては, 兼業農家モデルに代わる「新しい多就業スタイル」の実現が必要となる。同時に国レベルでも「ポスト工業化に対応した経済システム」（以上, 本書の第1章より引用）への再構築が求められる。

　以上のような本書の第1章における現状分析と処方箋を踏まえると, 本章が題材とするエネルギー分野には, 地域レベルでは「新しい多就業スタイル」の柱の1つとなり得る新たな産業創出の可能性があり, 国レベルでは「新たな社会・経済システム」への転換の主軸となり得る新たなエネルギーシステム構築の可能性がある。

　本章では, まず第1節において, 東京電力福島第一原発事故を踏まえた新たなエネルギーシステムの在り方に関する方向性として,「エネルギー転換」の重要性を確認する。第2節では, エネルギー転換の担い手としての地域の主体に着目し,「地域からのエネルギー転換」を通じた「エネルギー自立」の可能性を論じる。第3節では, エネルギー転換のために必要となる政策の在り方を確認し, 第4節では, 日本における固定価格買取制度導入後の状況を明らかにする。最後に第5節では第4節の現状を受け, 日本において「地域からのエネルギー転換」を進めるために求められる政策対応を論じ, 本章のまとめとする。

1.「災後日本」のエネルギー・ビジョン

　国土審議会政策部会長期展望委員会が2011年2月に公表した『「国土の長期展望」中間とりまとめ』では，日本の総人口が約4分の3に減少し，現在，人が居住している地域の約2割が「無居住化地域」になるという衝撃的な予測が示されている。さらに，公表直後に発生した東日本大震災・東京電力福島原発事故の現実が，被災地域のみならず日本全体に重くのしかかっている。こうした状況を踏まえ，農村再生にはどのような視点が求められているのか。長年にわたり内発的発展論の立場から農村再生に取り組んできた保母武彦は，「『3・11』を境に，時代は『戦後日本』から『災後日本』に移り，我々には，『全く新しい将来ビジョン』により『災後日本』を再生するという課題が投げかけられている」（保母，2013，312頁）という認識を示している。

　この「災後日本」の再生という課題を，エネルギー分野に引きつけて考えると，これからのエネルギー選択はどのような基準に依拠して行われるべきか。従来の日本のエネルギー政策は，①安定供給の確保（energy security），②環境への適合（environment），経済効率性（economic efficiency）の3Eの実現を図ることを大義名分としていた（「エネルギー基本計画」2010年改定版）。しかし，現実には原子力発電や石炭火力発電など，大規模集中型の電源開発が進められてきた。一般家庭に対しても，オール電化住宅のように電力消費量を増やす方向への誘導が行われてきた。結果として日本においては，経済成長（GDPの増加）に比例してエネルギー消費も増加するという，旧来型のエネルギー構造から脱却できなかった。1990年以降，経済成長とエネルギー消費の削減を両立させてきたドイツなどとは対照的であった。

　これに対し，植田（2011b）では，これからのエネルギーシステムの設計原理を，①エコロジカルな持続可能性，②世代間衡平・世代間倫理の基準，③持続可能な地域発展への寄与という3つの側面から検討している。一方，寺西（2013）はこれからのエネルギー選択のための判断基準として，①安全性，②安定性，③経済性，④倫理性，⑤環境性の5つを挙げている。両者に共通し，従来にはない新しい視点は「倫理」である。エネルギー選択における「倫理」を反映した意思決定の在り方について，長谷川（2011）は，社会学者ベックの

議論を踏まえつつ「温暖化の抑制も，原子力発電の抑制も，同時に追求しようとするのが倫理的な態度である」(長谷川，2011，396頁) と述べている。これは，従来，環境対応（地球温暖化対策）の名の下に原子力発電への依存が強められてきたことへの対応でもある。したがって，「災後日本」においては，「生命と安全を基礎に置いたエネルギーシステム」(植田，2011a, 13頁) を実現することが求められる。

そのためには，エネルギー源については脱原子力，脱化石燃料化を推進する必要がある。また，エネルギー生産構造については大規模集中型から小規模分散型への転換が求められる。これらの条件に合致するのが，再生可能エネルギーである。小規模分散型の再生可能エネルギーの導入拡大と，効率的なエネルギー利用によるエネルギー消費削減を統合的に推進することこそ，これからのエネルギー・ビジョンといえる。ドイツをはじめ欧州各国で取り組みがすすんでいる「エネルギー転換（ドイツ語ではEnergiewende, 英語ではenergy shiftあるいはenergy transition)」は，このビジョンを具現化しつつある。

エネルギー転換の推進は，地球レベルでは気候変動や放射能汚染のリスクの軽減という利益をもたらす（①環境政策における効果）。加えて，国レベルでは，再生可能エネルギーによるエネルギー自給を高めることを通じ，高騰するエネルギー価格や将来のエネルギー需給逼迫に備えることにより，長期的な国際競争力の維持強化につながる（②エネルギー政策における効果）。「低炭素化のプロセスこそ，成長戦略そのもの」(梶山，2011，61頁) である。大規模集中型から小規模分散型のエネルギーシステムへの転換は，地域の自立と中央集権から地方分権への移行をもたらす。これは，「明治以来，富国強兵・殖産興業のため，中央集権であらゆることを進めてきた日本のあり方を，新しくつくり直すに等しい作業」(植田，2011a, 3頁) といえる。さらに，地域のレベルでは，「『地域資源』としての再生可能エネルギー資源の見直しと再利用が，農山村再生の"新たな切り札"となる可能性を秘めている」(保母，2013，320頁) と考えられる（③地域政策における効果）。つまり，エネルギー転換は，①環境政策，②エネルギー政策，③地域政策という3つの政策領域における，政策統合による問題解決を意味する。

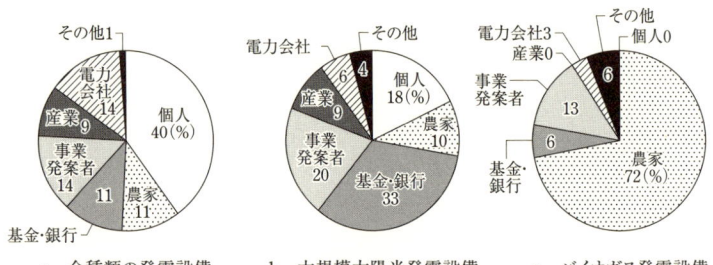

図1 ドイツにおける再生可能エネルギー発電設備の所有割合
注）2010年のデータ。Klaus Novy Institute（2011）より作成。

a　全種類の発電設備
b　大規模太陽光発電設備（500kW以上）
c　バイオガス発電設備

2. エネルギー自立の意義と可能性

2-1　ドイツにおける「地域からのエネルギー転換」

　実際，ドイツなどでは地域の市民が主導して再生可能エネルギーの導入を進めることで，原子力に代表される中央集権的なエネルギー供給の構造を分権化し，地域の「エネルギー自立」を目指す取り組みが各地で行われている。単なる「エネルギー転換」ではなく，「地域からのエネルギー転換」と呼ぶべき状況といえる（寺西・石田・山下，2013）。ヨーロッパにおけるエネルギー自立の取り組みについては，滝川（2012）が詳しい。同書に依拠すると，エネルギー自立の定義は，①地域内のエネルギー消費量と同量以上の再生可能エネルギーを地域内で生産していること（物理的な自給），②エネルギー消費量の削減に取り組んでいること（省エネ），③地域戦略として地域社会全体で取り組んでいること（地域の主体性），と整理できる。

　図1に，「地域からのエネルギー転換」を象徴する統計を示す。図1-aによると，ドイツでは個人および農家の所有する再生可能エネルギー発電設備の割合が，全設備容量（出力）の過半数に達していることがわかる。電力会社や産業界の所有する設備は合わせて4分の1程度に過ぎない。ただし，この中には家庭の屋根上太陽光発電など小規模なものも含まれているため，個人の割合が高くなっている可能性もある。そこで，図1-bでは，いわゆるメガソーラー

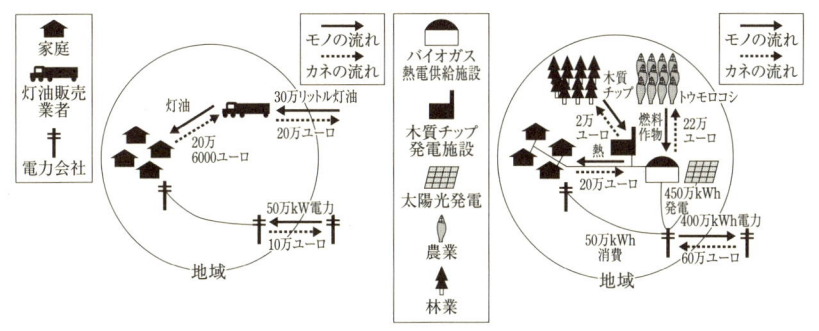

(ドイツ・マウエンハイム地区の例)

　a　エネルギー自立以前　　　　　　　　　　b　エネルギー自立以後

図2　エネルギー自立を通じたエネルギー・お金の流れの変化

注）現地視察の際に提供された資料を基に作成。

に相当する出力500kW以上の大規模太陽光発電設備に限定し，所有割合を示した。この場合にも，個人および農家の割合が28%を占めており，ドイツにおいてはメガソーラーのような大規模事業においても，市民主導の事業が少なくないことがわかる。特に，図1-cに示したとおり，バイオガス発電設備に限ると，農家の所有割合が全体の72%に達する。

　ドイツなどで「地域からのエネルギー転換」に取り組んでいる地域では，実際に大きな成果が生まれつつある。図2では，再生可能エネルギーの導入を通じたエネルギー自立を達成した地域の事例として，ドイツ南部バーデン＝ビュルテンベルク州のマウエンハイム地区を紹介する（藤井・西林，2013）。マウエンハイムは100世帯，20km^{2}ほどの小さな農村集落である。取り組み以前（図2-a）には，年間20万ユーロ（30万リットル）の灯油と10万ユーロ（50万kWh）の電力を域外から購入していた。これに対し，地域の住民を中心とした出資によって，太陽光発電設備とバイオガスによる熱電併給（コジェネレーション，以下「コジェネ」）設備を導入した。バイオガス設備では，燃料作物（飼料用トウモロコシ）を発酵させてメタンガスを取り出し，そのガスを用いて発電するとともに，余熱で温水を作る。余熱の有効利用により，発電だけを行う場合と比べ，エネルギー効率が格段に改善されることが，コジェネの利点である。温水は，地下パイプラインで地域に供給され，各家庭の給湯や暖房の熱源として用いられる。冬場はバイオガスだけでは熱量が不足するため，木

質チップを補助熱源として用いている．取り組みの結果（図2-b），灯油の替わりに地域内の資源で熱を自給できるようになり，電力については消費量の9倍を発電し，年間60万ユーロ（400万kWh）の売電が可能となった．燃料作物や木質チップを供給する地域の農家・林家には対価が支払われ，住民は従来より安い費用で熱供給を受けることができる．

このように，「地域からのエネルギー転換」を通じた「エネルギー自立」によって，農山村にエネルギー供給業という新たな産業が創出され，域内のエネルギーによる自給や域外へのエネルギー供給による収入を通じて，地域に大きな経済効果がもたらされる．これこそまさに，「地域に必要だがない産業部門を地域が主体となって創る」という「内発的発展」による地域振興（保母，2013）の典型といえる．

2-2 日本におけるエネルギー自立の取り組み

日本においても同様の効果は当然期待できる．例えば，大友（2012）では北海道芦別市の取り組みが紹介されている．同市では，市有の温泉ホテルの熱源として，年間6300万円の重油代を支出していた．これを地域の林地残材を主原料とした木質バイオマスボイラーで代替する実証調査を行った．その結果，2000トンの木質チップ燃料を5300万円で地域内から調達することができた．従来は，6300万円の支出のうち地域内に留まっていたのは燃料取扱店の手数料（10%として630万円）のみであった．一方，この実証調査においては，林地残材の調達から燃料化工場，燃料取扱店を経て需要家の温泉ホテルに至るサプライ・チェーンにおいて，延べ総額1億7000万円の売上高を地域内に生み出した．同市の暖房・給湯のための石油代は年間6億6000万円であり，温泉ホテル以外の施設についても同様の地域資源利用を進めることで，数億円の地域内経済効果が期待できる．原料の林地残材については，現在は，市内の民有林・市有林からの供給で充足できるが，将来的には国有林・道有林も含めた安定供給の仕組みづくりが求められるという．

同様の取り組みを，地域の持続性と内発的発展の観点から徹底して推進しているのが，北海道下川町の「エネルギー完全自給型の地域づくり」である（保母，2013）．下川町では，町内の森林資源に着目し，「資源のあるところ必ず企

業が興る」という信念のもと，一貫して森林資源の育成に取り組んできた[注1]。現在では町有林面積が4500 haを超え，毎年50 haの伐採・植林を60年サイクルで継続する持続可能な循環型森林経営の基盤が整備されている。その上で，主伐材から間伐材まで材の品質に応じてそれぞれ最適な用途に供すること（カスケード利用）により余すところなく使い切る，ゼロエミッションの木材加工システムが構築されている。その結果，林業・林産業に加え，林道整備を主とする建設業まで含めると300名を超える雇用を生んでいる。さらに，森林バイオマスによる二酸化炭素吸収に着目し，環境省のJ-VER制度[注2]を利用したカーボン・オフセット事業を実施したり，木質バイオマスのエネルギー利用や休耕地を利用した早生樹ヤナギの栽培を開始したりするなど，取り組みを深化させてきた。こうした事業を，政府の補助金や域外の企業・研究機関などとの連携を活用しつつ，基本的には森林組合をはじめとした地域の主体によって進めてきたところに，下川町の大きな特徴がある。2013年6月に政府のバイオマス活用推進会議により認定された「下川町バイオマス産業都市構想」においては，従来の取り組みをさらに強化することでエネルギー完全自給型のバイオマス総合産業モデルを創造することが示されている。同モデルにおいて達成すべき目標として，域内生産額の増加（215億円から243億円へ），域際収支額の赤字削減（−52億円から−44億円へ），雇用の増加（273人から380人へ）などが掲げられている。生産額の増加は木質燃料の生産や新規の発電事業に加え，林業・林産業における生産増も加味されている。域際収支額の改善は，現在は域外に流出している電気代と燃料費のうち自動車用ガソリン以外の部分が域内に留まる効果である。下川町自身は「自給」という用語を用いているが，先述の定義に照らせば同町の地域づくりはエネルギー自立に向けた取り組みにほかならない。この目標設定から，エネルギー自立が地域経済全体の活性化に果たす可能性の大きさを確認することができる。

　一方で，統計上はエネルギーの自給を達成していたとしても，必ずしもエネルギー自立にはつながらない事例もある。全国に先駆け1999年から再生可能エネルギーの導入を進めてきた岩手県葛巻町は，町内の年間電力使用量3000万kWhに対し，再生可能エネルギーによる発電量が5600万kWhとなり，数値上は電力自給を達成している。しかし，発電量の大半を占める大規模風力発

電所は電源開発株式会社が100%出資しており，売電収入は町には入っていない。町の第三セクターによる風力発電会社は，従来の売電単価が低かったこともあり1億7000万円の累積赤字を抱えている。町独自で再生可能エネルギーに対する新規の投資を行うには予算がないという。電力事業が地域独占され，発電・送電・配電・売電が垂直統合されている現状では，地域で発電した電力を地域内で売電することもできない。このことを象徴するように，東日本大震災直後には，風車は回っているにもかかわらず町内の停電は3日間続いたという[注3]。同様に，北海道T町の事例では，地域に落ちるお金は，本州の大手風力発電企業が手にする売電収入の僅か5%に満たない（大友，2012, 21頁）という。これに対し，高知県梼原町では，再生可能エネルギーによって町内の電力消費の3割を賄っている。さらに，町営の風力発電の電気が生む利益を，太陽光やバイオマスなど新たな再生可能エネルギーの導入のために用いることで，将来的な電力自給や地域外への供給をめざしているという[注4]。

2-3 エネルギー自立を通じた地域再生の可能性

こうしたエネルギー自立による地域内経済循環構築という論点に関連し，ドイツ・フライブルク在住の都市計画・環境ジャーナリストの村上敦が，興味深い議論を展開している。まず，先述の『「国土の長期展望」中間とりまとめ』の予測を念頭に，今後の長期的なエネルギー価格上昇トレンドを踏まえると（例えば毎年3%上昇），日本の多くの地方都市や農村が，きわめて厳しい状況に追い込まれることを確認する。その上で，住宅や乗用車などに関する購買行動を変えることで，地域の再生に向けた方向転換を図る可能性を論じている（村上，2012）。

現在，日本の地方都市に居住し，これから子育てを始めようという30代の世帯が住宅を購入する事例から考える。彼らが，35年ローンを組んで郊外に一戸建ての（軀体性能も断熱性能もあまりよくない従来型の）家を新築し，そこから夫婦それぞれ自動車通勤するという選択をした場合を考える。こうした従来型の意思決定をそのまま延長してしまうと，エネルギー価格上昇トレンドを前提とした場合，ローンの返済とエネルギーの費用（光熱費とガソリン代）が家計支出の大部分を占めるような将来を迎える可能性が高い。ローンの返済

が終わる頃（2050年間近）には，自分自身が高齢化して自動車の運転ができなくなっている。その時には，人口減少の結果，近隣には店舗も病院もなく，公共交通もほとんど利用できない。しかも，「『エネルギー』消費，あるいは自動車という『モノ』のための支出〔は〕……地域の中で循環せず，……流出してしまう」（村上, 2012, 78頁）。

一方，郊外の一戸建てではなく市街地の中古マンションを購入し，通勤や買い物には自転車と公共交通を用い，あるいは自動車を使う場合も新車を買うのではなく中古車を選択する場合を考える。こうした意思決定を行えば，ローンやエネルギーへの支出が抑えられ，その分を他の用途に支出することができる。

その際，「重要なのは，『モノ』として使わなかった残りの使える可能性のあるお金を，別の『モノ』という資源やエネルギーにはできるだけ振り向けないで，人の給料となるサービス業など地域経済の活性化に役立ち，かつ個人も豊かにする内容に使うということを心がけられるかどうか」（村上, 2012, 92-93頁）である。地域への貸出比率が高い金融機関に貯蓄するという選択肢もある。

経済のグローバル化の流れの中で国民経済的統合が失われている現状においては，「考慮する範囲をこれまでの拡大経済の時代のように国単位ではなく，より小さな範囲に移す」（村上, 2012, 89頁）必要がある。「地域経済に対してインプットされるお金が限定され，今後はそれが増加することが望めない状況である以上，できる対策は外に逃げていくお金を減らし，地域内で何度も，何度も循環させること……〔であり，〕そのためには，他地域の製造業を活性化するのではなく，必ず自地域のサービス業を充実させることが必要」（村上, 2012, 98頁）である。

こうした文脈の中に，「地域から出ていくアウトプットのお金（＝資源・エネルギー）を最小限にとどめ，……FIT法など国の制度を活用してインプットのお金をできるかぎり多くしようとする試み」（村上, 2012, 150頁）として，欧州におけるエネルギー自立地域の取り組みを位置づけている。ただし，エネルギー自立に向けた取り組みの優先順位としては，①省エネルギー政策，②エネルギー高効率化対策（コジェネ），③-1 再生可能エネルギーの熱部門の推進，③-2 再生可能エネルギーの発電部門の推進としている（村上, 2012, 第三章）。

このように，エネルギー自立の取り組みを，地域経済の再生という観点で位

置づけると，地域で生活を続けていくために最低限支払わなければならない費用が，その地域の中でなるべく循環するようにする仕組み作りが重要になることがわかる。

3. エネルギー転換を進める政策

3-1 日本はエネルギー転換に向け舵を切れるか

　以上のように，エネルギー転換とは，①エネルギー消費量の大幅な削減（廃熱や送電ロスなどエネルギー損失の削減，省エネの推進），②エネルギー源の原子力や化石燃料から再生可能エネルギーへの移行を意味する。コジェネによる熱利用や再生可能エネルギーの利用は小規模分散型の技術である。エネルギー転換のためには，従来の大規模集中型のエネルギー供給システムからの脱却が求められる。

　したがって，エネルギー転換を進めるためには，電力に限らず，熱や輸送用燃料なども含め，エネルギー分野全体を視野に入れ，建物の断熱強化や公共交通の拡充など，総合的な政策が不可欠となる。実際，ドイツでは再生可能エネルギーを用いて発電された電力のFIT制度だけでなく，再生可能エネルギーによる熱の買取，コジェネに対する買取価格の上乗せ，建物断熱への補助など，多様な政策対応が採られている。

　一方，日本では，再生可能エネルギー電力のみに政策の力点が置かれている現状がある。熱利用やコジェネなど，総合的な政策対応も欠けている。そのために，バイオマス利用設備の実証実験の補助事業において，発電のみを実施し熱利用を考慮しなかったため，運営費への補助金が付かなくなると採算が取れなくなってしまうといった事例が生じている[注5]。

　こうした中途半端な政策対応を生む背景としては，日本においてはエネルギー転換の推進が，国の政策体系の中に明示的に位置づけられてこなかったという問題がある。そもそも，日本のエネルギー行政は，第二次世界大戦以降一貫して旧通商産業省（1973年からは資源エネルギー庁）を中心として遂行されてきた。エネルギー政策は，同庁の審議会である総合エネルギー調査会（2001年からは総合資源エネルギー調査会）の審議を経て決定されてきた。調査会の

委員は電力事業者や重電メーカー，エネルギー多消費産業の代表者や関連する分野の研究者など，いわゆる「原子力ムラ」関係者によって占められ，内部の論理によって政策が形成されてきた。2002年に「エネルギー政策基本法」が制定され，翌2003年から3年おきに「エネルギー基本計画」が策定されるようになってからも，この基本的な構造は変わっていない。2009年に民主党を中心とする政権へと交代し，政策転換が期待されたものの，エネルギー政策の転換は行われず，「2020年までに，9基の原子力発電所の新増設」を謳うエネルギー基本計画が2010年6月に閣議決定された[注6]。

　福島原発事故を受け，当時の菅政権は脱原発依存に向けて大きく政策の舵を切ったかに見えた。すなわち，2011年5月の浜岡原発運転停止要請，「エネルギー基本計画」白紙見直しの表明や，6月の「エネルギー・環境会議」の内閣府への設置，菅政権の退陣と交換で8月に成立した「再生可能エネルギー特別措置法」である。後を受けた野田政権でも，2012年6月にエネルギー・環境会議から「エネルギー・環境に関する選択肢」が公表され，2030年のシナリオとして原発依存度ゼロ，15％，20〜25％という3つの選択肢が提示された。この選択肢自体にも多くの問題点が指摘されていたが[注7]，7〜8月のパブリックコメント，意見聴取会，討論型世論調査などを通じ，原発ゼロを求める世論の強さが確認された。こうした「国民的議論」の手続きは，従来の「エネルギー基本計画」の策定にはない新しい取り組みであり，その意味では評価できるものであった。にもかかわらず，9月にエネルギー・環境会議が公表した「革新的エネルギー・環境戦略」においては，「2030年代に原発稼働をゼロにする」（傍点筆者）という表現に後退してしまった。これでは，2039年までさらに10年の運転延長が可能とも読める。一方で，省エネルギーについては2030年までに2010年比で1割削減し，発電電力量を1兆kWhに抑え，コジェネについては2030年までに1500億kWhに拡大するという目標が設定された。また，再生可能エネルギーについては2030年までに，発電量3000億kWh，設備容量1億3200万kW（水力を除くと発電量1900億kWh，設備容量1億800万kW）とすることで，発電電力量の3割を再生可能エネルギーで賄うという目標が設定された。さらに，電力市場における競争促進や発送電部門の中立化・広域化を謳った「電力システム改革」も，戦略の一つの柱として

位置づけられた。これらの目標は，まさに「エネルギー転換」をめざすものであり，「エネルギー転換」がようやく国家の方針として位置づけられるかに見えた。

しかし，野田政権が最後に閣議決定した『エネルギー白書2012』では上記の目標は言及されず，12月の総選挙を受けて誕生した自民党の安倍政権は，前政権のエネルギー政策をゼロベースで見直すことを表明した。安倍政権による「エネルギー基本計画」の改定過程においては，原発再稼働を求める自民党内から原発の新増設や電源構成比率に関する目標設定を求める動きが出るなど，巻き返しが強まった。最終的に2014年4月に閣議決定された「エネルギー基本計画」では，脱原発を求める国民世論や原発の再稼働が見通せない状況を踏まえ，数値目標は明示されず，原発依存度を「可能な限り低減させる」との記述は残った。再生可能エネルギーについては，「これまでのエネルギー基本計画を踏まえて示した水準を更に上回る水準の導入を目指」すとされた。一方で，原子力発電を「重要なベースロード電源」と位置づけ，「核燃料サイクル政策の推進」を謳うなど，脱原発依存の流れに逆行する記述も盛り込まれた。「エネルギー転換」に向けた政策転換が定着するか否か，予断を許さない状況が続いている。

3-2 再生可能エネルギー電力の導入拡大政策の経緯

「革新的エネルギー・環境戦略」における再生可能エネルギー導入目標を達成するためには，2013年以降2030年まで毎年平均で，太陽光発電を約300万kW，風力発電を約200万kW，新規導入する必要があるとされる。一方，2010年時点の太陽光発電の設備容量は累計362万kWである。上記目標は，これまでに設置されていた全設備と同規模の設備を，今後毎年設置し続けることを意味する。この急激な導入拡大を進める原動力として期待されるのが，再生可能エネルギーによる電力のFIT制度である。

日本においては，1990年代から再生可能エネルギーによる発電の普及が始まった。まず，1990年に電気事業法の施行令と施行規則が改定され，太陽光発電，風力発電，燃料電池発電の小規模なものに関して，設置が自由化された。次に，1992年から，各電力会社が「余剰電力買取メニュー」を導入した。こ

れは，自家発電用の太陽光発電や風力発電による電力のうち，余剰分を電気料金と同額で買い取る仕組みであった（買取価格は当初18円／kWhから13円／kWhへ）。さらに，国の補助事業として1993年から「産業等用太陽光発電フィールドテスト事業」，1994年から「住宅用太陽光発電システムモニター事業」が開始された。電力買取と設置補助によって太陽光発電の導入が進み，1997年には米国を抜いて世界一の設置容量となった。さらに，1998年には，売電目的で発電された電力も対象とした「長期買取メニュー」を，各電力会社が新たに導入した（例えば東北電力では，11.5円／kWhで17年間買取）[注8]。

上記の買取制度はあくまでも電力会社による自主的な取り組みとして行われていた。これに対し，再生可能エネルギーによる電力を長期間固定価格で買い取ることを電力会社に義務づける「自然エネルギー促進法」を議員立法する動きが，2000年前後に超党派の議員連盟によって進められた。ところが，この動きは電力族議員やエネルギー官僚の抵抗にあって頓挫し，代わりに「電気事業者による新エネルギー等の利用に関する特別措置法（RPS法）」が2002年に制定された[注9]。

世界各国で実施されている再生可能エネルギーによる電力の導入拡大政策としては，①固定枠制（Quota Obligation, Renewables Portfolio Standard：RPS）と②固定価格制（Feed-in Tariff：FIT）が挙げられる。RPS制度は，政府が電力会社に対して，電力会社が販売する電力量のうち一定量（割合）を再生可能エネルギーで賄うことを義務づける制度である。義務割合を毎年計画的に増大させることで，再生可能エネルギーの導入拡大を進めることができるとされる。実際，米国テキサス州では2001年からRPS制度を開始し，2010年末までに約1000万kWの再生可能エネルギーが導入された。また，再生可能エネルギーの調達方法の決定は電力会社に委ねられており，競争入札などを用いて調達費用を抑えることも可能とされる。

しかし，2003年から開始された日本のRPS制度は，結果として再生可能エネルギーの導入拡大には貢献しなかった。その主な理由は，①目標設定に問題があったことと，②再生可能エネルギーによる発電事業者（再エネ事業者）の経営に対する配慮が不足していたことである。RPS制度においては，2010年の発電量の目標値が122億kWhと定められていた。これは同年度の電力会社

の電力販売量の 1.1% に過ぎない。実際，風力発電は年間平均で約 23 万 kW しか導入されなかった。先述の「革新的エネルギー・環境戦略」における目標と比べると 1 桁少ない。また，日本の RPS 制度は，再エネ事業者にとっては①電力販売量，②電力販売価格の 2 つの面でリスクの大きい制度となっていた。同制度は電力会社が最小の費用で再生可能エネルギーによる電力を調達できることに主眼が置かれているため，再エネ事業者にとっては，①低コストの新規参入者によって市場から閉め出されるリスクと，②事業者間の価格競争によって買取価格が低下するリスクを抱えることになる。

　一方，固定価格買取（FIT）制度は，発電事業者が，一定期間固定価格で再生可能エネルギーによる電力を販売することを可能にする制度である。FIT 制度によって，再エネ事業者は，RPS 制度化で直面していたリスクから解放され，長期間安定した収入が見込まれるため，資金調達が容易になると期待される。また，再エネ事業者は，発電費用を削減することでより多くの利潤を得ることができるため，設備の製造や設置の費用を下げるような競争を生み出す可能性がある。さらに，資源や技術の種類に応じて買取価格を設定することで，多様な再生可能エネルギーを導入することが可能となる。実際，デンマークやドイツ，スペインなどでは，FIT 制度を通じて再生可能エネルギーによる電力の急速な導入拡大が進んだ[注10]。

　こうした動きを受け，日本でもようやく 2009 年から太陽光発電を対象とした余剰電力買取制度が開始され，さらに，先述の「再生可能エネルギー特別措置法」により 2012 年 7 月から FIT 制度が開始された。対象となる資源や技術，買取価格および買取期間について，表 1 にまとめた。竹濱（2012）によれば，ドイツの再生可能エネルギーによる発電事業については，IRR（内部収益率）が 6〜9% 程度でおおむね順調に普及するとのことである。これを踏まえれば，現状の価格設定は普及を促進する上で十分な水準といえる。

　一方，ドイツなどの制度と比較した日本の FIT 制度の問題点としては，①法律に導入目標値が明記されていないこと，②再生可能エネルギーによる電力を送電線に優先的に接続すること（系統への優先接続）が十分に保証されていないこと，③送電線網を拡張する費用について規定されていないことが挙げられる。さらに，FIT 制度の前提として，発送電の分離や給電データの情報開

表1　固定価格買取（FIT）制度の買取価格と買取期間

太陽光		10 kW 以上	10 kW 未満	風力	20 kW 以上	20 kW 未満
調達価格	(2012年度)	42 円	42 円	調達期間	20 年間	20 年間
	(2013年度)	37.8 円	38 円			
調達期間		20 年間	10 年間			

水力	1,000 kW 以上 30,000 kW 未満	200 kW 以上 1,000 kW 未満	200 kW 未満	地熱	15,000 kW 以上	15,000 kW 未満
調達価格	25.2 円	30.45 円	35.7 円	調達価格	27.3 円	42 円
調達期間	20 年間	20 年間	20 年間	調達期間	15 年間	15 年間

バイオマス	メタン発酵ガス化発電	未利用木材燃焼発電	一般木材等燃焼発電	廃棄物（木質以外）燃焼発電	リサイクル木材燃焼発電
調達価格	40.95 円	33.6 円	25.2 円	17.85 円	13.65 円
調達期間	20 年間	20 年間	20 年間	20 年間	20 年間

注）　調達価格は税込みの値。太陽光発電以外の調達価格は2013年度も2012年度と同じ価格に据え置かれた。

示など，「電力システム改革」が進んでいないことも大きな課題である。

3-3 「地域からのエネルギー転換」における固定価格買取制度の意義と可能性

　日本においても，FIT制度の導入により，再生可能エネルギーによる発電事業の採算性が高まり，エネルギー転換に向けた気運が高まっている。しかし，これを「地域からのエネルギー転換」による地域の「エネルギー自立」につなげるためには，地域の主体が事業に関与することが不可欠となる。

　一例として，ドイツ・ベルリンにあるエコロジー経済研究所による，再生可能エネルギーによる発電の経済効果の試算を紹介する（IÖW, 2010）。同研究所の報告書によれば，事業計画から設備の設置，操業と維持管理の全てを，地元にある地域住民が出資した会社が行ったとすると，20年間で生まれる価値創造額合計の8割が立地地域のものになる。一方，同じ事業を地域外の企業の投資で行い，維持管理だけを地元に委託したとすると，立地地域にもたらされる価値創造額は，土地の賃貸料を含めても，合計の2割弱に留まってしまう。

したがって,「地域からのエネルギー転換」を進めるために重要となるのは,事業会社を地域に設立し,立地地域の人々からなるべく多くの投資を集めることであるといえよう。こうした地域に根ざした再生可能エネルギー事業のことを,コミュニティ・パワーと呼ぶ。世界風力エネルギー協会（WWEA：World Wind Energy Association）では,次の3基準のうち2つ以上を満たす事業をコミュニティ・パワーと位置づけている。①地域のステークホルダーが事業の全体あるいは過半数を所有している。②コミュニティに基礎を置く組織が事業の議決権を持っている。③社会的,経済的利益の過半数が地域に分配される（WWEA, 2011）。

ドイツの経験を踏まえると,エネルギー自立の基本となる条件は,2つあるといえる。①地域の市民が自主的に,土地利用など地域の計画や自然条件など地域の特色を踏まえつつ,地域のエネルギー源を選択すること,②事業化に際しては,できるだけ地域の事業者が主体となり,地域の市民からの出資や地域金融機関からの融資など,地域から資金調達を行うこと,である。これにより,地域のエネルギー自給を通じた地域の経済・社会の活性化への道が開かれる。

こうした条件が満たされることを前提とすれば,FIT制度には「地域からのエネルギー転換」を進める上で,次のような意義が生まれると考えられる。

まず,エネルギー政策における再生可能エネルギーの設備設置補助金と比較して,FIT制度の意義を確認する。設備設置補助金の場合,事業計画が十分に練られていない事業に対して補助が行われ,結果として設備利用率が低いまま終わってしまう事例も散見された。一方,FIT制度の場合,発電量が収益に直結するため,事業者は事業性が担保できるよう十分に事業計画を練る必要がある。そのため,「回らない風車」への公金投入といった事態を回避することができると考えられる。

次に,エネルギー政策において立地地域に配慮する施策（エネルギー政策と地域政策の接点）という文脈で,電源三法交付金制度と比較する。福島原発事故によって明らかになったとおり,電源三法交付金制度は,東京には立地できない迷惑施設を,事故を想定すれば明らかに不十分な迷惑料と引き換えに,過疎地域に押し付けるという差別的な地域間関係が前提とされていた。しかも,補助金の性質上,用途が限定されていたため,立地地域では過剰な公共投資が

行われ，かえって自治体の財政を圧迫し，さらなる迷惑施設の立地を誘引する結果となった（清水，2011）。

一方，地域が主体となった再生可能エネルギー事業を FIT 制度によって支える場合，地域にもたらされる資金の財源は電源三法交付金制度と同様に消費者の電力料金ではあるが，その資金の性格が大きく異なる。まず，資金（この場合は事業の収益）は，事業への出資者が出資割合に応じて受け取ることになる。出資者が自治体自体であれば自治体の歳入になるが，地域の企業や住民が出資者となる場合もある。さらに，補助金と違って用途の制限がない，地域の「自主財源」となる。

このように，地域が主体となった再生可能エネルギー事業を FIT 制度によって支える仕組みは，従来型の行政の補助金による支援政策の限界を打破し，新たな地域間の資金の流れを生む革新的資金メカニズムとなる可能性がある。環境ガバナンス論の観点から捉えると，政府によるガバナンスから市場を通じたガバナンスへの転換と位置づけることもできる（山下，2012）。

本書第Ⅱ部で取り上げられている素材である，エネルギー（本章），森林（第5章），野生動物（第6章），食料（第7章）は，いずれも農山村が供給できる財・サービスの中で，近年社会的にその価値が再評価されつつあるものである。本書第Ⅱ部は，これらの財・サービスを農山村から都市に供給することを通じ，その対価として農山村への新たな資金の流れを生み出すための方策を検討している。対象とする素材の性質（財・サービスとしての取引が容易か否か）や，その素材が持つ価値がどの程度社会で認められ，制度化されているかに違いがある。素材の性質に関しては，食料や再生可能エネルギーは相対的に取引が容易な財であるが，水源林保全が生む水源涵養機能や，野生動物の管理による生態系保全機能は，相対的に取引が困難な財といえる。取引が容易な財については，市場取引やそれに付随する支払（FIT の賦課金や水道料金）によって，対価を得ることができる。取引が困難な財については，租税などに財源を求めることになる。また，素材の持つ価値に関しては，10 年前は，再生可能エネルギーの価値を評価する人の割合は現在より少なかったかもしれないが，福島原発事故を受け，多数の人々が価値を認めたことで，FIT 制度という強力な支援政策が導入されることになった。この事例は，農山村の「価値」を具現化

する制度を導入することが，農山村の再生の1つの鍵となることを示唆している[注11]。

4. 固定価格買取制度導入後の日本の状況

前節では，日本においてエネルギー転換を進めるために求められる政策に関して，特にFIT制度に注目して，その経緯と理論的可能性を論じた。日本でも，2012年7月からFIT制度が本格導入された。資源エネルギー庁が公表したFIT制度の設備認定状況によれば，2013年6月末時点で2291万kWもの設備が認定を受け，うち398万kWが運転を開始している。このうちの9割以上（認定設備の93％，稼働済み設備の95％）が太陽光発電設備であり，認定設備の58％を出力1000 kW（＝1 MW）以上のメガソーラーが占めている。一方，他の発電設備の認定容量は，風力発電合計80万kW，バイオマス発電合計64万kW，水力合計8万kW，地熱4000 kWに留まっている（資源エネルギー庁，2013）。

太陽光発電事業，特にメガソーラー事業は，他の発電方式に比べ導入に要する期間が短いことや，維持管理が相対的に容易であること，土地を改変する必要が少なく原状復帰がしやすいことなどの利点があり，遊休地の活用策として注目を集めている。一方で，FIT制度の設計上，急速に買取価格が低下することが予想されている。こうしたことが，急速な導入拡大の背景にある。しかし，その副作用として，景観や自然保護，文化財保全などを争点として，事業をめぐる紛争も発生している。

以下では，日本においても「地域からのエネルギー転換」を進めることを念頭に，現在，再生可能エネルギー導入の柱となっているメガソーラー事業に焦点を絞り，事業がどのような主体によってどのような場所で行われているのか，その実態を検証する[注12]。

新聞記事やインターネット情報の検索を用いた集計の結果，565件，3731 MWの事業について，①立地自治体と②事業主体を把握することができた。このうち，2013年9月末時点で運転開始が確認できた事業は，326件，686 MWであった。これを，資源エネルギー庁の設備認定状況と比較すると，

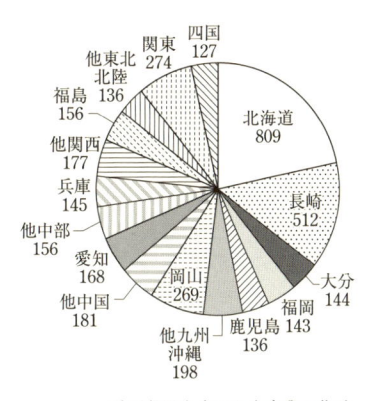

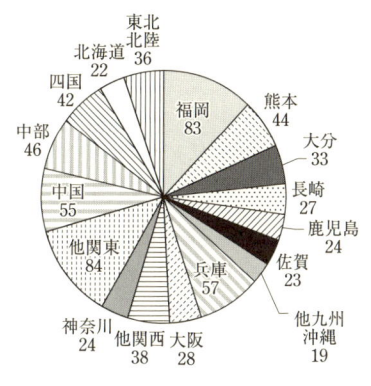

a 計画段階も含めた全事業の集計 b 2013年9月末時点で稼働済みのみ

図3 メガソーラー事業の地域別立地状況

注) 単位は出力(MW)。「関東」は東京電力管内のうち静岡県の富士川以東部分を除いた範囲。他は原則として都道府県名か，当該地域を管轄する電力会社名。

本章の集計結果は，稼働済みの設備に関しては，件数では認定状況の72%，出力では86%を占めており，まずまずの網羅性を持つといえる。一方で，未稼働事業まで含めると本章集計の網羅性はかなり低下する。件数では認定状況の20%，出力では28%を占めるに留まる[注13]。以下の分析を解釈する際には，本章集計は稼働済みの事業については日本全国の状況に関する一定の代表性を有するといえるが，未稼働の事業に関する代表性は限定されたものであることに留意されたい。

4-1 立地地域

メガソーラー事業は，どのような地域に立地しているのか。図3に，本章による都道府県別の立地状況の集計結果を示す。

全事業集計においては，北海道と長崎県が突出して大きな割合を占めている。これは構想段階の巨大事業に起因する。たとえば長崎県では，ドイツの太陽電池メーカーが，五島列島の宇久島(佐世保市)に構想中の475 MWにおよぶ

第4章 エネルギー自立を通じた農村再生の可能性──107

事業が大半を占めている。北海道においても，ソフトバンク（SBエナジー）が苫小牧周辺で計画中の事業（本章集計では340 MW，111 MW，79 MWの3件を確認）などがある。ただし，北海道については既存の送電容量の関係で，受入量の限界（40万kW）に達しつつあるとされ（北海道電力，2013），計画どおり導入が進むのは難しい状況にある。他県においても，岡山県や福島県については，巨大事業（岡山県瀬戸内市の塩田跡地230 MW，福島県南相馬市に東芝が計画中の100 MW）の寄与が大きい。こうした状況が，平均事業規模の大きさ（北海道17 MW，長崎県39 MW，岡山県22 MW）や，計画出力に占める稼働済み事業の割合の低さ（北海道3％，長崎県5％，岡山県4％）に表れている。

　全事業集計・稼働済み集計ともに，九州への立地は多く，全事業集計では中国，中部，関西が続き，稼働済み集計では関西，関東，中国が続いている。日照の面では中部，四国，関西が有利とされ，九州や中国は相対的に立地が進んでおり，四国は好条件を生かし切れていないといえる。また，九州の中でも宮崎県は相対的に日照に恵まれているとされるが，全事業集計・稼働済み集計ともに九州の中では他県の後塵を拝している。一方，鳥取県や新潟県は，相対的に日照の条件が悪い日本海側に位置するにもかかわらず，全事業集計では健闘している。

4-2 土地利用

　メガソーラー事業はどのような土地に立地しているのか。図4に，土地利用別に立地状況を集計した結果を示す。

　立地場所に関する情報は公表されないことも多く，特に全事業集計においては4割近くの事業について立地場所の土地利用の情報が得られなかった。情報が得られた事業の中では，工業用地が全事業集計・稼働済み集計ともに過半を占めている（情報が得られた事業に占める割合が，それぞれ54％と53％）。工場の敷地内の遊休地や屋根を活用した事例もあるが，工場を誘致するために整備したものの誘致に失敗した工業団地や臨海工業用地，工場が撤退した跡地が多い。宮崎県川南町の塩付工業団地のように，造成以来47年間塩漬けになっていた土地に立地した例もある。国内産業の空洞化や地方自治体による地域

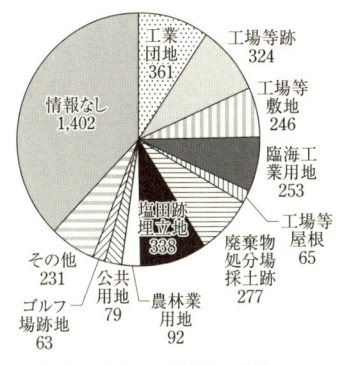

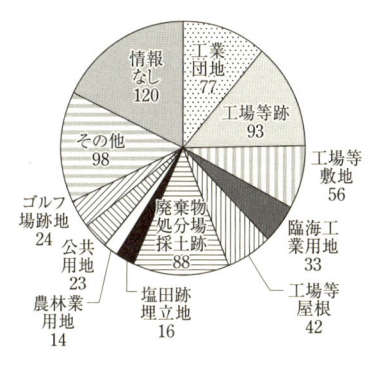

a　計画段階も含めた全事業の集計　　b　2013年9月末時点で稼働済みのみ
図4　メガソーラー事業の土地利用別立地状況
注）単位は出力（MW）。

の産業振興策の負の遺産を，メガソーラー事業で集中的に解消しようという勢いである。

次に割合が大きいのは，全事業集計では塩田跡など（15％），稼働済み集計では廃棄物処分場や採土地の跡（16％）である。どちらも適当な利用方法がなく遊休地化していた土地といえる。割合は少ないが，ゴルフ場の跡地への立地（立地のためにゴルフ場を閉鎖する場合もある）も見られる。前述の工業用地も含め，開発によって環境が破壊された土地を，再生可能エネルギーを生み出す場所として，環境面で積極的な位置づけを再び与える取り組みとして捉えることもできる。

しかし，立地の適切性が疑われる事例も少なくない。佐賀県では吉野ヶ里遺跡に隣接してメガソーラー事業が計画された。地元の市民団体「吉野ヶ里遺跡全面保存会」が計画の撤回を求めていたにもかかわらず，県は事業者の選定などの手続きを進めた。その結果，NTTファシリティーズなどが事業者となって建設が進み，12 MWの事業が2013年7月から稼働している。吉野ヶ里遺跡自体が工業団地開発の途中で発見されたものであり，今回対象となった土地は工業団地として仮造成済みの場所であった。市民団体側は，県に対する公開質問状の提出，住民監査請求を経て，2013年4月に住民訴訟を提訴している

第4章　エネルギー自立を通じた農村再生の可能性——109

(「吉野ヶ里遺跡を守ろう」ホームページなど参照)。

　福岡県みやま市では，福岡県の芝浦グループホールディングスによる23 MW の大規模なメガソーラー事業が三井三池炭鉱有明鉱跡地に立地し，地元 NPO などが文化財として保存を求めていた立て坑やぐらが解体されてしまった。この事業も 2013 年 3 月から稼働している。

　三重県木曽岬町，桑名市，愛知県弥富市に跨る木曽岬干拓地のように，1966 年に開始された国営干拓事業が 1989 年に中止となり，その後利用されてこなかった間に野鳥の生息地となってきた場所にも，メガソーラー事業の立地が計画されている。これに対し，絶滅危惧種の猛禽類チュウヒが生息しているなどとして，日本野鳥の会三重など 3 団体が反対の意見書を三重県に提出している（日本野鳥の会，2012）。しかし，2013 年 5 月には事業者として丸紅が選定され，49 MW の巨大メガソーラー事業が進められることになった。

　このように，自然保護，景観や文化財の保全など，再生可能エネルギーの供給拡大と同様に重視すべき環境の価値に対し，十分な配慮がなされていないと思われる事例が存在する。メガソーラーの立地手続きを再検討する必要がある。環境再生の観点からすれば，遊休地化した広大な臨海工業用地や塩田跡地は，もともとの海岸や湿地として復元し，野生生物の生息地や周辺住民のレクリエーションの場所，あるいは漁業生産の場所として活用されるべきであるとも考えられる。

　なお，2011 年 5 月にソフトバンクの孫正義社長が提唱した「電田プロジェクト」によって，休耕田など農地・林地へのメガソーラー事業の立地が一躍注目を集めた。しかし，現状では農地転用の壁などがあり，立地は進んでいない。

4-3 事業主体

　メガソーラー事業に取り組んでいるのはどのような主体なのか。図 5 に，業種別の集計結果を示す。

　計画段階も含めた全事業の集計については，情報通信（大半がソフトバンク）と太陽電池（先述のドイツのメーカーによる五島列島の事業が大半。残りはシャープ，京セラなど国内メーカー。他の海外メーカーの参入は限定的）の割合が大きい。全事業集計が上位の業種は巨大事業の寄与が大きく，平均事業

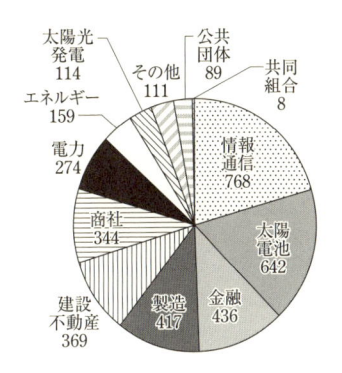

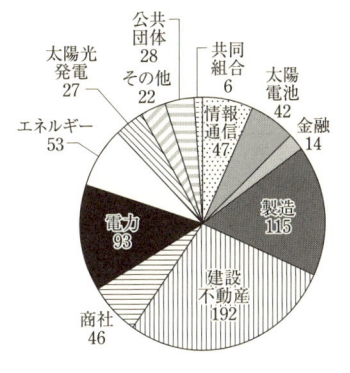

図5 メガソーラー事業の業種別参入状況
　　　　a　計画段階も含めた全事業の集計　　　b　2013年9月末時点で稼働済みのみ
注）単位は出力（MW）。

規模は情報通信が26 MW，太陽電池が18 MW となっている。巨大事業は未完のものが多く，計画出力に占める稼働済み事業の割合の低さ（情報通信6％，太陽電池7％）に表れている。逆に，建設不動産は平均事業規模は2.6 MWと小さいが，事業数は142件と突出して多い。一方，稼働済み集計においては，建設不動産の割合が最大となっている。

　本章の趣旨からは残念な結果ではあるが，「地域からのエネルギー転換」の主たる担い手と考えられる公共団体や協同組合による事業はごくわずかである。
　量的な貢献は未だ少ないものの，公共団体による取り組みも多様化してきている。先述のとおり，新潟県内は冬場の積雪も多く，日照条件としては不利であるにもかかわらず，相対的に積極的な取り組みが行われている。その中心的な担い手となっているのは新潟県であり，2009年に実施した「雪国型メガソーラー」の共同事業の公募（昭和シェル石油が採択）に始まり，県企業局による一連のメガソーラー事業が進められている。市町村レベルにおいても，市では兵庫県淡路市，群馬県太田市，兵庫県豊岡市（稼働順）など，町では長野県富士見町で事業が進められている。
　また，最近では，自治体直営で行うのではなく，設備の設置・所有・維持管理を含め一括して業者に委託し，自治体側はリース料を支払う代わりに売電収

入を受け取るという，包括的リース契約方式を採用する自治体もある。この方式には，初期投資の軽減や事業リスクの削減といった利点があるとされる。さらに，高知県や広島県では，行政と地元事業者が共同出資をして事業を行い，事業利益を地域に還元するという取り組みが始まっている。高知県の「こうち型地域還流再エネ事業スキーム」では株式会社を，広島県の「地域還元型再生可能エネルギー導入事業」では有限責任事業組合（LLP）を事業主体としている（高知県，2013；広島県，2013）。広島県の場合，行政側は負債の責任は負わず，出資割合よりも高い比率で収益分配を受けることとされている。「地域還元」には，FIT制度により電気料金に上乗せされる賦課金による市民負担の増加分を，この事業により還元するという意味もあるという。また，東京都は2012年から合計30億円を出資し，官民連携インフラファンドを設立している。このファンドによって，日本各地でメガソーラー事業が実施されている（7カ所54MW。東京都，2013）。

　協同組合による事業としては，①日本生活協同組合連合会，②大阪いずみ市民生協（①と②は生協の物流センター屋上への設置），③北海道札幌市の生活協同組合コープさっぽろ（実務は子会社の株式会社エネコープが担当），④九州・中国・関西の14府県で展開している生活協同組合連合会グリーンコープ連合が2012年10月に設立した一般社団法人「グリーン・電力」による取り組みが確認できた。③のエネコープの事業では，総事業費7.5億円のうち3億円を，1口10万円の組合債を発行し組合員の出資によって調達したという（寺林，2013b）。また，④のグリーン・電力は14府県それぞれにメガソーラー事業を実施することをめざしているという。

　立地地域に与える経済効果としては，①土地の賃料（買収額），②固定資産税，③事業会社の法人税が基本となる。加えて，④施工・調達・維持管理への地元業者の活用，⑤売電収入からの立地自治体への寄附，⑥地域からの雇用（主として維持管理要員。人数はごく少ない）などの事例がある。

　①土地の賃料については，特に初期の事例を中心に，無償で提供した自治体，事業が黒字化するまで無料とした自治体などもあった。一方で，応募した事業者の中で最も高い賃料を提示した事業者を選ぶ事例も多い。②固定資産税についても，減免措置を実施している自治体もあった。これは，固定資産税の増収

により地方交付税交付金が減額され，正味の歳入増加が目減りしてしまうことへの対応の意味もある。具体的には，⑤の寄附と組み合わせ，固定資産税を免除する代わりに事業者に収益に応じた一定の寄附を求めることで，実質的な歳入増につなげるのである。また，事業費の一部について，地元（あるいは生協の組合員）からの出資を集める事業もある。

5. 今後の政策に求められる論点

5-1 地域による主体的な計画

　前節で確認したとおり，FIT制度が開始され，日本でも再生可能エネルギーの導入拡大が進み始めた。ただし，①導入されるエネルギーが太陽光に偏重していること，②資本力のある大企業を主体とした事業が大半を占め，地域の主体による取り組みが少ないことが，課題としてあげられる。FIT制度の見直しを念頭におき，今後の政策に求められる論点を整理し，本章のまとめとする[注14]。

　まず，FIT制度の見直しの議論に先立ち，地域のエネルギー自立を達成するうえでの前提条件を担保する必要がある。先に，3-3項でエネルギー自立の基本条件として挙げた，条件①に対応する内容である。まず，再生可能エネルギーは地域に存在する資源であり，本来的には地域の人々に優先的に利用する権利が与えられるべきである。このことは同時に，地域の人々には，その資源を永続的に利用できるよう，適切に維持管理をする義務があることも意味する。地域の人々が主体的に意思決定するために不可欠な条件である。つぎに，これを前提とした上で，地域の資源をどこでどのように利用するのか，土地利用なども含めて地域ごとに総合的な計画が策定される必要がある。再生可能エネルギー事業は，この計画の枠組みのなかで，地域主導で進められるようにするべきである。すなわち，内発的発展の理念に基づいて，地域の再生可能エネルギーの活用を進めることが求められる。

　その意味で，滋賀県湖南市や長野県飯田市などでは，自治体レベルで再生可能エネルギーの利用に関する条例が制定されるようになっており，こうした動きの今後の展開に注目する必要がある。湖南市では，再生可能エネルギーを

「地域固有の資源」と位置づける「地域自然エネルギー基本条例」を 2012 年 9 月に制定した。条例の理念として,「地域に根ざした主体が,地域の発展に資するように活用する」ことや,「地域ごとの自然条件に合わせた持続性のある活用法に努め,地域内での公平性及び他者への影響に十分配慮する」ことがうたわれている (湖南市,2012)。

また,飯田市では,「再生可能エネルギーの導入による持続可能な地域づくりに関する条例」を 2013 年 3 月に制定した。同市では,2004 年に環境省の「環境と経済の好循環のまちモデル事業 (まほろば事業)」に採択されたことを契機として,エネルギーの地産地消に取り組んできた地元の NPO (NPO 法人南信州おひさま進歩) が事業会社 (おひさま進歩エネルギー有限会社。後に株式会社化) を設立した。同社は,市の協力を受けつつ,「創エネルギー事業」と,「省エネルギー事業」を市民出資によって実施してきた[注15]。2012 年時点で,5 つのファンドに総額 8 億円を超える出資を集め,太陽光発電の総出力は 1655 kW となっている (おひさま進歩エネルギー株式会社,2012)。こうした実績に基づき,FIT 制度を本格的に活用しつつ,地域の多様な力を活かして再生可能エネルギー事業を促進し,地域の持続可能な発展をめざすために,今回の条例が制定された。前節で確認したとおり,FIT 制度の導入を受け,全国的には大企業によるメガソーラー事業の誘致を進める自治体が多い。その中で,飯田市では「地域環境権」(同条例第 3 条) を提起し,地域の資源の恩恵を受ける権利は地域の住民全体にあること,地権者には地域の環境や周辺住民の暮らしと調和する方法での資源利用が求められることを示した。具体的な施策としては,基金を設け,条例の趣旨に沿った公共的事業 (地域公共再生可能エネルギー活用事業) を行おうとする事業者に対し,初期費用を無利子で貸付けることなどが定められている。「住民による再エネビジネスの立ち上げ支援モデル」であるとされる (飯田市,2013)。こうした公的金融による支援は民間金融による融資のハードルを下げることにつながる (寺林,2013a)。

一方,現状では,国レベルでは,再生可能エネルギー導入拡大のために,メガソーラーをはじめとした設備立地を進める上で障害となる規制を緩和する方向で政策が進められている。例えば,環境影響評価法,工場立地法の規制対象からメガソーラーは除外されている。前者については,2011 年の施行令改正

で風力発電所が対象に加えられたものの，太陽光発電所は加えられなかった。後者については，同法において規制対象とされる「製造業等」からメガソーラーを除外する施行令改正が 2012 年 6 月に行われた。都道府県レベルでも，岡山県のように国に準ずる形で環境影響評価条例の対象から除外している県もある（岡山県，2012）。

　こうした対応は，現時点ではメガソーラーの立地において，環境上の配慮が特に必要となる状況が発生していないという，国レベルの認識を前提としていると思われる。一方で，前述のとおり現実にはメガソーラーの立地をめぐる紛争は発生しており，裁判になっている事例もある。こうした状況を受け，対応を始めた自治体もある。静岡県富士宮市は，富士山の世界遺産登録を踏まえ，太陽光発電所と風力発電所について，2013 年 6 月に抑止地域（設備の設置を行わないよう協力を求める地域）を定め，同地域外においても周囲の景観と調和するように計画し届出をすることを求めている（富士宮市，2013）。このような，地域の特性に応じて土地利用計画・土地利用規制の中に再生可能エネルギー事業の立地に関する規定を盛り込む作業が，他地域においても速やかに進められる必要があると思われる。また，最低限の対応として，立地に関して周辺住民などの利害関係者が意見を述べる機会を確保することが，国レベルでも求められる。

5-2 立地地域に配慮した買取制度

　現行の FIT 制度では，立地地域への配慮は特に定められていない。このため，事業者が個別に対応している状況である。「地域からのエネルギー転換」の推進により「エネルギー自立」を目指すという本章の観点から評価すると，メガソーラー事業が地域にとっては単なる土地貸しで終わってしまう事態は避けられるべきである。日本の現状から考えると，ドイツのようにもともと分権的な制度が採られている国と異なり，政策的な配慮がなければ地域の取り組みは育ちにくい。結果として，都市の企業が農村に立地し，再生可能エネルギーの生む利益の大半を持ち去ってしまう可能性が高い。

　直接的に，再生可能エネルギー事業による利益を立地地域に還元させる方法としては，FIT 制度の買取価格を，地域に根ざした事業に対しては上乗せす

るという対応が考えられる。対象となる事業の基準については，先に3-3項で紹介したコミュニティ・パワーの基準などが参考にできるだろう。たとえば，地域からの投資が事業費の過半を占める事業については，通常の買取価格の1割を上乗せするといった措置である。「再生可能エネルギー特別措置法」の規定により，当初3年間は事業者の利潤に特に配慮することとされ，買取価格が高く設定されている。この当初期間の経過後は，設置費用の低下分に加えて買取価格が引き下げられることが予想される。その際，地域に根ざした事業については引き下げ額を優遇することでも，同様の効果が期待できる。

　あるいは，デンマークのように，地域住民による所有比率を一定割合以上とするように義務づけるという方法もある。デンマークでは，2008年末に制定された「再生可能エネルギー促進法」において，新たに計画される風力発電プロジェクトにおいては，企業などが中心になって実施する場合でも，地域住民による所有比率を20％以上にすることを義務づけているという（和田・木村，2011, 61-62頁）。

　目標とする再生可能エネルギーの導入状況（エネルギー源別・地域別）と現実の導入状況や費用とを比較考量し，進捗状況に応じて柔軟に制度を調整する。こうした試行錯誤を通じて，全体としての費用負担を抑制しつつ目標達成をめざす。これが，ドイツの経験が示すFIT制度の理念形といえる。日本においても，「地域からのエネルギー転換」を明示的な目標として，今後の制度の調整を進める必要がある。

　FIT制度は，国内の電力消費者の費用負担によって再生可能エネルギーの導入拡大を進める政策である。同制度に基づいて再生可能エネルギー事業に取り組む事業者が，国境を越えて資金調達をする大企業であれば，同制度によって生まれる利益が海外に流出してしまうことを意味する。エネルギー源を海外から輸入する化石燃料から国内の再生可能エネルギーに転換したとしても，事業の利益が海外に流出してしまうのであれば，エネルギー転換の意義が大きく損なわれる。再生可能エネルギーの生み出す価値を地域の中で循環させるように，統合的な視点で政策を展開することが求められる。

[注1] 下川町の取り組みについては，保母（2013）の他，原田（1998），髙橋（2012），小澤（2013）および2011年10月に実施した現地調査に基づいている。
[注2] 「オフセット・クレジット（J-VER）」は，環境省による「カーボン・オフセットに用いられるVER（Verified Emission Reduction）の認証基準に関する検討会」の議論における，オフセット・クレジット（J-VER）制度に基づいて発行される，国内における自主的な温室効果ガス排出削減・吸収プロジェクトから生じた排出削減・吸収量を指す。J-VERはカーボン・オフセット等に活用が可能で，市場における流通が可能となり，金銭的な価値を持つ。J-VERプロジェクトの実施者は，クレジットを売却することにより収益を上げることが可能となる。そのため，これまで費用的な問題で温室効果ガスの削減を実施できなかった事業者や，管理が必要な森林を多く所有する地方自治体等にとっては，温室効果ガス削減プロジェクトの費用の全部や一部を，J-VERの売却資金によって賄うことが可能となる。京都議定書の第一約束期間にあわせ2012年度末で終了し，2013年度以降，J-クレジット制度に発展統合された（「J-VER制度とは」および「EICネット」ホームページなど参照）。
[注3] 2012年10月に実施した現地調査および河北新報記事（2012年11月14日付），小澤（2013）による。
[注4] 2013年7月に実施した現地調査および岩本（2005），小澤（2013）による。
[注5] 2012年10月に実施した岩手県葛巻町への現地調査による。
[注6] 田中（2011）などを参照。
[注7] 原発依存度ゼロ以外のシナリオは，原発の新増設が前提となること，ゼロシナリオにおいても，いつまでにゼロにするのかが明示されていないことなど（上園，2013）。
[注8] 本段落は，佐藤（2003），小澤（2013）を参考とした。
[注9] 本段落は，飯田（2002），小澤（2013）を参考とした。
[注10] 以上3段落は，大島（2010），木村（2012）を参考とした。
[注11] 本書第3章の注8において，除本は「人びとの価値観が変化することにより，市場のあり方が転換して」，地域の「『自然資源の固有性』を評価しうる『共存的競争』型の市場が形成される」可能性を論じている。本節の筆者の議論は問題意識を共有しつつ，到達点としての制度について市場以外の選択肢も考慮している。
[注12] データの集計方法やより詳細な結果については，山下（2014）を参照。
[注13] この事実は，認定を受けているにもかかわらず，事業者自らが進んで公表しようとせず，ほとんど報じられていない事業が相当数存在していることを意味している。認定を受けたものの，系統連携の協議が難航していたり，必要な設備の調達に時間がかかるなどして運転開始に向けた作業が遅延している事例が多くを占めると考えられ

る.一方で,初年度の税込42円／kWhという高額な買取価格の権利を保持したまま,設備の費用が低下するのを待って事業を開始したり,権利を転売することで利益を上げたりすることを意図した事業者の存在も報じられている.

［注14］本節は山下（2013）をもとに,議論を展開している.

［注15］「創エネルギー事業」とは,公共施設等の屋根への太陽光発電設備の設置や,木質バイオマスによる熱供給を指す.「省エネルギー事業」とは,いわゆるエスコ（ESCO：Energy Service Company）事業を指し,具体的には,商店街の店舗などに同社が省エネ設備を設置し,省エネによる光熱費削減分のうち一定割合を,サービス料として10年間店舗などから受け取る事業である.

参考文献

EICネット（2013）「国内における新たなCO_2のクレジット制度が発足——国内クレジット制度とJ-VER制度を統合した『J-クレジット制度』」（http://www.eic.or.jp/library/pickup/pu130514.html）.

飯田市（2013）「新条例の概要とQ&A」（http://project.ecomodel-iida.com/?cid=3）.

飯田哲也（2002）「歪められた『自然エネルギー促進法』——日本のエネルギー政策決定プロセスの実相と課題」『環境社会学研究』8号,5-23頁.

岩本直也（2005）「自然の力で町おこし！　雲のうえの町　高知県梼原町」『土木学会誌』90巻1号,58-61頁.

上園昌武編著（2013）『先進例から学ぶ再生可能エネルギーの普及政策』本の泉社.

上園昌武（2013）「原発に依存してきた日本のエネルギー政策」,上園編著（2013）所収,9-25頁.

植田和弘（2011a）「エネルギーコンセプトの再構築」,植田・梶山編著（2011）所収,11-25頁.

植田和弘（2011b）「エネルギーシステムの再設計」,植田・梶山編著（2011）所収,303-318頁.

植田和弘・梶山恵司編著（2011）『国民のためのエネルギー原論』日本経済新聞出版社.

大島堅一（2010）『再生可能エネルギーの政治経済学』東洋経済新報社.

大友詔雄編著（2012）『自然エネルギーが生み出す地域の雇用』自治体研究社.

岡山県（2012）「メガソーラーの環境影響評価制度の対象からの除外について」（http://www.pref.okayama.jp/uploaded/life/340914_1655031_misc.pdf）.

小澤祥司（2013）『エネルギーを選びなおす』岩波書店.

おひさま進歩エネルギー株式会社（2012）『みんなの力で自然エネルギーを——市民出資による「おひさま」革命』おひさま進歩エネルギー株式会社.

梶山恵司 (2011)「『エネルギー基本計画』見直しの論点」, 植田・梶山編著 (2011) 所収, 27-64 頁.
環境省「J-VER 制度とは」(http://www.j-ver.go.jp/about_jver.html).
木村啓二 (2013)「再生可能エネルギー電力固定価格買取法を成功させる条件」上園編著 (2013) 所収, 219-244 頁.
高知県 (2013)「こうち型地域還流再エネ事業スキーム (官民協働の発電事業)」(http://www.pref.kochi.lg.jp/soshiki/030901/kochigata.html).
湖南市 (2012)「湖南市地域自然エネルギー基本条例を制定しました」(http://www.city.konan.shiga.jp/cgi/info.php?ZID=15303&ps=1).
佐藤由美 (2003)『自然エネルギーが地域を変える』学芸出版社.
資源エネルギー庁 (2013)「再エネ設備認定状況 (件数, 出力) (2013 年 6 月末時点)」(http://www.enecho.meti.go.jp/saiene/kaitori/dl/setsubi/201306setsubi.xls).
清水修二 (2011)『原発になお地域の未来を託せるか』自治体研究社.
生活協同組合連合会 グリーンコープ連合 (2013)「脱原発の取り組み」(http://www.greencoop.or.jp/genpatsu/).
高橋祐二 (2012)「森林共生社会をめざして――下川町の取組み」, 大友編著 (2012) 所収, 161-192 頁.
滝川薫編著 (2012)『100% 再生可能へ! 欧州のエネルギー自立地域』学芸出版社.
竹濱朝美 (2013)「ドイツの再生可能エネルギー買取制の費用と効果」, 上園編著 (2013) 所収, 69-92 頁.
田中信一郎 (2011)「エネルギー行政をいかに改革するか」, 植田・梶山編著 (2011) 所収, 273-302 頁.
寺西俊一・石田信隆・山下英俊編著 (2013)『ドイツに学ぶ 地域からのエネルギー転換』家の光協会.
寺西俊一 (2013)「ドイツに何を学ぶか――自然資源経済の新たな可能性」, 寺西・石田・山下編著 (2013) 所収, 9-31 頁.
寺林暁良 (2013a)「期待される地域金融――ドイツと日本の比較から」, 寺西・石田・山下編著 (2013) 所収, 136-168 頁.
――― (2013b)「再生可能エネルギーの導入を推進するコープさっぽろと (株) エネコープ」『農中総研 調査と情報』2013 年 5 月号 (36 号), 12-13 頁.
東京都 (2013)「官民連携インフラファンド」(http://www.kankyo.metro.tokyo.jp/energy/tochi_energy_suishin/fund/).
日本野鳥の会 (2012)「木曽岬干拓地に繁殖するチュウヒの保護に関する要望書を提出」(http://www.wbsj.org/activity/conservation/endangered-species/cs_hog/

request_kiso20120130/)。

長谷川公一（2011）『脱原子力社会の選択　増補版』新曜社。

原田四郎（1998）『森は光り輝く――北海道下川町再興の記録』牧野出版。

広島県（2013）「地域還元型再生可能エネルギー導入事業」(http://www.pref.hiroshima.lg.jp/site/eco/megasora.html)。

藤井康平・西林勝吾（2013）「エネルギー自立村の挑戦――3つの事例から」，寺西・石田・山下編著（2013）所収，33-66頁。

富士宮市（2013）「大規模な太陽光発電設備及び風力発電設備の設置に関する取扱いについて」(http://www.city.fujinomiya.shizuoka.jp/kikaku/seisaku/taiyoukou.htm)。

北海道電力（2013）「大規模太陽光発電についての経済産業省からの公表に対する今後の対応について」(http://www.hepco.co.jp/info/2013/1188972_1521.html)。

保母武彦（2013）『日本の農山村をどう再生するか』岩波書店。

村上敦（2012）『キロワット・イズ・マネー――エネルギーが地域通貨になる日，日本は蘇る』いしずえ。

山下英俊（2012）「環境ガバナンスの経済理論――制度派環境経済学の可能性」『環境と公害』41巻4号，2-7頁。

―――（2013）「日本でも地域からのエネルギー転換を」，寺西・石田・山下編著（2013）所収，169-191頁。

―――（2014）「日本におけるメガソーラー事業の現状と課題」『一橋経済学』7巻2号，1-20頁。

吉野ヶ里メガソーラー発電所の移転を求める佐賀県住民訴訟を支える会（2013）「吉野ヶ里遺跡を守ろう：吉野ヶ里訴訟」(http://www.mamoru-yoshinogari.net/)。

和田武・木村啓二（2011）『拡大する世界の再生可能エネルギー――脱原発時代の到来』世界思想社。

Institut für ökologische Wirtschaftsforschung (IÖW) (2010) "Kommunale Wertschöpfung durch Erneuerbare Energien", Final report. Berlin, 2010 (http://www.ioew.de/uploads/tx_ukioewdb/IOEW_SR_196_Kommunale_Wertsch%C3%B6pfung_durch_Erneuerbare_Energien.pdf)

Klaus Novy Institute (2011) "Marktakteure Erneuerbare-Energien-Anlagen in der Stromerzeugung" (http://www.kni.de/pages/posts/ueberarbeitete-studie-bdquomarktakteure-erneuerbare-energien-anlagen_03_11_2011ldquo-steht-als-download-bereit-35.php)

World Wind Energy Association (WWEA) (2011) "WWEA highlights Community

Power" (http://www.wwindea.org/home/index.php?option=com_content&task=view&id=309&Itemid=40)

第 5 章

流域管理のための地域連携
――水源地域における森林管理技術の自立と地域資源の再評価――

泉　桂子

はじめに ── 流域が地域の「自立」と「連帯」に果たす役割

　本章では，流域を単位とした地域の「自立」と「連携」について考察する。ここで，「地域」とは，市町村もしくは都道府県を指す。本章では，とくに水源林（後述）に着目し，流域と河川を一体的にとらえた「流域管理」の可能性に焦点を当てることにする。

　いうまでもなく，流域は地域生態系にとって重要な単位である。生態系管理の分野において，ミティゲーション（開発影響の緩和）や希少生物移植・導入にあたり「移植個体は同一流域産のものが望ましい」と，しばしば指摘される。第1章では「流域」を連携の単位とすることの限界が指摘されているが（第1章［注12］），それでも，筆者は，次の理由から「流域」を視座に「自立」と「連帯」を展望したい。

　森林からみれば，まず第1に，「流域」は森林の水源涵養機能発揮の基礎単位である。2011年3月の東京電力福島第一原子力発電所事故は，われわれの飲み水がどこから来るのかを改めて想起させる契機となった。事故後，首都圏の水道水から放射性物質が検出され，小売店の店先からミネラルウォーターが消えた。東京を支える飲料水は，北関東・秩父山系を中心とする広大な流域から集められ，供給されていることが白日の下にさらされたできごとであった。

　第2に，「流域」は森林の災害防止機能を発揮する基礎単位でもある。1990年代以降の「脱・脱ダム」論争や「緑のダム」についてはすでに多くの著作があるので，ここでは繰り返さない。

森林・林業政策において「流域」が明確に語られたのは，1991年改正森林法における「森林の流域管理システム」が一つのピークであろう。ここでは，地域森林計画の単位を河川の流域に改め，国有林・民有林一体となった流域単位の森林管理を「流域協議会」のもとに目指そうとした。その後，「流域管理システム」は，林野行政のなかでは下火となったが，2000年以降，大野（2005）や依光（2003）などの論者は，森林再生や地域再生の立場から流域に再び光を当てている。

　歴史的にみれば，森林の水源涵養機能・災害防止機能の担保は，すでに保安林や治山事業という形で林野行政を中心に制度化されている。その一方で，森林の水源涵養機能，災害防止機能の議論の際につねづね指摘されてきたのが，わが国の土地利用規制の脆弱性である[注1]。農地に対しては農地法によってその流動化に一定の歯止めがかけられてきた。これと対照的に森林の所有権移転に対する規則はきわめて不透明であった。明治以来の我が国の政策を振り返れば，森林に対する開発規制・施業規制が法制化される一方，全国総合開発計画やリゾート法等によって，森林が開発の対象と見なされてきた事実がある。

　水利用者の視点から，この問題に積極的に関わってきたのが各地の自治体と水道局である。明治から現在に至るまで各地の水道事業体が規模の大小はあれ，取水域の森林管理に取り組む事例がみられる。筆者は，このような事例を「水源林」と呼ぶ。特に東京都および横浜市は，1世紀以上前から水源地域の森林を直接管理してきたことが特筆される。水源地域は，いうまでもなく山村であり，過疎地域であり，中山間地域である。図1，図2は東京都水道局が所管する東京都水道水源林，横浜市水道局が所管する横浜市道志水源かん養林である。これらの水源林はそれぞれの水道局から都県境を隔てた山梨県に立地している（東京都水道水源林は一部都内）。本章ではこれら2事例を取り上げ，それぞれの詳細は第2・3節で述べることとする。

　水道事業体のこのような取り組みは，森林に対する外部からの土地利用規制が働きにくい制度下では，一定の保全効果を上げるものとして今後も期待が持てよう。一方，水源地域にとっても，下流の水利用者が流域環境保全に対しフリーライドするのではなく，自ら費用負担と責任を負うという面は評価できる。林業経営がもはや成り立たない条件下で，下流からの支払いには山村経済を下

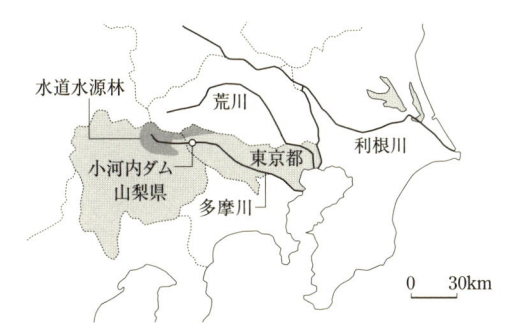

図1　東京都水道水源林配置図

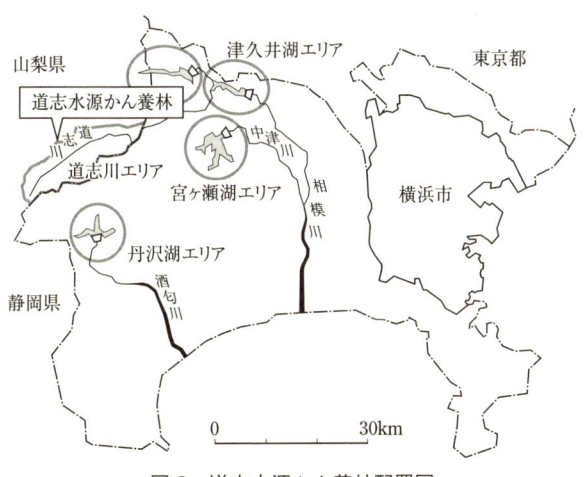

図2　道志水源かん養林配置図

支えする役割も期待できる。しかし，歴史的にみれば，水源地域の入会地が下流の水利用者によって囲い込まれてきたという複雑な一面もある。本書の課題設定に照らしていえば，水源林は，各水道事業体の「自立」的な行動の結果であり，水源地域と水利用者との「連携」の一例であるといえよう。さらに林業経営が厳しさを増した1990年代以降，水源地域がいかに「自立」しえるかも含意している。以下では，水源地域に立地し，水利用者とは異なる県に位置する市町村を「地元村」と呼ぶ。

　第1節では，近年の流域環境保全に関する著作をレビューし，流域環境保全に今日求められている課題を考察する。第2節では，東京都水源林における東

京都水道局と地元村との関係をシカ害対策と水源地域の下水対策から考察する。第3節では，横浜市水源林と地元村における地域資源循環と雇用創出の取組みを紹介する。

1. 流域環境保全の現代的課題

以下，この節では分権化が進行するなかで，地域の森林管理に際しての課題をみていこう。

1-1 財政面の課題——森林環境税を中心に

2012年現在，日本の31県ですでに「水源環境税」「森林環境税」「森づくり県民税」等の独自課税が導入済みである。この動きは，県単位でみれば国からの森林管理財源の「自立」，流域という単位でみれば中下流部と源流部との，すなわち地方都市と中山間地域の「連携」を含意している。近年，このような地方独自の課税が成立してきた背景として，諸富・沼尾（2012）は，まず第1に1990年代以降，林業経営が経済的に成り立たない状況であること，第2に地方分権一括法の施行により課税の環境が整備されたこと，第3に森林の公益的機能に対するフリーライドが見直されていることを挙げている。

ただし，「流域」という単位は，時に都道府県境を「越境」するものである。一例として神奈川県の相模川は上流域が山梨県にあり，桂川と呼ばれている。都道府県境をまたぐトランスボーダーな「流域」については，現行の「森林環境税」の仕組みでは，流域単位の「連帯」が完結しない事例もある。また，特に戦後の高度経済成長を契機として，水資源開発自体が巨大化し，大都市の水源は都市立地上の流域を越えて求められている。いわゆる「広域分水」である。現代の「流域」を単位とした「連携」を展望するとき，地形的な流域のみならず，広域分水の水源も都市の社会的水源として重要な意味を持つ。

「流域」を単位とした都市とその水源地域の「自立」や「連携」ついて，同書で沼尾は，1973年制定の「水源地域対策特別措置法」，1976年創設の「利根川・荒川水源地域対策基金」などに代表される水源地域対策が，「水と緑を守る」支出となり得なかったと評価している。水源地対策は「開発利益の還元」

が主で，流域環境保全や水源地域の暮らしを守るためのものではなかったと沼尾はいう（諸富・沼尾，2012：43-72頁）。このことは，下流からの水源地域への費用負担や各種事業への協力が上流住民にとっては「『ダムありき』の協力」とみられやすかったことと共通している。水資源と経済的見返りのみの「連携」ではなく，同じ流域に生きるもの同士の交流や相互理解が真の連携には求められよう。

「森林環境税」の中では，その先駆性，参加型税制の導入，財政規模の大きさの3点で特筆されるのが，2007年から導入された神奈川県の「水源環境税」である。神奈川県は，東部に横浜・横須賀・川崎などの大都市を擁し，西部には山岳・森林地帯が広がっている。県内に相模川，馬入川などの河川を有し，県内水需要を自給できる水源を抱えている。このような地理的要因も挑戦的な税導入の一つの背景となっている。地域間連携の面から注目すべきは，「水源環境税」を財源とした県から市町村への交付金制度である。神奈川県の「水源環境税」の約半分にあたる19億円（2008年度）が市町村へ交付されている。その内容は，公共下水道整備事業，合併浄化槽設置補助事業，里山再生事業などである。これは，「流域管理」における同一流域に生きる「県」と「市町村」の連携の一類形である。「補助金」に比べ「交付金」は，運用に柔軟性があり，市町村にとっては流域環境保全をすすめる動機となりうる。

1-2 技術面の課題——森林の災害防止機能を中心として

宇沢ら（2010）は，災害防止面から現代の河川行政に批判的考察を加えている。まず宇沢らは，これまでの「国」主導の河川管理・防災対策ではなく，河川は「流域」に生きる「住民」のものであり，地方分権化は住民の手に河川を取り戻すものと肯定的にとらえている。

宇沢らの主張で着目すべきは，「技術にも自治がある」として地域の歴史のなかに河川防災の答えがあるとする指摘である。足元をつぶさに見ることが将来の展望を開くとする点は，森林にも当てはまろう。

1-3 地域資源の活用

流域環境保全を考えるうえで，地域資源を活用することは雇用・生業の創出

という点で水源地域の自立に資するものである。さらに地域資源の流通・消費が流域内外の新たな連携のチャンネルともなり得る。1-1項で述べた水資源とその代価に限定されない連携を模索するためにも重要な論点である。地域資源のなかでもとりわけ木材は，生産や廃棄にかかるエネルギーが少なく，また，それ自体熱源としての利用も可能でありながら，わが国ではその過少利用が多くの問題を引き起こしている。人工林の手入れ不足しかり，里山の荒廃しかりである。世界的にみれば，日本は木材需要の約7～8割を輸入に頼っており，世界規模の森林減少・森林劣化とも無関係ではない。

流域環境保全の実現のためには，単に森林の伐採を抑制すればよい，という考えでは，水源地域に人々が暮らし続け，また水源涵養や災害防止の公益的機能を森林が発揮し続けることはできない。下流に都市があり，人が住まうのと同様に，河川の水源域においても人々の暮らしがある。流域環境に配慮した産業として上流域の林業，その他の産業を位置づけていくことが必要である。流域の木材を使うことが自らの流域環境を保全することにつながる。

やや唐突だが，フランスでの私企業を中心としたミネラルウォーター集水域における森林管理の一例を示す。「ヴォルビック」はダノングループのミネラルウォーター商品名であり，その採取を行うグループ会社名であり，採水地が立地する村の名でもある。ダノン社は集水域における私有林管理を積極的に指導・支援している。その詳細は別稿（泉，2013）を参照してほしいが，地元の私有林所有者を支援する林業公社の森林技術者は「熱源としての木材利用はヴォルビック社にとってよい」と述べていた。択伐による薪炭利用は，皆伐施業のように大規模な裸地を生じることがなく，ダノン社の集水域保全に資するからである。このような実践は，後述する「土佐の森方式」とも共通点を持っている。

2. 東京都水源林における東京都水道局と山梨県下地元村の関係

以下では，前節で論点整理した①特に財政を介した国，都道府県，市町村の連携や役割分担，②河川・森林管理の技術，③地域資源利用，という3点に着目して，近年の流域保全の動向を追ってみよう。

①の事例として，東京都水道局は，水道原水保全のため，明治44（1911）年から多摩川源流域に水源林2万haあまりを所有している。その面積の64％は山梨県に位置している。水源林が立地する山梨県内の自治体は丹波山村，小菅村，甲州市である。この源流域から集まった水は小河内貯水池（東京都水道局専用，上水道水源と発電用）に貯留され，東京都水道局で使用される。この多摩川水系からの原水は，現在，東京都水道局の原水全体の15％程度を占めている。

2-1　丹波山村・小菅村——シカ害の顕在化と水道局・地元村の協力関係
　東京都水源林では2000年代に入り，ニホンジカ（以下，シカとする）による植栽木・森林生態系への食害が顕著に見られるようになった（以下，「シカ害」とする）。自明のことながら，シカの移動に都県境界は関係なく，同一の自然条件であれば東京都・山梨県をまたいで移動していることが大きな特徴である。たとえば，山梨県の狩猟免許保持者は，山梨県内で発見したシカを追い，そのシカが都県境をまたいで東京都内に逃げ込んだ場合，東京都の狩猟免許を保持していなければ，制度上は猟銃で撃つことはできない。すなわち東京都および同水道局のみならず，山梨県や地元村との連携がなければ効果的に対処できないという問題が顕在化している。
　森林管理からみると，東京都水源林における問題は，シカ害が造林木の価値低下を招いているのみならず，秩父多摩国立公園の中核部をなす水源林の景観劣化や生態系への悪影響をもたらしていることにある。このようなシカ害の顕在化が，東京都水源林100年の歴史のなかで，水道局に明示的に認識されたのは筆者が知る限り2003年に水道事業年報に防鹿ネット補修が記されたことが初めてである。東京都水源林は，東京都最高峰，日本百名山である雲取山（2017m）などを擁し，首都圏屈指の登山・ハイキングコースでもある[注2]。水源林管理において国立公園管理や登山者への配慮は無視できない。たとえば，シカはモミ，リョウブなどの樹皮を好んで剥皮する。モミは剥皮によって樹勢が衰えやすく，シカの生息する地域ではモミが枯死しやすいことにつながり，水道局が現在「自然の推移に委ねる」との方針をとる（東京都水道局，2005，8頁）天然林管理においても，モミの個体数が減少していくことが予想される。

写真1 シカ食害防止のネットが巻かれた造林木。シカ対策は造林コストを増加させる。

また，秩父多摩甲斐国立公園に指定されている水源林において，登山道周辺では枯死したモミが美観を損ねたり，登山道の安全管理上問題が生じたりすることが起こりつつある[注3]。

東京都水源林の経常支出におけるシカ害対策支出は，2004年度：1億6400万円，2005年度：3億7400万円，2006年度：1億5400万円，2007年度：6100万円，2008年度：7900万円，2009年度：2500万円で推移している[注4]。水源林の経常支出に占める割合はそれぞれ，13％，26％，13％，6％，9％，3％である。事業の内容は，各種調査，食害防止柵の維持，造林木へのチューブ・ネット設置（写真1）などである。このようなシカ害発生の背景には，シカの個体数が増加していることはもちろんのこと，水源地域の耕作放棄地の増加や狩猟者の減少が一因であると一般的にいわれる。「農林業センサス結果報告」から，丹波山・小菅・道志村の耕地面積，耕作放棄地面積をみると（表1），1980年代から急速に農地が減少しているのがわかる。

表1　山梨県内水源地域における耕作放棄地面積と経営耕地面積の推移
　　　(1975～2010年)　　　　　　　　　　　　　　　　　　　(単位：a)

年	耕作放棄地面積			経営耕地面積		
	小菅村	丹波山村	道志村	小菅村	丹波山村	道志村
1975	—	—	—	6,249	3,119	16,838
1980	—	—	—	5,011	2,898	14,315
1985	—	—	—	4,352	1,753	12,065
1990	—	—	—	3,156	1,033	8,371
1995	3,869	815	2,760	2,840	1,633	7,899
2000	1,072	656	2,845	2,104	1,765	5,742
2005	1,071	595	2,443	724	736	2,634
2010	903	576	2,884	702	642	2,739

注）山梨県「農林業センサス結果報告」より作成。

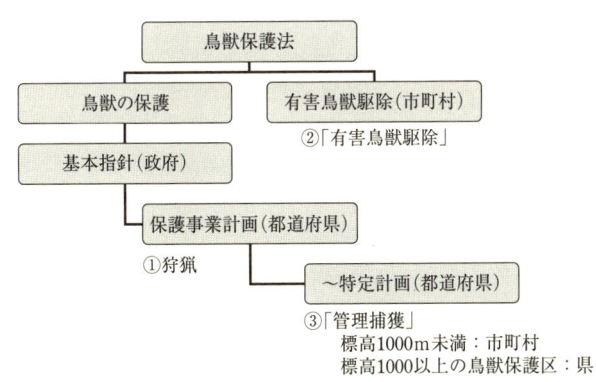

図3　山梨県内におけるシカ捕獲の枠組み

　次に，東京都水源林地域におけるシカ害対策での都県と市町村の役割分担について，個体数管理，なかでも捕獲に着目する。一般的にシカの捕獲には，①狩猟，②有害鳥獣駆除，③管理捕獲の3種類がある（図3，参照）。①は，趣味，もしくはスポーツ，マイナー・サブシステンスとしての捕獲，②は，おもに農林業被害防止のための捕獲，③は，都道府県が樹立する「管理保護計画」に基づく個体数調整のための捕獲である。たとえば，2010年度に山梨県で捕獲されたシカは，①が3196頭，②が124頭，③が3064頭であり，①と③でほぼ全てを占めている（山梨県みどり自然課，2012，34頁）。なお，山梨県内の狩猟者数登録数は，1985年には約7000人，1991年度には5000人を超えていたが，2009年度は約3000人と急減し，その高齢化が進んでいる[注5]。山梨県でも，

表2 山梨県内のシカ管理捕獲における県と市町村の役割分担

対象地域	管理捕獲の目的	管理捕獲の主体			
		丹波山村*	小菅村*	甲州市*	その他の市町村
標高1000m未満	農林業被害の軽減	市町村、ただし東京都水道局が一部支援		市町村、ただし1頭あたり上限1万5000円の駆除費を市町村と県が折半	市町村、ただし1頭あたり上限1万5000円の駆除費を市町村と県が折半
標高1000m以上の鳥獣保護区	自然植生の被害軽減	丹波山村が実施	（該当エリアなし）	山梨県	山梨県
市町村面積に占める東京都水源林の割合（％）		64.8%	30.8%	21.2%	0.0%

注）＊の市町村は東京都水源林の地元村であり、「山梨県北部地域におけるシカ被害対策連絡会」構成員。

今後、県および中山間地域市町村では、農業行政などが委託事業でシカの個体数調整を担っていく可能性も議論されている[注6]。

山梨県内では、奥地における農林業被害の軽減を目的とする管理捕獲（主に標高1000m未満）を市町村が実施し、自然植生等の被害を軽減するための管理捕獲（標高1000m以上の鳥獣保護区内）を県が実施[注7]しているが、東京都水源林地域では異なっている。山梨県は、甲州市内では管理捕獲を行うが、丹波山村・小菅村では管理捕獲を行わない[注8]。その代わり、東京都水道局が丹波山村・小菅村における管理捕獲を間接的に支援している。山梨県内では、表2のとおり管理捕獲について1頭あたり1万5000円が捕獲者に支払われる。7500円は県が支出し、残りの7500円を市町村が支出するが、丹波山村、小菅村においては東京都水道局からの一部支援がある。地元村はシカの個体数管理に対する補助が得られ、東京都水道局にとっては効果的なシカ害対策につながり、双方にとってメリットがある。なお、2010年度から「山梨県北部地域におけるシカ被害対策連絡会」を、毎年1〜2回、甲州市・小菅村・丹波村、山梨県みどり自然課、東京都水道局をメンバーとして開催している。被害対策の実施状況やシカの生息状況についての情報共有と、効果的な捕獲対策についての意見交換が行われる。

東京都下の奥多摩町での管理捕獲は週2回（猟期、猟期以外は週3回）、丹波山村は週1回、小菅村は不定期である。管理捕獲の推移をみると、小菅村で

は2010年度の管理捕獲が20頭，2011年度は30頭，丹波山村は同上50頭から77頭（2012年1月末日時点）と増加している。小菅村では，東京都水源林による管理捕獲の下支えを「一歩踏み出して進んだ対策」と評価している。小菅村・丹波山村では，村の猟友会が行う管理捕獲に際し，東京都水道局が所管するモノレール（単軌道）供与の便宜を図っている。いわゆる乗客輸送のモノレールと異なり，野外で人や荷物を運搬するためのものである。このモノレールは森林管理のため東京都水源林が2001～04年に整備したもので，林道よりも森林環境に与える負の影響が小さいことから採用された[注9]。地元の猟友会にとっては，アクセスの改善，安全，安価というメリットがある。モノレール操作の研修会は東京都水道局の費用負担で地元村も受講でき，また，モノレールのカギも地元村に預けられている。シカ捕獲のみならず，山火事や遭難などの緊急時には使用が認められており，燃料費は使用者が負担することとなっている。このことは，東京都水源林によって整備された水源林管理のインフラが地元村にとっても地域資源管理や防災・観光面で有効に活用され，県境を越えた流域単位の「都県と市町村」の役割分担が機能している事例として評価できる。

　地域資源活用について付言しておくと，水源林所在市町村のなかでも丹波山村は特にシカ肉ジビエを村活性化の一材料と位置づけ，解体場を設け，シカ肉商品（カレー，ソバ，どんぶりなど）の開発を積極的に行っている。シカ肉処理施設は年間40～50頭を処理しており，他村からの持ち込みはなく，村内で自給している。丹波山村における狩猟による捕獲頭数は不明だが，管理捕獲頭数と同等の数が処理施設に搬入されている。今後は，シカ肉を地域資源として活用していくこともこの地域の課題となろう。

2-2　地元村と東京都水道局との交付金・下水道整備事業を通じた関係

　次に，東京都水道局と地元村との経済的な連携について触れる。

　東京都水源林の位置する山梨県内の小菅村，丹波山村，旧塩山市の萩原山財産区には，東京都水源林内に往時入会権（入会慣行）を有していたことから，1970年代初めまでその代替として立木の払い下げおよび伐採に伴う交付金制度があった。しかし，この払下げおよび伐採交付金制度は，1973年以降，伐採に関係のない定額交付金・寄付金に改められた。東京都水道局は，現在，こ

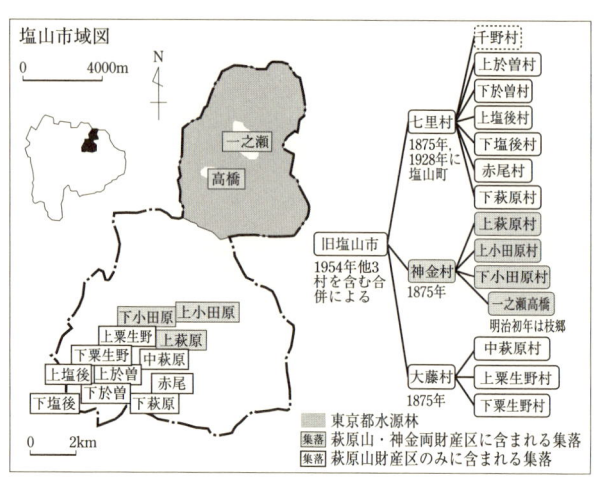

図4 旧塩山市内東京都水源林と2財産区との関係図
注)塩山市史編さん委員会(1995)より,作成。

れら交付金・寄付金を水源林管理への協力に対する感謝,また水道施設が固定資産税免除となるため,その代替措置と位置づけている。以下,旧塩山市(現,甲州市)下の2財産区[注10](図4,参照)について述べる。なお,図示したとおり,両財産区は入れ子構造を持っているが,それらの成り立ちには違いがみられる。

まず,甲州市萩原山財産区には,2012年度現在1万3811人,5580世帯が暮らしている。これは旧村である塩山町,神金村,大藤村の「小物成山」であった「萩原山一帯」を基盤とする財産区である。現在,この森林は東京都水源林5608 haと山梨県有林240 haとなっている(萩原山恩賜県有財産保護組合,1959,1頁)。設立は1912年である。現在は管理会方式をとり,甲州市議員3名が管理会の構成員である。同財産区の2010年度歳入構造をみると,東京都水道局からの交付金が歳入の26%を占め,ほぼ同額が「地域福祉還元金」「地域補助金」として地域に還元されている。主な活動内容は,山林防犯取り締まり(看板の設置),幼木伐採防止のための正月用門松ポスター印刷,恩賜林の看板・境界標の確認及び保護,専任監視人による月3回の巡視などである。門松のポスターは,往時,アカマツの幼木を正月用に採取することが森林劣化の

一因であったことの名残である。広大な山林を有する萩原山財産区では，東京都交付金は「財産区住民の入会権（入会慣行）に対する支出」を根拠としている。近年，財産区住民の間では「入会」「財産区」に対する意識が薄れ，財産区の意義が十分認識されていないという課題がある。

　もうひとつの神金財産区には，2011年度現在で1757人，728世帯が暮らしている。この神金財産区は旧神金村を基盤としている。1929年，「民力度の低下し村税の滞納増で財政が悪化これを打開するため」，神金村は「東京市に売却した水源涵養林五千六百余町歩に一町歩当たり一円の課税をした」という。この課税は，水道等，公共用地は固定資産税が免租であったことに起因する。この課税に対して東京市は応じられないと回答し，訴訟の末，「東京市が神金村に対し毎年度税に代えて寄付金を支出することで昭和九年に和解が成立した」[注11]という。神金財産区はこの寄付金に基づく[注12]。現在は管理会方式をとっている。2010年度歳入をみると，東京都水源局からの寄付金が財産区収入の多くを占める財政構造となっている。同年度は東京都水道局からの寄付金が歳入の82％を占める。他方，歳出の79％を占める「地域振興費」は，老人クラブ，少年少女隊，スポーツ少年団等の団体に交付された後，1世帯あたり定額の「世帯割」（約2400円）として交付されている。地域の諸活動を下支えする役割を東京都水源林寄付金が負っているのである。

　丹波山村・小菅村では，本項冒頭でふれた交付金のほか，小河内貯水池上流域の下水道整備にかかる費用を東京都水道局が負担している（畦倉，1986，54頁）。小菅村内の下水道普及率は100％，丹波山村でもほぼ100％である。小菅村では，「小河内貯水池の事業のおかげで，多摩川流域の下水道事業については1988年の供用開始以来補助が得られ，下水道整備も東京都の補助のおかげで早かった」という（2012年3月2日，小菅村担当者の話による）。丹波山村の下水道供用開始は1987年である。ちなみに，山梨県富士東部地域における下水道普及率は高くない。富士北麓流域下水道は供用開始が1986年であるにもかかわらず，普及率56.5％，水洗化率84.3％，桂川流域下水道に至っては2004年供用開始で，それぞれ27.1％，71.3％である[注13]。条件の不利な源流域でほぼ完璧に下水道が敷設されていることは山梨県下でも独自であると判断できよう。東京都水道局の補助が効果的に活用されている。

流域環境保全にあたって，下流の都市・水道事業体が森林管理に傾注しても，排水処理を怠れば水道水源の水質は悪化してしまう。水道事業体が自立的に流域環境保全を行っていく際，森林管理，家庭排水処理などの方法を組み合わせた一貫した対策が求められる。対策の一貫性が環境保全の正当性を高めると筆者は考える。また，東京都からの交付金，寄付金は歴史的経緯に基づくものであるが，萩原山財産区においては，現在，往時の入会利用とは関係の薄い支出がなされている。

3. 横浜市と道志村の関係に見る「水源の郷」づくり

3-1 ゴルフ場計画の撤回は何をもたらしたか？

横浜市水道局の水源である山梨県南都留郡道志村は，村内面積の約3割が横浜市水道局の持つ「水源かん養林」である。この森林管理は現在のところ良好であり，1990年代初めにすでに水源涵養機能重視型の経営にシフトしている[注14]。東京都同様，水源林管理に90年前から取り組んできた事例である。水源涵養上，目下の課題は，残りの面積を占める民有林（私有林）の管理である。道志村には1990年代初め，ゴルフ場建設計画があったが，水源地としての水質及び渓流釣りを維持する村民の反対運動と下流の横浜市の反対により見送られたという経緯がある[注15]。横浜市は，この「代償」として「ゴルフ場代替策」といわれる種々の便宜を道志村に対し図ってきた[注16]。

一方，道志村自らも「日本一の水源の郷」を村のキャッチフレーズに掲げ，2010年には「全国源流サミット」を開催するなど，大田昌博前村長のもとで，「水源」を活かした村づくりに取り組んできた。同サミットで採択された「源流宣言」からは，「水源」は地形や気候条件が悪く，過疎・高齢化の進む条件不利地域ではなく，豊かな環境と魅力にあふれた地域であるとの「自立」の決意，また，同じ条件にある国内の水源自治体と連携していこうとする決意が読み取れる。

3-2 NPO法人「道志・森づくりネットワーク」を中心とする「新しい公共」事業

2010年に設立されたNPO法人「道志・森づくりネットワーク」（以下，

「NPO」とする）は，村の面積の93％を占める森林の活用に取り組んでいる。このNPOの設立には道志村と横浜市の歴史的経緯が関わっている。

NPOの中心人物である副理事長の中島晋は，5年前まで横浜市市役所に勤めていた。氏はすでに建設関連部局の課長であった際に間伐材を高齢者施設の内装材に使用するため，職場仲間と道志村の民有林の間伐ボランティアグループ「道っ木ぃ～ず」を立ち上げていた。「道っ木ぃ～ず」のメンバーの多くは，横浜およびその周辺在住の都市住民である。このことがきっかけで，中島晋氏は退職後，村役場の非常勤職員となった[注17]。

2011年には，内閣府による「新しい公共支援事業」のなかの「新しい公共の場づくりのためのモデル事業」に名乗りを上げた。これは，NPOのみならず計5者の協働によって地域の課題の解決にあたることが条件となっている。いわば地域内の「連携」が試される事業である。5者には，NPO，「道志の森を考える会」（建設業者の若手職員），上記の「道っ木ぃ～ず」，「道志村」，「ランバーネットワーク」（村内製材施設，木材運搬業者，建築家）が入っている[注18]。通常，森林関連事業は農林水産省の補助事業によることが多いが，農水省以外のモデル事業を活用するという新しい着眼である。

以下では，同じようなNPOにおける事業として，①「土佐の森方式」による地域資源有効活用，②村内外の連携による間伐地登録制度について紹介する。

(1)「土佐の森方式」による地域資源有効活用

道志村における木質バイオマス活用は，2005年に検討を行った「道志村水源林間伐材活用検討」に端を発する。その後，2008年に「道志村バイオマス・タウン構想」を策定し，同じ時期に「林業再生・新産業創設研究会」にむけて準備会が発足した。目指すところは「間伐材の循環する村づくり」であり，チップによる堆肥生産や木質プラスチック生産など，付加価値の高い産業化を段階的に実施することとしていた。

そこで，まず2010年，村営温泉「道志の湯」リニューアルに伴い，木質バイオマスボイラーの導入を決定した。と同時に，村とNPOは薪ボイラーで消費する薪の供給体制を整備した。2012年4月から薪ボイラーが稼働している。現在，温泉加温に必要な熱量の7～8割を薪でまかなっている。

薪供給システムの概要は，高知県吾川郡いの町のNPO「土佐の森・救援隊」が考案し，2007年から実施している「土佐の森方式」を手本としている（中島，2012）。村民は，80センチの長さに玉切りした間伐材を道志「木の駅どうし」とよばれるストックヤードに持ち込む。「木の駅」は2011年12月開業，「道志の湯」に隣接している。ここで木材1 m^3 あたり5000円が支払われる。うち1000円は地域振興券であり，地域経済の循環に配慮した方式をとっている。1 m^3 の薪は軽トラックでおよそ2台分である。現在，この買い取り対象となるのは村内の森林を村民が伐採した場合に限られている。薪材の買い取りには「道志の湯　薪材供給者登録証」の提示が必要である。村内に居住し，NPOによる認証が行われないと，薪の買い取りがなされない仕組みとなっている。「地域」「自給自足」へのこだわりが見て取れ，横浜市からの「ゴルフ場代替策」を当てにするのではなく村の潜在力を活かした「自立」的な森林管理を目指しているのである。

　「土佐の森方式」の特徴は，バイオマス利用に着目し，これまで廃棄されていた林地残材を収入に結びつけたことである。いわば足元を見つめ直すことが森林管理の進捗に結びついており，特別な技術が必要とされるわけではない。森林資源の利用は CO_2 削減につながると同時に，間伐実施によって森林の健全性も保たれることを保証している。間伐材がお金に替わる仕組みがなければ，自伐林家の活動は継続しえない。「土佐の森方式」は地域の間伐材を地域エネルギー利用に直接結びつけることで，突破口を開いている点が評価できる。この仕組みがあったことが道志村での応用にもつながっている。森林資源の適切な使用が森林の再生，ひいては源流域水資源保全に資する，という経験知に基づき，地域資源である間伐材の循環が生み出されている[注19]。

(2) 間伐地登録制度　「どうし森づくり事業」

　道志村内で間伐をしたいが高齢などの理由でできない森林所有者と，森林整備を支援したい都会の企業をマッチングする事業として，NPOがコーディネーター役を果たしている。山梨県内では，すでに2009年度から「やまなし森づくりコミッション」という同様の事業が県担当部局と公益財団法人・山梨県緑化推進機構・県内各団体を中心に行われている。上述の制度は，「やまなし

森づくりコミッション」の村内版である。県全体の制度を効率的に利用するため，横浜市との結びつきなど道志村の歴史的・地理的背景を考慮して，NPOが独自にマッチングに取り組むほうが利が多いと判断したためである。ここでは，横浜市との連携がプラスに作用している。なお，県の「やまなし森づくりコミッション」による CO_2 認証制度への橋渡しも NPO が行っている。県に任せきりではなく，NPO が村から発信できる取組みを積極的に行っている。

事業の内容は，「森林所有者，支援企業及び役場で『森林整備協定』を締結し，森林整備・保全活動」を行うことである。村民の費用負担は一切ない。森林所有者の条件は「1ha 以上の協力地を提供できる」ことであり，対象期間は 3～5 年である。

2012 年 4 月現在，村内 8 カ所の森林が登録されており[注20]，そのうち 3 か所に相手企業の支援が得られた。例えば，ある私有山林約 5ha は公益財団法人オイスカ山梨支部と株式会社プロネクサスが支援している。2011～2015 年度に森林整備を行う計画で，2011 年度は 500 m の路網整備を村単独事業で行っている。村も NPO を支援していることがわかる。

最後に，「NPO 道志・森づくりネットワーク」のキーパーソンである中島氏の森林施業，森林に対する技術的見解を付言しておく。中島氏は，針葉樹一辺倒の森づくりは，道志村の地質上，岩盤が浅くかつ針葉樹が浅根性であることから，防災上，水源涵養上，好ましくないと考えている。2011 年 9 月の豪雨が村内各地で崩壊地，根返りを発生させた経験が，彼のこの見解を補強することとなった。根返りとは風により根が地面から抜けたり，浮き上がったりすることである。同 NPO の目指す森林は，人工林において植栽時 3000 本/ha であった立木密度を 10% ずつ間伐し，最終的には 300 本/ha で 100 年生を目指すものである。間伐によって，自然更新（鳥獣による種子散布を期待）による広葉樹を林内に誘導するという横浜市水源林の管理方針に沿っている。政府や県の施業指針に頼らず，独自の施業目標を持ち，技術面での「自立」も着目できる。

3-3 「水源の郷」を目指す森林・林業分野以外の取り組み

人口 1900 人，その約 30% が 65 歳以上という高齢化が進む道志村において，

地域の「生活」「暮らし」をどのように成り立たせていくかは，ゴルフ場問題後20年を経た現在でも地域の基本的な課題であり続けている。ゴルフ場問題後，横浜市が村に対して提示した「ゴルフ場代替案」には「振興策への協力と相応の負担」の項があり，横浜市が相応の負担を行っていることはすでに述べたとおりである。しかし「振興策」は，他から与えられるものではなく，村自ら内発的に模索すべきものである[注21]。以下では，村内に眠っていた地域資源を発掘し，新たな付加価値を与えて発信している胎動を紹介する。
　道志村はクレソンの出荷量日本一として有名だが，地域の農業の未来は不透明である[注22]。村内400 haの農地のうち，現在300 haが耕作放棄地といわれる（表1，参照。ただし，聞き取り調査による数字のため，表と数字が異なる）。この課題への意欲的取り組みが村行政・住民の双方から始まっている。
　道志村の耕作地は現在70 ha程度，専業農家は10軒程度である。栽培作物は飯米または自家用の野菜である。耕作放棄の要因は，高齢化，若年層の村外流出，傾斜などの地理的条件の不利さ，獣害，高度経済成長期の農業に比べた林業の優位性など，と村では分析している。道志村は山間地域であり，いわゆる農業振興地域などの指定がないことも農業の継続を困難にしている。近年，村では産業振興課を中心に村職員が自ら耕作放棄地の農作業を担い，景観植物であるナタネ，手間のかからないタラノメなどの栽培を行ってきた。
　道志村で特筆すべきは農業生産法人による農業および加工品の生産である。村内に農業生産法人が2つあり，その1つの農業生産法人「どうし食と農の環」は2007年に設立され，大豆の栽培と豆腐の製造を行っている。
　この法人の代表者は，以前は畳屋を営んでいたが，経済状況の変化等により廃業を余儀なくされた。5年前，幼少時代に食べた「縄で縛れるほど固い」道志の豆腐の思い出を動機として，道志の清涼な水を活かした豆腐の生産を決意した。村内には，幸い在来種の大豆のタネが保存されており，その4 kgを譲り受けて生産をスタートさせた[注23]。現在10 haの農地を所有し，5 haの大豆畑で年間7〜8トンの大豆を生産し，「道志　道の駅」に隣接した店舗で豆腐等の販売を行っている。10 haすべてに大豆を作付けしないのは輪作体系を取っているためで，大豆の間作としてソバやマコモダケ[注24]を栽培している。従業員は現在6名で，平均年齢は27歳，農業協力隊が2名，緊急雇用対策事

業による雇用が1名となっている。うち村内者は4名である。事業も5年目に入り，ようやく黒字となった。当農業生産法人での勤務を経て独立した従業員もおり，その資本は当農業生産法人が出資している。また，都市との交流も重視しており，マコモダケの植え付け，修景のための花苗の植え付けなどは外部参加者を募って行っている。

　Bの取り組みは，道志村の活性化とともに，豊かな水資源や在来種の大豆など地域資源を活用するものと評価できる。また，ともすれば「官」や補助金に頼りがちな流域保全の取り組みに「民」として積極的に参加し，都市との連携や地域資源の再発見によって将来を切り開いていこうとするものである。

4. 地域連携による流域管理にむけて

4-1 財政をはじめとする国，都道府県と市町村の役割分担・連携

　本章で取り上げた水源林は，下流・水道利用者の水道料金から上流の森林管理・流域管理費用を支出する制度・仕組みである。このような制度・仕組みは，下流に大都市が立地する流域であれば有効に機能する可能性がある。山梨県の東京都水源林や横浜市水源林はその典型的事例であろう。今日の東京都水源林や，1990年代からの神奈川県水源の森林づくり事業は，域内私有林の買い取りを検討または実行している。このような動きは，森林の公益的機能に着目した第2の水源林形成ともいえる。森林の公益的機能発揮のために下流や都道府県が積極的に関与していく可能性は現実のものとなっている。このような森林の生態系サービスに対する支出の際，重要となるのは科学的裏付けである（高橋，2006）。特に水源地域が，森林管理のみならず，排水対策等でも包括的・総合的な流域管理に取り組むことは，下流域からの支出を正当化することにつながる。

　また，都道府県と市町村の相互連携は森林管理・流域管理のみならず，シカ害のような県境を越えた問題には効果的であることも示唆された。

　その一方で，わが国では下流に大都市を抱える流域は一部であり，水源林の制度・仕組みをすべての流域に援用できないという限界がある。たとえば，冒頭で述べた森林環境税の税収規模も県によって2～44億円／年と大きな差異が

ある。大都市の立地していない流域の森林をどう管理していくのか，水源林の制度・仕組みだけでは捉えられない。石川県輪島市では，旧門前町大釜地区において，産業廃棄物処分場計画を地元集落側が誘致したという。地元ではもはや限界集落以上の衰退が進んでおり，全世帯が他流域への移転を決めた（2011年8月21日，輪島市役所担当者へのインタビューおよび碇山（2008））。この背景には，流域が狭小であり，下流に直接の水利用者が不在で，処分場計画に対し目立った反対運動が見られなかったことも影響しているという。下流に大都市を擁しない流域は見捨てられるのか，との疑問が残る。「水源サミット」のように，水源地域同士が連携していくことによって，一つの可能性が見出されるかもしれない[注25]。

また，下流からの交付金・寄付金に依存することの問題点も無視できない。東京都水源林の事例では，もはや森林の入会利用が薄れ，東京都水源林からの交付金・寄付金や入会の歴史に対し認識が薄れていることを指摘した。入会が単なる既得権益でなく，現代に生き続けるためには，後述する地域資源の利用も欠かせない視点となる。

4-2 森林管理・流域管理の技術

国有林に先がけて針広混交林化を打ち出した東京都水源林・横浜市水源林の森林施業は独自性を持っていた。このような技術的革新性は森林管理に多くの人的資源を投入できる大都市ならではの強みといえる。東京都水源林でいえば，職員全体の減少に対し，林務職員の減少は比較的少ない傾向にある。1971年以降，東京都水源林の職員数は，最多時の1973年と比較すると，2009年現在，職員総数では50％に減少しているが，林務職員は80％への減少にすぎない[注26]。東京都や神奈川県のように人口稠密な都市部と西部に森林地帯の広がりを持つ都県では，比較的財政の豊かな都市部が人材面から周辺部の森林管理を支えているという側面がある。

また，道志村の事例からは横浜市水源林とNPO道志・森づくりネットワークの間に森林管理の技術的一貫性が見られた。この二者の人的つながりとともに，流域森林管理は水源林・民有林双方の管理が面的広がりを持つことで機能を高め，かつ正当性を持つことがこの事例から推察できる。一方，「土佐の森

方式」に見られるように，水源地域同士が技術やよい実践を通じて直接つながる事例も見られる。

4-3 地域資源利用

　東京都水源林や横浜市水源林の事例から推察されるのは，地域にある資源を使う・利用することで価値が生まれ，資源そのものへの関心が高まっていくという正の循環である。

　水源地域には，いうまでもなく「水」という地域資源がある。それを下流のために供給し続けたのがこれまでの水資源開発の歴史であった。このため，ダムによってふるさとが水没する，回遊魚の遡上が妨げられるといった損失を水源地域は引き受けてきた（泉，2011）。水源地域こそ，水資源の豊かさ・清冽さを最大限に享受できる地域であるべきだ。現在，いくつかの水源地域では，「水利権の壁」を越えて小水力発電への展開が期待されている。歴史的にみれば，道志村では，1940 から 50 年代にはダム建設に伴うアユ資源の永年補償を実現させ，また，山梨県による水力発電計画を中止に追い込んだ。1990 年代にはゴルフ場建設を見送った経緯がある。清流や地域資源が失われる危機は戦後何度か訪れたが，水源地域の人々は，その都度，下流へ足を運び，あるときは政治的チャンネルを駆使して，その危機を乗り切ってきた。水源は水源地域の人々によって守られてきたという一面を持つ。その一方で，水質保全・水量維持のために水源地域が努力できることも，生活排水対策の見直し，サステイナブルな生活様式への転換など，まだ残されている。真に持続可能な水資源の利用と保全を先導するのが水源地域であろう。本章では，そのいくつかの今日的萌芽について紹介を行った。

　横浜市のボランティアグループ「道っ木ぃ〜ず」は水・木材という地域資源に付加価値を見いだし，自らの水源地域の森林を自らの手でよみがえらせ，森林環境と水質双方を保全する活動を行っている。農業生産法人「どうし食と農の環」は大豆という埋もれた地域資源を発掘し，休眠状態であった農地をよみがえらせ，水を使って加工することで高付加価値化に成功した。模索段階ではあるが，シカ肉の有効活用の動きもあった。

　水源地域に必要なのは地域資源を見いだし，発掘すること，それを下流域な

どとの連携のなかで利用し続けていくことであろう。
　他方,「はじめに」でも触れたように,流域を単位とした地域間連携には限界もある。離島,あるいは下流域に都市が発達しない流域の水源地域をどう展望するか,筆者は今のところ明確な答えを持たない。
　本書の第1章（佐無田論文）では,国民経済の立場から,また第3章（除本論文）では「ふるさと」固有の価値存続の立場から,さらに第6章（羽山論文）では野生生物管理の立場から,農村地域や中山間地域に人が係わり続けることの意義を問うている。筆者は,これに水源地域と水資源・流域環境保全の視点を付け加えたい。
　水資源は,わが国が,見かけ上ではあるが,今のところ「自給」しうる資源の一つであり,その多くが河川によっていることも国際的にみて特徴がある。加えて,河川環境と生物多様性も強い相関を持っている。その水資源保全・河川環境の維持にもっとも貢献しうる土地利用が森林であり,ここ数十年で急速に減少した水源地域の耕地面積からは耕地の森林化も推察できる。しかしながら,森林は開発の対象や廃棄物処理の引き受け場所としても機能してきた。見かけ上の森林率は変化しなくとも,森林の林相や他の土地利用との交代という変動が存在している。筆者は,森林を森林のまま持続的に管理していくことが低コストで効果的な流域の水資源の保全につながると考える。水源地域を,高齢化と人口減少,耕作放棄が進む過疎地域として一面的にとらえることは避けたい。本章では,清浄で豊富な水資源の供給者・守り手としての水源地域の新しい拍動を見いだすこともできた。森林を残存させ,水源地域で環境低負荷型の暮らし・仕事が成り立つことは,水資源・流域環境保全に資することであると訴えたい。

［注1］代表的なものは東京財団による平野・安田（2010）である。
［注2］早くも大正年間の水源林経営計画では水源林が東京市民の風致・レクリエーションの場として機能しうることを記述している。
［注3］2012年7月31日,東京都水源林担当者の話による。水源林内登山道の安全管理は土地所有者である東京都水道局の課題でもある。
［注4］『東京都水道事業年報』各年度より。

[注5] 山梨県みどり自然課（2012, 16 頁）より。なお日吉（2011, 23 頁）からも同様の傾向が見られる。両者の数字に齟齬があるのは，前者は他県の狩猟免許登録を受け，山梨県内で猟を行う登録者を含み，後者は県内の狩猟免許登録のみをカウントしているためと推察される。両文献を比較すると 1900 年代から現在にかけて約 1000 人が山梨県外居住の狩猟免許取得者で山梨県内へ入り込んで猟を行っていると推察される。
[注6] たとえば，山梨県みどり自然課（2012, 15 頁），2012 年 3 月 2 日，小菅村担当者の話による。
[注7] 2012 年 9 月 28 日，山梨県みどり自然課による。
[注8] 2012 年 9 月 4 日，山梨県みどり自然課による。
[注9] 東京都水道局での正式名称は「森林管理単軌道」で主に乗用であり，森林作業就労者の就労環境改善のために設置された（東京都水道局, 2005, 33 頁）。東京都水道局 OB で水源林管理事務所の所長を務めたこともある島は「林道ほど豪雨で森林の崩落を助長させた森林施設はない」と述べている。彼の主張はロープウェイの敷設であったが，モノレールの敷設の背景にはこのような技術者の知見が生かされているものと推察される（島, 2002, 308 頁）。
[注10] 財産区は市町村合併前の町村有財産（公有財産）について，合併後もその区域が中心となって財産を管理するための制度である。（泉ら, 2011）。萩原山および神金財産区は山林の入会権（入会慣行）をその財産として形成された財産区である。
[注11] 神金財産区管理会の記念碑（1942 年建立）より。
[注12] 昭和の大合併で旧神金村は旧塩山市に合併されたが，その際，旧村の財産は旧村に属することが条件として認められたという。
[注13] 桂川は相模川の支流であり，神奈川県の重要な水源河川である。桂川流域下水道の運用に当たっては神奈川県からの補助金が投入されている。
[注14] 泉（1996）で述べたとおりである。
[注15] 道志村漁業協同組合は当時ゴルフ場建設に反対の立場をとった。内水面漁業者や釣り人が淡水魚族や河川環境の代弁者となる事例である（宇沢他, 2010, 12 章）。
[注16] 泉（2011b）に詳しい。
[注17] 2012 年 12 月 28 日『山梨日日新聞』「すけっこの流儀　助け合いの村③」。
[注18] 道志村資料による。
[注19] 「道志の湯」では，東京電力福島第一原子力発電所の事故後，山梨県内でも薪ストーブの灰から高濃度の放射性物質が検出されたことから，焼却灰の利用を見合わせている。原発事故による放射能汚染はバイオマス利用に影を落としている。
[注20] 1 カ所の森林に複数の土地所有者がいる場合がある。
[注21] 村自らが内発的に模索するこのような取り組みは，本間（2007），大江（2008）

らの「地域再生」論，結城（2009）の「地元学」にも通じるであろう。
[注22] ここで，「生産量」でなく「出荷量」となっているのは，村内外に複数の圃場を持つ農家が多いからである。7℃以下ではクレソンは生育しないため，寒冷な道志村で夏季の生産を行い，温暖な富士南麓で冬季生産を行っている農家が多い。
[注23] 2012年12月29日『山梨日日新聞』「すけっこの流儀　助け合いの村④」。
[注24] マコモダケは東京都水源林の地元村である小菅村も積極的に栽培に取り組む，大気や水を浄化する働きがあるといわれる。
[注25] たとえば山梨県では小菅村，丹波山村，早川町，道志村の4町村が「水源地ブランド」と題して，オフィス什器メーカーのイトーキと協働で木製オフィス家具の開発に取り組んでいる。2013年3月4日『山梨日日新聞』「印伝や和紙とコラボ山の姿を家具で表現」。
[注26] 『東京都水道事業年報』各年度より。

参考文献

畦倉実（1986）『水源林の四季　朝日ブックレット74』朝日新聞社。
碇山洋（2008）「ゴミに埋まることを選んだ村——『限界集落』輪島市大釜の産廃処分場誘致に関わって」『環境と公害』37巻4号，67-68頁。
泉桂子（1996）「東京都水道水源林および横浜市道志水源かん養林における経営計画の変遷」『森林文化研究』17号，107-122頁。
――――（2011a）「道志のアユが教えてくれたこと」『山林』1520号，6-12頁。
――――（2011b）「第2章　横浜市水源林の誕生とその後」，佐土原聡ら編著『里山創成』創森社，122-135頁。
――――（2013）「スモー国際会議『森林管理，地域活性化，地表水及び地下水の保全をいかに結びつけるか』（フランス，クレルモン・フェラン市）に参加して」『林業経済』776号，23-27頁。
泉留維・斉藤暖生・浅井美香・山下詠子（2011）『コモンズと地方自治――財産区の現在・過去・未来』日本林業調査会，11頁。
宇沢弘文・大熊孝（2010）『社会的共通資本としての川』東京大学出版会。
塩山市史編さん委員会（1995）『塩山市史　資料編第3巻近・現代』。
大江正章（2008）『地域の力――食・農・まちづくり』岩波新書。
大野晃（2005）『山村環境社会学序説――現代山村の限界集落化と流域共同管理』農文協。
島嘉壽雄（2002）『森とダム――人間を潤す』小学館スクウェア。
高橋卓也（2006）「先進国における大都市水源林管理の比較研究――ニューヨーク，バ

ンクーバー，東京の事例から考える」土屋正春・伊藤達也編『水資源・環境研究の現在（板橋郁夫先生傘寿記念）』成文堂，389-414頁。
東京都水道局（2005）『第10次水道水源林管理計画』。
東京都水道局『水道事業年報』各年度。
中島建造（2012）「現場からの「森林・林業再生プラン」」『季刊地域』10号，51-59頁。
萩原山恩賜県有財産保護組合（1959）『萩原山恩賜県有財産保護財産管理会沿革及び事業概要』。
日吉晶子（2011）「野生動物保護管理における狩猟者の意義と課題に関する実証的研究」都留文科大学社会学科卒業論文。
平野秀樹・安田喜憲（2010）『奪われる日本の森』新潮社，218頁。
本間義人（2007）『地域再生の条件』岩波新書。
諸富徹・沼尾波子編（2012）『水と森の財政学』日本経済評論社。
山梨県みどり自然課（2012）『第2期山梨県特定鳥獣（ニホンジカ）保護管理計画』。
結城登美雄（2009）『地元学からの出発――この土地を生きた人びとの声に耳を傾ける』農文協（シリーズ地域の再生1）。
依光良三編著（2003）『破壊から再生へアジアの森から』日本経済評論社。

第 6 章

野生動物問題と自然資源管理産業の可能性

羽 山 伸 一

はじめに

　人間は，自然資源を管理することで，今日の繁栄を築いてきた。ここでいう「自然資源」とは，自然生態系を構成するあらゆる生物や大気，水，土壌などを含み，これらからの恵み（これを生態系サービスという）なくして，人間の生存はありえない。これは，人間の生存基盤である農林水産業が自然資源に依存しているからである。すべての家畜や農作物は，野生生物を人間が育種繁殖してつくりあげた人工の生物だ。また，林業や水産業における収穫物も，同様にして，人工的に栽培した生物や野生生物である。だからこそ，人間は自然資源を管理し続けてきた。
　こうした背景から，長い人間の歴史を通じて，自然資源を管理する担い手は農林水産業の担い手とほぼ等しかった。かつては地域住民の大半が農林水産業に従事していたことを考えると，自然資源管理の担い手は地域住民自身であったと言い換えてもよいかもしれない。わが国では，農林水産業の生産現場だけに限っても，その面積は国土の半分以上を占めるため，国土保全は地域住民の業で維持されていたことになる。
　しかし，近代化以降，農林水産業をふくむ産業の分業化や専業化，土地の私有化あるいは社会的な自然資源利用の大規模化などに伴い，自然資源はその構成要素ごとに管理者や管理目的が固定することとなり，かつて「百姓」として多様な自然資源を管理する担い手であった地域住民も，単なる個別産業の従事者かつ土地の所有者となった。

このように社会構造が変化した後，とくに1990年代以降，農林水産業の衰退と従事者の高齢化，過疎化が急速に進行し，地域の自然資源を管理する担い手が不在となりつつある。このまま放置すれば，農林水産業の生産現場が維持できないばかりか，生物多様性や国土保全など公共財としての生態系サービスが損なわれていく。すでに，手入れ不足の人工林からの表土流出，管理放棄された竹林の分布拡大による森林枯死，捕食者不在のシカやイノシシによる農林業被害の増加や分布拡大による生態系影響などが顕在化し，一部では都市を含む地域や住民にまで影響が及び始めている。

人間社会が存在し続けるためには，自然資源は誰かが管理し続けなければならない。一方で，かつてのように農林水産業がその役割を対価なしに内在させることは不可能となっている。むしろ，農林水産業従事者やあらたな参入者が業として自然資源管理を行い，その受益者である消費者や納税者がコストを支払う必要がある。本章で主張するのは，農林水産業から自然資源管理産業への転換である。以下では，自然資源のうち，とくに緊急に解決が求められるようになってきた野生動物問題に焦点をあて，そこからアプローチした産業論を提示したい。

1．なぜ野生動物問題か

自然資源管理の産業化というテーマを野生動物問題から論じるのは，取り組むべき緊急性が高いという理由による。なお，ここでいう「野生動物」とは，主に分類学的に人間と近い哺乳類や鳥類を指す。

1-1 被害問題

まず第1に，野生動物は，分類学的な背景もあって人間と同じ資源を要求するため，同所的な共存が困難であるからだ。農業では農作物，林業では植林木，水産業では魚などを，人間は野生動物と奪い合う関係となる。したがって，これまで主にこれらの動物と棲み分けるか，人間の土地に侵入する個体を捕獲する対策が行われてきた。

そもそも，農林水産業の歴史は，野生動物との闘いの歴史でもあった（羽山，

2001)。とくに近代の山村では、莫大な資金と労力をかけて長大な「シシ垣」を造営し、さらに見張りや捕獲者を雇用していた。これらは、時の支配者や地域共同体による財政支出がなされており（花井，1995，52-65頁），かつてのわが国では，野生動物被害対策は一種の公共事業として位置づけられていたといえる。

　しかし，現代ではこうした管理の体制が崩壊し，捕獲の担い手である狩猟者も1970年代の50万人をピークに減少が続き，現在では10万人を下回っている。しかも，高齢化が著しく，その半数以上が60代以上となっている（図1，参照）。捕獲者や山村住民の高齢化，過疎化に伴い，野生動物による被害問題は深刻化し，農作物被害額だけでも年間約230億円に達し（平成22年度，農林水産省調べ），さらなる耕作放棄が進行している（図2，参照）。

　森林被害については，新たな植林面積の減少などで被害面積も漸減し，最近では年間6000 haにとどまっているが，加害動物別にみると，年々シカによる割合が増加している（図3，参照）。このことは，単に植林木の被害だけではなく，シカの採食によって下層植生が後退し，その結果として土壌流出あるいは斜面崩落などの危険性があることを意味している。

　さらに，水産業においても野生動物による被害は深刻化しており，トドやアザラシ等の海獣類による漁具の破損や水揚げ量の減少等は年間10～15億円あまりが報告されている。また，内水面におけるアユ漁業では，カワウによって放流稚魚などが捕食され，全国内水面漁業組合連合会によると年間70億円以上の漁業被害が発生している。

　一方で，被害対策としての野生動物の捕獲頭数は年々増加し，シカとイノシシだけでも，年間80万頭を越えている（図4，参照）。しかし，個体数を減少させた地域は少なく，おそらくこの数倍を捕獲する必要があると予想されるが，上述のとおり狩猟者の激減により，その余力はすでにない。結果的に，野生動物の生息範囲は中山間地域から平野部へ拡大しつつあり，近年では都市部への侵入も珍しくなくなっている。

1-2 絶滅危惧種問題

　第2に，野生動物は，上述のように人間と敵対する関係にあったため，他の

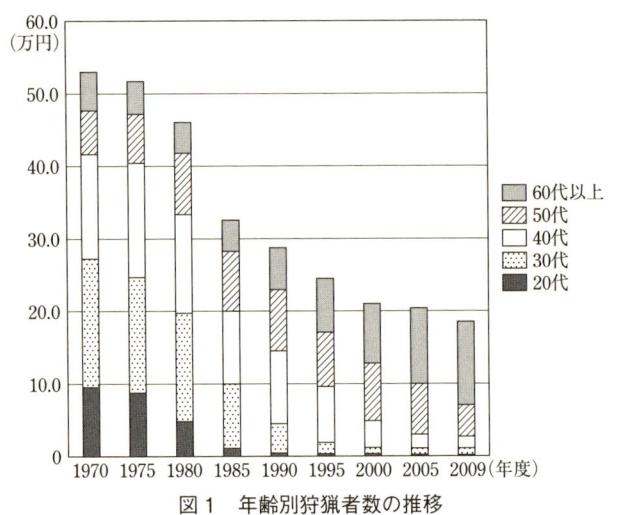

図1 年齢別狩猟者数の推移
注）環境省資料より作成。

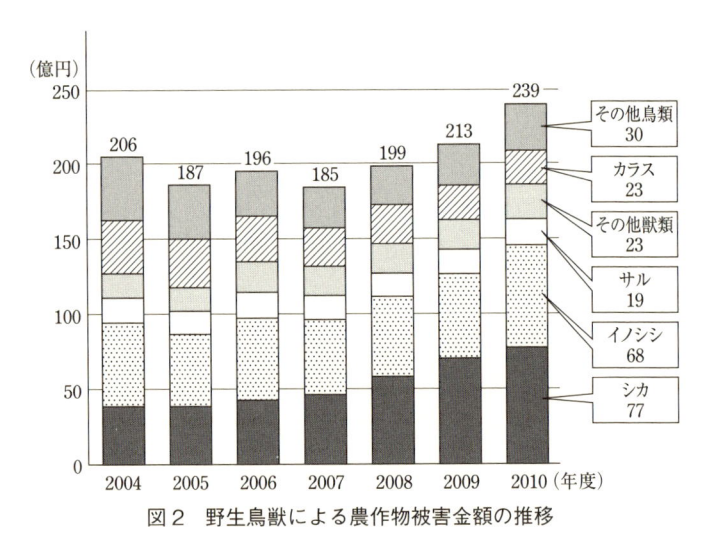

図2 野生鳥獣による農作物被害金額の推移
注）農林水産省資料より作成。

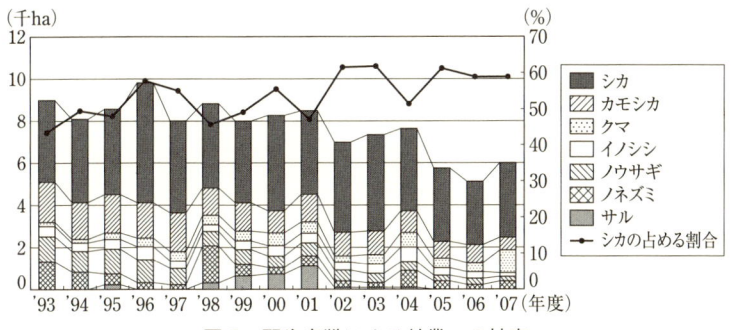

図3 野生鳥獣による林業への被害
注）林野庁「業務資料」より作成。

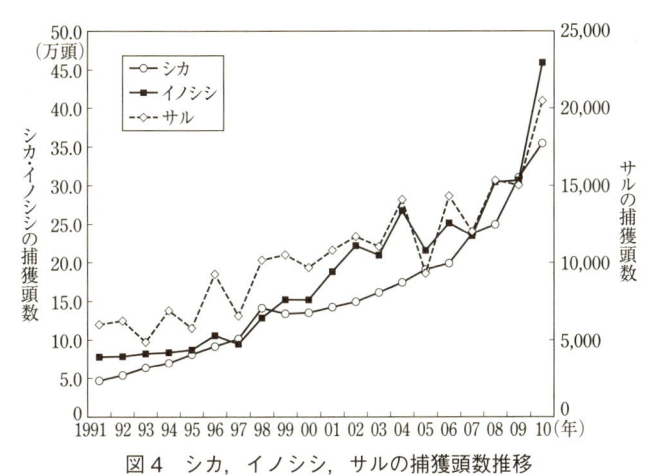

図4 シカ，イノシシ，サルの捕獲頭数推移
注）環境省資料より作成。

野生生物に比べて絶滅するリスクが高いからだ。実際，明治期に入って野生動物の乱獲が起こり，大型の野生動物はことごとく人里から追いやられてしまった。そしてオオカミ，カワウソ，アシカ，トキ，コウノトリなどはつぎつぎと滅ぼされていった。彼らは，すべて人間の生活圏に生息していた捕食者たちである。かろうじて絶滅を免れた猛禽類なども，いまだに回復できていない。

こうした大型野生動物は繁殖力が低いため，他の野生生物より慎重な管理が求められる。また，当然のことながら，捕食者を失った生態系では食物連鎖のバランスが崩れ，多くの野生生物に影響が波及して生物多様性が損なわれる。したがって，このような絶滅種や絶滅危惧種を回復させることが急務であり，これは従来のような規制的な手法ではなく，積極的に人間の管理が必要とされる。

国外では，30年以上にわたって，生態系の復元などを目的に絶滅種の野生復帰が試みられてきた。わが国でも，2005年から兵庫県豊岡市でコウノトリ，また2008年から新潟県佐渡市でトキの野生復帰が試験的に始まっている。

さらに，すでにバランスが崩れてしまった場合には，その生態系を人為的に回復し，維持しなければならない。たとえば，全国に拡大するシカ問題は典型である（羽山，2007，38-46頁）。捕食者を人間が滅ぼし，また人間による捕獲圧が減退したことでシカが高密度化し，さらにシカにとっては本来の生息地ではない高山地帯に定着して，自然植生に甚大な影響を与えるようになった（写真1，写真2，図5，参照）。植生が破壊された地域では，表土の流出も著しく，この生態系の基盤が失われれば，将来にわたって植生のみならず生物の多様性を回復させることができなくなってしまう。もはや，シカの管理のみなならず，自然の再生を人間の手で行う必要がある。

1-3 感染症問題

第3に，野生動物は，狂犬病や高病原性鳥インフルエンザ，あるいは口蹄疫など人間や家畜と共通の深刻な感染症を伝播させるため，こうした感染症の制御には野生動物の管理が欠かせないからだ。これらの感染症は，経済のグローバル化と表裏一体で，近年になって急速に世界的な課題となってしまった。加えて，地球規模で深刻化しつつある外来生物問題も，感染症の拡大や蔓延と切

写真1　シカ（筆者撮影）

写真2　シカの食害を受けた植生（筆者撮影）

図5　シカ影響度マップ
注) 植生学会企画委員会 (2011) より転載。

り離すことができない。なぜなら，これらの感染症の病原体は，多くの場合，輸出入される動物によって意図せず伝播されるからだ。その意味で感染症問題は，これまでに人間が直面したことのない，あらたな野生動物問題である（羽山，2008a，125-146頁）。

　ところが，わが国では，こうした野生動物の感染症対策を所管する行政部局も法律もほとんど未整備のままである。当然，感染症対策のために野生動物を管理する担い手もほとんどいないのが実情である。

　以上のように，野生動物問題は放置できない状況であり，自然資源の中で人間が管理すべき優先順位はとりわけ高いと考えられる。一方で，野生動物を管理するということは，野生動物が生息する環境の自然資源を含めて管理する必要が生じるため，結果的には自然資源総体の具体的な管理につながる。これは，種アプローチと呼ばれる生態系管理の一手法であり，管理体制やシステムを構築するにはもっとも実際的と考えられる（羽山，2006，97-123頁）。次節以降では，こうした野生動物問題を解決するための管理体制やシステムを産業化する必要性と今後の課題について論じる。

2. 野生動物管理の考え方

　わが国では，歴史的に農林水産物以外の自然資源管理に関する法制度がほとんどないため，当然，その管理体制やシステムは未整備のままであった。ようやく，1999年の「鳥獣保護及狩猟ニ関スル法律」（現在は「鳥獣の保護および狩猟の適正化に関する法律」。環境省所管。以下，鳥獣保護法）改正に始まる野生動物政策の転換で，新たな生態系管理の考え方であるワイルドライフマネジメントが導入された（羽山，2000，196-202頁；羽山・坂元，2000，33-39頁）。ワイルドライフマネジメントとは，人間，野生動物，土地（生息地）の関係を適切に調整することである。しかしこれは，単にこれらの関係を調整するための科学や技術を意味するにとどまらず，人間社会さらには地球環境まるごとを経営する思想であり，システムである。

　従来，野生動物に関わる施策は，被害問題の解決策として個体数を減少させることに終始してきた。しかし，これでは被害地域から対象動物を絶滅させない限り，被害をなくすことはできない。それに対して，ワイルドライフマネジメントでは，科学的な調査に基づき，合意形成された目標を計画的に達成させる。こうしたシステムをわが国に導入することで，被害問題を解決するばかりではなく，地域の野生動物を健全に保全することが可能になると期待された。

　しかし，ワイルドライフマネジメントでは土地利用の制御が重要なのだが，わが国の法制度では，土地所有者に野生動物への配慮義務があるわけではない。本来は，ワイルドライフマネジメントはランドマネジメント（土地管理）の一部であり，土地所有者や土地利用計画権者が主体的に行うべきものなのである。

　野生動物をはじめ，森林や河川などの自然を相手にしたマネジメントでは，当初の計画を実行しながら必ず科学的なモニタリングを行い，その計画を評価して必要があれば見直す（フィードバック）という，試行錯誤を取り入れた循環型のシステムのほうが破滅的な失敗を防ぎやすいので，合理的である。なぜなら，自然の持つ特性として，われわれは自然をすべて理解できるわけではなく（不可知性），また自然の変化は予測不能なこと（非定常性）が多いからである。こうした，状況に応じて軌道修正するシステムを順応可能な管理（順応的管理）と呼び，今日では広く自然生態系のマネジメントに応用されている

(柿澤, 2000；羽山, 2008b, 75-84頁；羽山他編, 2012)。

　従来，行政判断には誤りがないという前提で，開発計画などの多くは一旦決まると歯止めがかからなかった。ところが，自然相手の計画は，そもそも人知を超えたものと認識されるようになり，計画が不確実であることが当然となってきた。しかしながら，このようなシステムを行政が取り入れるには，その計画の不確実性を補完する説明責任が必要となる。また，十分な情報公開のもとで，計画への市民参加を保証しなければ，納得は得られない。自然に関わる問題で，このような仕組みを制度化したものは未だに少ないが，鳥獣保護法では，都道府県が管理対象とする野生動物を定め，特定鳥獣保護管理計画を策定すると，法の規定を超えて地域が主体的に順応的管理を実行できるようになった。

　さらに，2008年には鳥獣被害対策特別措置法（農林水産省所管）が施行され，市町村があらかじめ都道府県と協議した被害防止計画を策定した場合，地域の実情に応じた捕獲等の対策実施，国からの財政支援，捕獲実施隊の狩猟税減免措置，等が受けられるようになった。

　一方で，これらの制度では，管理の担い手は被害者や狩猟者を想定しているが，これまで述べたように，すでにこれらの主体に管理能力を期待するのは困難な状況である。

3. 新たな産業としての自然資源管理

　担い手不足によって管理不能に陥る状況は，農林水産業を含めた自然資源管理全般に共通する問題で，中山間地域で「限界集落」や「極限集落」といった言葉が生まれて久しい。地域コミュニティや地域産業の維持といった観点からは，撤退という選択肢もあるのかもしれない。しかし，少なくとも野生動物問題の観点からは，撤退という選択肢はない。だれかが自然資源を管理し続けなければ，問題が他の地域に拡大してしまうからである。

　すなわち，野生動物，ひいては自然資源を管理することによる受益者は地域住民に限らず，都市住民を含めた国民全体に及ぶ。したがって，自然資源管理という業は公共的な性格を強く持っている。また，生物多様性条約により，1995年に策定されたわが国の生物多様性国家戦略では，野生動物を国民共有

の財産と宣言し，あらゆる野生動物の種および個体群とその生息環境を健全に維持することが国民と国家の責務と認識されるようになった。さらに，この精神は2008年に制定された生物多様性基本法に引き継がれた。こうした社会背景から，自然資源管理の担い手がいない現状を変えるには，管理を業として行う者に公的資金を投入することが適当であるといえる（羽山，2002，24-28頁）。

こうした管理を行政が主体となって実施するのは，欧米諸国では常識だが，業務の多様化にともなって民間事業者の参入も盛んである（伊吾田他監訳，2011）。わが国でも，少数例ながら同様の動きが出ている。たとえば，北限のサルで有名な下北半島では，一方で天然記念物のサルによる農作物等への被害対策に長年にわたって苦慮してきた。2009年に地元市町村（むつ市，大間町，風間浦村，佐井村）や民間団体で構成する「下北半島のニホンザル被害対策市町村等連絡会議」を設立し，国の資金等を利用しながら専従職員を雇用するなどして，野生動物対策を事業化している。

さらに，農林水産業もそのあり方次第では地域の自然資源管理業の役割を果たすことが可能だ。そもそも，歴史的にみると，地域生産の現場では，意図しているか否かは別として農地も森も海も川も一体的に自然資源を管理していた（内山，2001）。農林水産業を自然資源管理産業に転換するには，生産現場を含めた地域の自然をまるごと維持管理する管理体制とそれを消費者が支える仕組みが必要となる。この仕組みを作ることで，これまで「業」として扱われなかった自然資源を生かした新たな事業を創造することが可能になる。当然，その中には被害対策を含めたワイルドライフマネジメントを事業化することも含まれる（羽山，2010a，259-293頁）。

従来の農林水産業の現場では，野生動物による地域生産への影響を「被害」と位置づけ，それに対する対策は，「駆除」や「保険，補償」というものに終始してきた（図6，左，参照）。しかし，天災をはじめとする被害一般に対して100％補填する制度はない（たとえば，農業災害補償制度でも基準収穫量の70％が限度）。一方で，絶滅のおそれがある野生動物に対しては，捕獲禁止による規制的手法で種の回復を期待する政策が行われてきた。しかし，一定水準以下に個体数が減少した野生動物を放置するだけで回復させることは難しい。これでは，野生動物も地域生産も，永久にマイナス・スパイラルで先細るしかなく

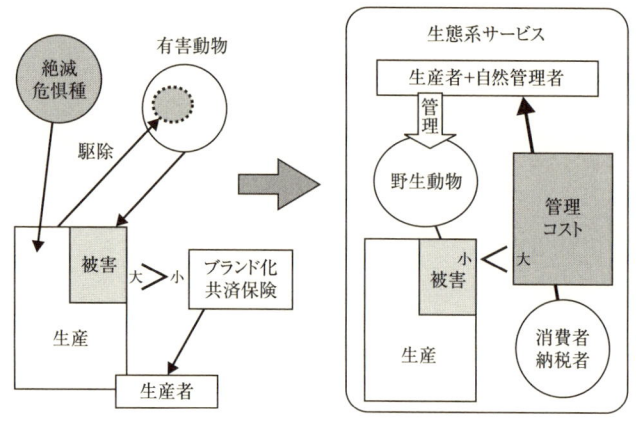

図6　被害者から自然管理者へ

なってしまうのである。

　自然資源管理産業化した場合，野生動物と地域生産との関係性を「生態系サービス」と位置づけ，サービスの受益者を広く国民に求めるものである（図6，右，参照）。これは前述したように，国民が野生動物を公共財産として認めたこと（ニーズ）に裏付けられるものであり，地域生産はサービスを提供した当然の見返りとして公的資金を受けるわけだ。これは，生態系サービスを提供した生産者にのみ与えられるべきもので，EUでの環境直接支払いと同様の政策である。

　加えて，さらなる生態系サービスを期待する特定の国民や法人からは，地域生産に対する消費や投資を得ることもできるだろう。たとえば，茨城県江戸崎町にある絶滅危惧種オオヒシクイの関東最後の越冬地を守るため，民間団体であるヒシクイ保護基金（茨城県牛久市）が地元農家と生産・販売を行っている「オオヒシクイ米」を皮切りに，兵庫県豊岡市から始まった「コウノトリ育む農法」による多様な農産物など，全国各地で「野生動物ブランド」による農産物が生産・販売されるようになった。現在では，生物多様性の保全を目的とした取り組み事例は全国で37事例にのぼる（2010年4月現在，農林水産政策研究所

調査)。

　さらに，新潟県佐渡市では，トキの野生復帰を契機に，トキの餌生物をはぐくむ農法を普及させ，そこで生産された農産物をブランド化するために佐渡版個別所得補償制度（環境直接支払い）を導入した。とくに水田はトキの重要な餌場となるが，そのためには農薬の使用制限や河川とつながる水路管理などが必要となる。こうした農地の管理状況や餌生物の回復状況などの情報を新潟大学などの協力を得てGISデータベース化し，これをもとに管理者への支払額を評価するという画期的な試みである。このような取り組みは，今後の農業のあり方を根本から見直す潮流を生み，生物多様性の保全のみならず地域における自然資源管理の担い手を育成すると期待される。

　また，岐阜県郡上市にあるNPO法人「メタセコイアの森の仲間たち」は，10年以上にわたって自然体験活動を行ってきたノウハウを生かし，自然を愛する仲間たちを増やしつつ，地域課題（過疎・高齢化・里地里山の荒廃など）にも率先して取り組み，課題を仕事に変え，雇用を生み出すことを事業化した。このNPO法人では，環境・食育教育や里地里山の保全活動にとどまらず，スタッフが狩猟免許を取得し，地域の課題であるイノシシの被害問題の解決にも取り組んでいる。あらたな自然資源管理産業として注目される。

4．自然資源管理産業の課題

　農林水産業のあらたな職域を拡大しながら自然資源管理産業に転換していくためには，自然資源の管理費を国民が支払うというコンセンサスが得られなければならないだろう。本章では，その考え方と一部の具体事例を紹介した。

　もちろん，これ以外にも多くの課題があると考えられるが，ここでは，筆者が大きな課題と考えている以下の3点について述べる。

4-1　行政管理官の位置づけ

　本来的には，自然資源の管理者は土地所有者であるべきだが，事実上，その実行能力を期待することができないのが現状である。しかも，歴史上最大の人口規模と稠密な土地利用を行っている現代では，科学的かつ計画的な自然資源

管理が求められ，もはや個人や地域レベルでそれを実行することは不可能である。つまり今後は，管理の担い手は個人や地域でありえても，司令塔としての管理者が必要である。

したがって，自然資源管理の管理者は行政が担わざるを得ないし，公共財としての自然資源であれば，行政にとって管理は当然の責務といえる。これは20世紀後半から欧米諸国では常識的な体制となっているが，わが国では自然資源を統合的に管理する部署もなく，また分野によっては専門技術者すら配置されていない。とくに生物多様性保全に関する分野では，法体系の整備が今世紀に入ってからようやく始まった段階にすぎず，行政の体制整備がもっとも遅れている。

たとえば，野生動物行政部局に配置されている都道府県職員の職種では，大半が行政職員と林業職員で構成され，動物を専門とする職種はほとんど配置がない。これは，もともと鳥獣保護法が林野庁所管であり，また捕獲に関する許認可業務が法手続きの大半であった名残である。しかし，ワイルドライフマネジメントを実行するには，高度な科学的な経験と知識が要求されるため，このような体制で十分な管理は期待できない。

この状況では，公的資金が投入されることで農林水産業従事者やあらたな事業者が自然資源管理の担い手になることは期待できるが，肝心の管理をデザインし，運用していく管理者が不在では実効的な自然資源管理は難しい。法制度上に行政管理官を明確に位置づける必要がある。

4-2 人材育成

本章では，あらたな時代の自然資源管理に，専門的な知識や技術を持った管理者と地域での管理の担い手の双方が必要とされることを述べてきた。しかし，これらはいずれも人材的に不足しており，その人材育成なしに自然資源管理も，またその産業化も難しいと考えられる。

このような人材育成事業に乗り出す自治体や大学は増加しつつある。野生動物対策については，前述の鳥獣被害対策特別措置法が，人材育成を国や自治体の努力義務とした。しかし，育成すべき人材像が未だに定まらず，第三者による技術水準の評価基準がないなど，課題は山積している状況だ（羽山，2010b，

172-177頁)。また，人材育成（入口）と求人（出口）の関係は表裏一体のものであるが，自然資源管理が業として社会に定着するまでは，公的資金を投入して人材育成を行わなければならないだろう。いずれにしても，行政と大学が協力して人材育成とその確保を行う必要がある。

4-3 種の存続を確保する広域管理のしくみ

　自然資源は，それぞれの対象ごとに管理する地域単位を決める必要がある。とくに野生生物では，水や水系に依存する場合には流域単位で，あるいは森林に依存する場合には山塊単位で，というように管理を行うのが合理的である。また，生物は歴史的な分布や遺伝的なまとまりとして地域個体群を形成して生息しているため，その管理は地域個体群ごとに行うことも必要だ。

　しかし，この管理単位と自治体の境界は一致しないことが多く，隣接自治体ごとでの管理方針に齟齬が生じると，効果的に管理できない場合がある。例えば，カワウやシカのように移動能力が高いものや，逆に生息密度が低いクマのようなものでは，市町村単位のような細切れで管理がなされると，対策の効果が期待できず，さらに地域個体群が存続できなくなるおそれもある。したがって，対象となる野生生物種によっては，種の存続を確保することを管理目標とし，複数の自治体や国が連携した広域管理を行う必要がある。鳥獣保護法では，法の基本指針で広域管理の仕組みを提示しているが，法的な義務や広域管理による規制緩和などもないため，実際には形骸化している。

　また，上述した生物多様性保全を目的とした農産物生産などでも，種の存続を管理目標とした取り組みは少ない。たとえば，コウノトリやトキの野生復帰によって米がブランド化されたことで，地域経済には大きなメリットがあったが（大沼・山本，2009，3-23頁），これで野生復帰された種の存続が保障されたわけではない。

　たとえば，トキ1個体に対して必要な餌生物が生息できる水田面積は，約33haとされている（環境省試算）。一方，大型の野生動物で種の存続を確保するには，500～1000程度の個体数が必要と考えられている（国際自然保護連合IUCNのレッドリスト基準）。したがって，単純に計算すると，トキの種の存続には，2～3万haの水田を確保しなくてはならない。しかし，現在のとこ

ろ佐渡市が認証した水田は約1300 ha（平成23年度現在）にすぎない。コウノトリについての同様の試算はないが，「コウノトリ育む農法」による米の作付面積は約340 ha（平成23年度現在）である。

　もちろん，これらの野生復帰は，取り組みが始まったばかりであるし，放たれた個体の飛来地では，無農薬化などに取り組み始める例も増えている。ただ，従来の「自然にやさしい」という切り口のみでは，自然資源管理の担い手としては認め難いし，消費者からはブランドの乱発に見えるかもしれない。やはり，種の存続を確保できるというグランドデザインを示す必要がある。

　この観点から，南関東地域で検討が始まっているエコロジカル・ネットワーク構想は興味深い（国土交通省，2010）。これは，国土交通省などの中央省庁，関東地域の自治体，民間団体等が連携し，トキやコウノトリをシンボルとした広域の自然再生と地域振興などを目指すものだ。利根川と荒川水系等に位置する29市町村（2012年12月現在）が「コウノトリ・トキの舞う関東自治体フォーラム」を結成し，すでに千葉県野田市では，東京都の多摩動物公園が協力して飼育下繁殖を開始しており，早ければ数年以内にコウノトリを野生復帰させる計画だ。

　さらに他の自治体でも同様の取り組みが始まれば，将来的にコウノトリの関東地域個体群が形成され，兵庫県を中心に形成された近畿地域個体群と遺伝的な交流が可能となるだろう。また，これらと連携する他地域が加わると，かつてのコウノトリの分布が復元され，ひいてはロシア極東の個体群との交流も夢ではなくなる。この段階では，種の存続は確保されると期待できる。

　自然資源管理が産業化するには，このように管理対象ごとに，どの程度のスケールで管理すべきか，そしてゴールはどのようなものかを明示し，国民や消費者から支持されることが重要になると考えられる。

参考文献

伊吾田宏正ほか監訳（2011）『野生動物と社会』文永堂出版．
内山節編著（2001）『森の列島に暮らす――森林ボランティアからの政策提言』コモンズ．
大沼あゆみ・山本雅資（2009）「兵庫県豊岡市におけるコウノトリ野生復帰をめぐる経済分析――コウノトリ育む農法の経済的背景とコウノトリの野生復帰がもたらす地域

経済への効果」『三田学会雑誌』102 巻 2 号，3-23 頁．
柿澤宏昭（2000）『エコシステムマネジメント』築地書館．
国土交通省（2010）「南関東地域における水辺環境エコロジカル・ネットワーク形成による魅力的な地域づくり検討調査報告書」． http://www.mlit.go.jp/kokudokeikaku/kokudokeikaku_tk5_000064.html
植生学会企画委員会（2011）「ニホンジカによる日本の植生への影響——シカ影響アンケート調査（2009-2010）結果」『植生情報』15, 9-30 頁．
花井正光（1995）「近世史料にみる獣害とその対策」，河合雅雄・埴原和郎編『動物と文明』朝倉書店，52-65 頁．
羽山伸一（2000）「野生鳥獣被害対策から見た鳥獣保護法改正とワイルドライフマネジメント」『畜産の研究』54 巻 1 号，196-202 頁．
―――（2001）『野生動物問題』地人書館．
―――（2002）「公共事業としてのワイルドライフマネジメント」『日本家畜管理学会誌』38 巻 1 号，24-28 頁．
―――（2006）「自然再生事業と再導入事業」，淡路剛久・寺西俊一・西村幸夫編『地域再生の環境学』東京大学出版会，97-123 頁．
―――（2007）「シカ問題と自然再生」，森林環境研究会編『動物反乱と森の崩壊』森林文化協会，38-46 頁．
―――（2008a）「外来動物問題とその対策」，日本農学会編『外来生物のリスク管理と有効利用』養賢堂，125-146 頁．
―――（2008b）「野生動物の保護管理」，野生生物保全論研究会編『野生生物保全事典』緑風出版，75-84 頁．
―――（2010a）「農林水産業と野生動物問題」，寺西俊一・石田信隆編『自然資源経済論入門 1』中央経済社，259-293 頁．
―――（2010b）「野生生物保護管理を担う人材の育成」，日本自然保護協会編『改訂版 生態学から見た野生生物の保護と法律』講談社，172-177 頁．
―――・三浦慎悟・梶光一・鈴木正嗣編（2012）『野生動物管理——理論と技術』文永堂出版．
羽山伸一・坂元雅行（2000）「鳥獣保護法改正の経緯と評価」『環境と公害』29 巻 3 号，33-39 頁．

第 7 章

産消提携による食の安全・安心と環境配慮
――生産を支える仕組みと原発事故への対応――

根本志保子

はじめに

　本章の目的は，生産地と消費者の提携（以下，「産消提携」と呼ぶ）による農業生産を支える仕組み，および2011年3月の東京電力福島第一原子力発電所事故での食料流通事業者の対応を通じて，「食の安全・安心」，「環境配慮」，「農業の持続性」のための生産者・流通事業者・消費者間の提携のあり方を考察することである。前半では，有機農産物の宅配や産直運動などの「産消提携」を行う流通事業者の取り組みを取り上げ，これまでそれらの流通事業者が行ってきた独自の流通システム，消費者への積極的な生産情報の開示，生産者・流通事業者・消費者間での交流などを紹介する。これらを通じ，生産・流通に伴うコストとリスクを消費者とどのようにシェアするか，またそのための各主体間での「継続的な信頼関係」の構築について考察する。後半では，これらの流通事業者が，原発事故後の食料の放射性物質汚染に対して行った独自の情報体制や検査体制の整備，生産者支援などを紹介し，このような「食の安全・安心」の危機における，生産者・流通事業者・消費者間での情報共有と信頼関係の重要性を確認する。また「産消提携」を行う流通事業者に加えて，スーパーなど一般小売業を含む流通業者へのヒアリング調査も行う。

　本章の問題意識は3点ある。

　第1に，食料生産と消費の関係性の回復についてである。いわゆる「コミュニティ農業」と呼ばれる「関係性」を重視した農業のあり方は，これまでも議論され続けてきた。蔦谷（2013, 10頁）によれば，「コミュニティ農業」とは，

「関係性，特に生産者と消費者あるいは地域住民，都市と農村との関係を活かして展開される農業の統合的概念，総称」とされる。またこの関係性には，①「産消提携」に象徴される生産者と消費者による関係性，②「地域コミュニティ」と重なる農家と地域住民による関係性，③「農都共生」とも呼ばれる農村と都市による関係性，④人間と生物・自然との関係性など，いくつもの関係性が存在する。このうち本章で対象としている有機農産物の宅配や産直運動は，①の「産消提携」に象徴される生産者と消費者による関係性である。1960年代に日本で始まったとされ，本章で筆者がヒアリング調査を行った「生活クラブ」などがその初期事例である。地域農家を支える個人会員による特定のネットワークまたは組織（アソシエーション）であり，生産者と消費者が食料生産に伴うリスクとベネフィットを分け合うことが特徴である[注1]。

　鬼頭（1996）は，自然と人間について，そのどちらかという二分法でなく，両者の関わりを通してその関係を捉え直す必要があり，この関わりが切れていることを食べ物や生活の「切り身」と表現している。都市の消費者は食料やエネルギーの消費のみに特化しており，このような「つながりの切断」は，消費者・流通事業者の自然利用意識を失わせ，環境への負荷や資源の過剰利用の原因の一つになっていると思われる。大泉は，「コモンズと都市の公共性論」の中で，現代の都市が直面する二重のサステイナビリティ（持続可能性）問題に言及している。「都市と自然との関係におけるサステイナビリティ」と「都市を構成する社会経済関係そのものにおけるサステイナビリティ」である（大泉，2006，111頁）。このような「切れた関係性」を再びつなぎ，再構成することにより，環境・資源の持続的な利用，生産・消費の持続性につなげることは可能なのか。「食の安全・安心」，「環境に配慮」という「自然資源との関わりの持続性」を求める運動・事業は，「生産する農村」と「消費する都市」という地域的・分業的な社会経済関係を再構築する事業でもある。

　第2に，食料生産と消費の関係性回復のために，流通事業者と消費者が食料生産のコストとリスクをどのように負担するかについてである。前述の蔦谷（2013）では，コミュニティ農業は人間と生物・自然との関係性という観点から，持続性・循環，多面的機能，生物多様性等の非経済的価値を尊重し，小規模経営，家族農業経営の重視，地域農業として一体的に展開される。しかしこ

のような農業は,現在の効率性・経済性優先の社会の中では競争力を持ちにくいため,消費者や地域住民等の都市サイドが,生産者や農村との関係性を経済的に支えることにこの農業の核心があるとされる（蔦谷,2013,11頁）。しかし,有機農産物は一般の農産物に比べ価格が高いことが多く,消費層は高所得者や健康意識の高い家庭などに限定されてしまう。また消費者は,自らの食す食料の安全性には関心が高くても,環境への配慮や農業・農村の持続など,自身の利害に直接関係しない事項には関心を持ちにくい。本章の前半では,流通事業者と消費者による生産のコストとリスク負担という観点から,「産消提携」を行う流通事業者の独自の生産者との契約や販売方法,流通事業者による需給調整の工夫などを紹介する。生産や流通は消費者の嗜好に大きく左右され,消費者が「何をどのように消費するか」は生産・流通のあり方を決めている。「食の安全・安心」,「環境配慮」,「農業の持続性」のために,消費者意識や消費行動が果たす役割と責務についても問題提起したい。

第3に,生産者・流通事業者・消費者間での「情報共有」と「信頼」の重要性である。前述の農業生産をめぐる関係性の回復や,消費者による生産のコストとリスクの負担を可能にするには,各主体の農業生産への理解と問題共有が不可欠である。本章の後半では,2011年3月の福島原発事故後の放射性物質汚染への対応から,「産消提携」の流通事業者が行った独自の情報共有および検査制度の整備や生産者支援や合意形成等の事例をヒアリング調査をもとに紹介する。この背景には,事故前からの「顔の見える関係性」すなわち特定産地や生産者との「長期的な提携」や交流,「情報共有」や「信頼」がある。スーパーなど一般流通事業者を含めて,「情報共有」と「信頼」が「食の安全・安心」,「環境配慮」,「農業の持続性」に果たす役割について考察する。なお本章では,有機・低農薬農業の是非や環境的側面の評価などは行わないこととする。

筆者がヒアリング調査を行った流通事業者は,有機・産直農産物や添加物の少ない食品等の宅配を主に行っている4つの産消提携の流通事業者（①生活クラブ事業連合生活協同組合連合会：以下,生活クラブ,②パルシステム生活協同組合連合会：以下,パルシステム,③株式会社大地を守る会：以下,大地を守る会,④らでぃっしゅぼーや株式会社：以下,らでぃっしゅぼーや）と,店舗販売を中心とする2つの一般的なスーパー事業者[注2]（①イオン株式会社：

表 1 調査対象事業者とヒアリング実施時期

	事業者名	ヒアリング時期
産消提携の流通事業者	生活クラブ事業連合生活協同組合連合会	2012 年 11 月 27 日
	パルシステム生活協同組合連合会	2012 年 12 月 25 日
	株式会社大地を守る会	2011 年 7 月 14 日，2012 年 12 月 7 日
	らでぃっしゅぼーや株式会社	2011 年 7 月 27 日，2012 年 12 月 7 日
スーパー事業者	イオン株式会社	2013 年 1 月 11 日
	株式会社ダイエー	2011 年 7 月 11 日（メールでの回答）

以下，イオン，②株式会社ダイエー：以下，ダイエー）である。後者のスーパー事業者については，主に第 2 節で福島原発事故による食品の放射性物質汚染と流通事業者の対応についてヒアリング調査した。各流通事業者にヒアリングを行った時期は，表 1 に示したとおりである。以下の各事業者に関する記述のうち，特に引用文献等の注がない箇所は，上記ヒアリングを通じて，各事業者から提供されたヒアリング実施時期の情報である。

1. 有機・産直農産物等の宅配事業と生産・流通・消費の提携

1-1 調査対象の産消提携事業者の概要

有機農産物の流通は，1970 年代の公害反対運動のなかで，有機食品を望む消費者と有機農法に取り組む生産者が増え始めたことに端を発しているとされる。1980 年代には生産量も増え，有機農産物を扱う生協やスーパー，百貨店などが参入，流通形態も多様化した[注3]。

本節では，これらの流通事業者の中でも，主に会員制の有機・産直農産物等の宅配事業を行っている 4 つの産消提携事業者（生活クラブ，パルシステム，大地を守る会，らでぃっしゅぼーや）を対象に取り上げる。この 4 つの事業者を調査対象として選んだ理由は 2 点ある。第 1 に，これらの事業者は，消費者からの出資による協同組合（生活クラブ，パルシステム），あるいは市民による NGO・NPO（大地を守る会，らでぃっしゅぼーや）を母体として始まっており，いずれも消費者からの食料生産に対する働きかけから事業を開始している。第 2 に，これらの事業者はそれぞれすでに数十年の事業実績を持っており，事業継続の工夫などのノウハウの蓄積がある。これら 4 つの事業者の組合員

数・会員数の合計はのべ200万世帯近くとなり，事業展開している地域が事業者によって異なるため単純比較はできないが，東京・神奈川・千葉・埼玉の一般世帯数計1556万2000世帯（2010年，『国勢調査』平成22年10月1日）の1割以上にあたる。また事業高（または売上高）は，合計で3150億円を超える。それぞれの事業者の設立経緯と特徴は，以下のとおりである（表2，参照）。

　生活クラブは，1965年，消費者グループで事前に生産者に注文する「予約共同購入」を開始した。この「予約共同購入」により，有機農産物等の安定生産と高品質かつ低価格の両立を図り，1980年代に組合員数が伸びた。同時に組合員はグループになることで，農薬の少ない野菜や添加物のない加工食品などを求めてメーカーと交渉し，オリジナル食材の開発も行ってきた。現在の「予約購入」は，グループ単位から各戸単位のものに比重が移っているものの，前述した他の3つの流通事業者と同様に，同事業の注文方法の基本となっている。生活クラブの考え方の背景には，①生産に必要な時間や空間，農法や製造方法の改善などに伴うコストとリスクを生産者だけに押しつけず，消費者も負担する，②他者（海外を含め）から食を奪わない，③本当に必要な「もうひとつの（オルタナティブな）社会システム（生産―流通―消費―廃棄）を実現する」という3つの理念がある。これらは，「生活者の視点からの運動」とされ，「安全性をたな上げして利益重視に走る生産者，不当な安値を生産者に押しつける消費者という図式を超え」，「生産する消費者」という考え方のもとに「消費者と生産者が対等な立場で手を取り合うしくみづくり」をめざすものだとされる[注4]。そのため生活クラブでは，消費者が購入する農産物や加工食品などを「消費材」と呼んでいる。この呼び名には，「食の安全・安心」のみでなく，「環境への配慮」など，同事業がめざす「サスティナブル（持続可能）な社会」の意味がこめられている[注5]。その他にも，主要な品目において，品質・生産方法，容器・流通手段，配送コストなどを生産者と話し合い，そのうえで価格を決める「生産原価保障方式」が採用されている。これは，「販売店などが不当な安値を生産者に押しつけることがないように」[注6]という目的で行われているものである。

　2つ目のパルシステムは，関東および静岡，福島で事業を行う生活協同組合の事業連合組織である。本章で取りあげる4つの事業者のうちでは最も事業規

表2　ヒアリングを行った産消提携の流通事業者の概要

	名称	概要
生活協同組合	生活クラブ事業連合生活協同組合連合会	事業内容：組合員向け消費材（食料・日用雑貨・衣料・図書など）の宅配（班・戸別）および店舗販売，共済事業ほか。 地域：北海道から兵庫県の21都道府県33生協の事業連合組織。自主的に運営している約200の支部など地域の自治組織を基盤に，各組織が自立した運営と活動を展開。 設立：33生協のうち，生活クラブ東京1968年，同神奈川1971年。 組合員数：約34万4000世帯（2011年度）うち班（共同購入）配送が約10万世帯，戸別配送が約17万世帯，店舗・福祉クラブ（宅配）が約4万世帯。 事業高：861億円。 生産者会員数：生活クラブの消費材を作っている生産者「生活クラブ親生会」の会員は128団体（2010年時点）。
	パルシステム生活協同組合連合会	事業内容：組合員向け産直・環境配慮食材と日用品の宅配ほか。 地域：1都9県（東京・神奈川・埼玉・千葉・福島・栃木・群馬・茨城・山梨・静岡）の生協の事業連合組織。 設立：パルシステム埼玉は1951年設立。1977年に「首都圏生活協同組合事業連絡会議」発足，共同商品開発共同仕入れ事業開始。 組合員数：約137万8000世帯（2013年3月），東京・神奈川で51％。 総事業高：1930億1000万円（2012年度）。 生産者会員数：全国に青果約300の産地（1万人以上の生産者），米は32の産地。138の産地と12の生協関係団体で生産者・消費者協議会を設立。
株式会社	大地を守る会	事業内容：有機農産物・無添加食品・フェアトレード商品などの会員制宅配および一般向けインターネット販売（ウェブストア），食材卸売，飲食店事業ほか。 地域：宅配は東京都，神奈川県，千葉県，埼玉県の一部を除く地域，ウェブストアは宅配便を使い全国で配達が可能。 設立：1975年「大地を守る市民の会」設立，1977年に株式会社大地を設立。 利用者数：約15万1000世帯（2012年9月），うち会員数（宅配サービス利用者）約9万5000世帯（2012年9月）。 売上高：142億8200万円（2012年3月期）。 生産者会員数：約2500人（2012年3月）。
	らでぃっしゅぼーや	事業内容：有機野菜・低農薬野菜・無添加食品・フェアトレード商品などの会員制宅配および一般向けインターネット販売（ウェブストア）。 地域：専用車での宅配は，ほぼ全域可能が東京23区，神奈川・愛知・大阪の各府県，和歌山・札幌・福岡市の各市，一部可能が東京多摩地区，埼玉・千葉・茨城・栃木・群馬・静岡・山梨・三重・岐阜・兵庫・京都・奈良・滋賀の各府県，仙台市。ウェブストアは宅配便を使い全国で配送が可能。 設立：1988年 利用者数：約10万8000世帯（2012年12月）。 売上高：220億円（2012年2月期）。 生産者：全国2100の契約農家からの産直，環境保全型生産基準「RADIX」（商品取扱基準）をもとに生産技術を高めることを目的とした生産者・メーカーによる非営利団体「Radixの会」が活動。

注）生活クラブ事業連合生活協同組合連合会（2012），パルシステム生活協同組合連合会（2012a），同（2012b），大地を守る会（2012），各事業者のウェブサイトおよび各事業者へのヒアリングより作成。各事業者の組合員数および会員数の単位は，各事業所の資料では「人」と示されている場合があるが，基本的には1世帯に1人の登録であるため，本表では「世帯」と表記した。

模が大きい。利用者が137万8000世帯（2013年3月），事業高が1930億1000万円（2012年度）である。このパルシステムも，生活クラブと同様に，1977年発足の「首都圏生活協同組合事業連絡会議」による共同商品開発・共同仕入れ事業という「共同購入」から始まっているが，1993年に全国の生協に先駆けて「個人宅配」を始め，その後も子供の年齢やアレルギーの有無により商品カタログを選べたり，紙カタログ以外にもインターネット（オンラインパル）などの複数の注文方法を行ったりするなど，各世帯のライフスタイルに合わせた対応に力を入れてきた。現在，青果の96%，米の100%が「産直」の商品となっている。また，日本全国の有機JAS認証取得面積のうちの16%をこのパルシステムの産直生産者が占めており，参加する生産者の面からみても，大きな規模を有する事業者である。

　3つ目の大地を守る会は，1975年に設立されたNGO「大地を守る市民の会」による「農薬公害の完全追放と安全な農畜産物の安定供給」の運動が始まりである。同会は，農業の大量生産方式や化学肥料・農薬の大量投与への懸念を背景に，「農薬の危険性を100万回叫ぶよりも，1本の無農薬の大根を作り，運び，食べることから始めよう」を合言葉に，「団地での無農薬野菜の青空市」を行った。その後，1977年に流通部門として株式会社大地を設立し，1985年には日本で初めての有機農産物宅配サービスを開始した。2010年には，「社会的課題をビジネスで解決していく『ソーシャルビジネス（社会的企業）』」の宣言を行った。「ただ『反対』するのではなく，代替案を提示して持続可能なように『事業化』することで，社会的課題を解決したい」という理念のもと，「日本の第一次産業を守り育てること」「人々の健康と生命を守ること」「持続可能な社会を創ること」を同社の使命として掲げている。宅配事業のほかにも，スーパーマーケットなどへの卸売事業やレストラン事業，自然住宅事業などを行っており，2009年にはインターネットを利用して会員以外にも販売できるウェブストアを開始し，利用者を伸ばしている[注7]。

　最後に，らでぃっしゅぼーやは，フリーマーケット運営の草分け的なNPO「日本リサイクル運動市民の会（関西リサイクル運動市民の会として1977年に設立）」を母体としている。1986年のチェルノブイリ原発事故後，日本で環境問題や食の安全への意識が高まったことを背景に，2年後の1988年には，「環

ネットワーク株式会社」が設立され(現在の社名は2000年から),「環境や人に安全に作られた食品の流通」を目的に事業を開始した。有機野菜流通の方法が,消費者の援農によって生産者と結びつく「提携」や「共同購入」が主だったとされる時代に,同社は初めて「野菜セット」の「戸別宅配」を開始した。これに対して,他の有機農業運動団体などから「消費者が苦労せずに手軽に有機野菜を手に入れられるのはおかしい」との批判が起きたが,多くの他団体・事業者がこれに追随し,結果として有機野菜の流通量を拡大させたとされる。さらに同社では,従来の会員向け宅配事業のほかに,2007年には無添加食品のオンライン・ショッピングサイト「PICODELI」を開設している。また2010年にネットストア『eらでぃっしゅ』事業(後にらでぃっしゅぼーやオンラインストアに再編),2011年にはローソン社と全国配送のネットスーパー『らでぃっしゅローソンスーパーマーケット』(2012年の12月12日に終了)を開設するなど,会員以外の消費者も対象としたインターネット販売も模索している。2012年3月には株式会社NTTドコモおよび株式会社ローソンとの業務提携・資本提携に基本合意し,新たな販路や販売方法を開発中である。またJAS法によって有機栽培基準が法制化されたのは2001年のことであるが,その前の1996年から,らでぃっしゅぼーや独自の体系的な環境保全型生産基準要項「RADIX」を制定し,現在は,食品の約90%が自社開発商品となっている[注8]。

1-2 販売方法の工夫や生産・流通・消費の提携

以上で紹介したように,これら4つの流通事業者は,生活協同組合と株式会社という組織形態に違いはあるが,いずれも「消費者から生産者への働きかけ」に端を発する事業者である。また,生産者を消費者が継続的に買い支えることによって,食の安全・安心,農業生産環境や生態系の保全,生産者の所得の安定と安定供給などの複数の目的を同時に達成しようとしてきた点が共通している。これらの事業者がこれまで数十年にわたって行ってきた販売方法や生産・流通・消費の提携には,一般的な食品小売業とは異なる特有の販売方法や価格決定の仕組みがある。またこのような仕組みを可能にするための土台として,生産者や加工企業等による協議団体や勉強会,生産者や生産地の情報の積

表3 販売方法の工夫や生産・流通・消費の提携

販売方法の工夫や生産・流通・消費の提携	事業者（名称省略）
①安定的な生産継続のための農産物契約と販売方法	
ⅰ 事前の作付け契約	生活，パル，大地，らでぃっしゅ
ⅱ 消費者の予約購入	生活，パル，大地，らでぃっしゅ
ⅲ 野菜のセットボックス	生活，パル，大地，らでぃっしゅ
ⅳ その他の需給調整	パル，大地
ⅴ 特定産地との長期提携と地域コミュニティ	生活，大地
②情報公開，交流・協議会	
ⅰ 生産者や産地情報の積極的な情報公開	生活，パル，大地，らでぃっしゅ
ⅱ 生産者や加工企業による協議団体や勉強会	生活，パル，大地，らでぃっしゅ
ⅲ 生産者（産地）と消費者の交流	生活，パル，大地，らでぃっしゅ

注）生活クラブ事業連合生活協同組合連合会（2012），パルシステム生活協同組合連合会（2012a），同（2012b），大地を守る会（2012），各事業者のウェブサイトおよび各事業者へのヒアリングより作成。事業者の名称はスペースの関係上省略した。

極的な情報公開，生産者・流通事業者・消費者間の協議会や交流などがあり，情報公開や情報共有を積極的に行っている（表3，参照）。

(1) 安定的な生産継続のための農産物契約と販売方法
①事前の作付け契約[注9]

通常，農作物を卸売市場で売買する場合，それらはその時々の市場価格で取引される。しかし4つの流通事業者では，収穫前に，契約生産者と作付け数量や買取価格などを契約するという方法を採用している。契約する時期は3カ月～1年前など，季節や農作物の栽培サイクルによって幅がある。また農作物や流通事業者により，契約内容には，①作付け数量，②買取価格，③買取価格の決定時期，④契約農産物の全量買取の有無などがある。

生活クラブでは，産地や品目によって契約内容に幅があり，契約時に作付け数量を決める，取組み時期のみを決めて数量は作柄等を踏まえて設定するなど様々である。また栽培方法の管理のみで数量契約を行わない場合もある。この量に関する作付契約にあたっては，①前年同週の実績，②産地・生産者団体での農業が持続可能な数量，③産地の取組協議会で中核的な生産者と設定した品目別の週間の数量，④歴史的経緯のある産地（もしくは品目）または，生活クラブが産地に栽培を依頼した品目については収穫された量を可能な限り全量引

き取る，などがある。また買取価格については，生活クラブでは商品（消費材）の価格決定に「生産原価保障方式」[注10]という仕組みを導入しており，市場との需給関係とは別に，生活クラブが生産者と品質，生産方法，容器や流通手段，配送コスト等などを話し合って価格を決定する。これは「販売店などが不当な安値を生産者に押しつけることがないように」[注11]との目的で行われているもので，「信頼できる生産者との提携を強化することは組合員（消費者）にとっての利益にもつながるため」とされる。ただし青果物については，厳密な「生産者原価保障方式」ではなく，「生産者が青果物を作り続けられる価格で，かつ組合員が青果物を利用し続けられる価格」を設定している。青果物の場合，生産原価保障方式で決定をした供給価格と市場価格の差が大きくなりすぎると，販売総額が減少することでかえって生産者の原価を保証できなくなることがある。そのため，市場価格に鑑みた若干の価格調整を行っているとのことである。

パルシステムでは，約3カ月～半年に1回の頻度で生産者と栽培数量を決定し，取引価格は，農産物の購入時に市場価格などを鑑みた上で決めている。これは市場価格との価格乖離によって注文数が上下することを防ぐためであるが，不当に値引きすることはなく，市場ほど取引が乱高下することはないという。事前契約した分については全量買取をしている。

大地を守る会でも，季節・品目によって違いはあるものの，概ね半年前に生産者と作付け契約を行っている。買取価格は作付け時に話し合いで決定し，市場価格に連動というよりも同社生産者内での需給で決定される。品目ごとに旬などの出荷希望の多い時期は低め，作りにくい時期やハウス栽培が前提となる冬季などは高めの価格となる。契約した数量は，天候の影響で出荷量が減ったり，時期がずれたりするなど産地側の事情以外はほぼ全量買い取っている。

らでぃっしゅぼーやでは，生産者との事前契約として，買取り価格を収穫前に決定するという方法を採用している。これにより生産物の価格がその時々の市場価格に左右されなくなり，生産者は安定的な収入と継続的な農業経営保証を得ることができる[注12]。この買取価格は市場価格が高値のときも一定であり，年間を通して変わらないとのことである[注13]。生産物は全量買取している。

このように4つの流通事業者は，生産者と事前の作付け数量等の契約を行い，契約した農産物はほぼ全量を買い取ろうとする努力をしてきた。買い取った農産物については，後述の「内容お任せ」の「野菜セットボックス」での販売，「生産者に対する補塡制度」，スーパーへの卸など多様な販売経路の確保など，流通事業者ごとの様々な需給調整により，収穫変動を吸収する工夫がとられている。

②消費者の予約購入

　またこれらの流通事業者では，組合員・会員の基本的な購入方法として「予約購入」を実施している。これは，消費者が配達日の1週間〜2週間前に食料を注文しておく方式で，事前予約で注文されるため，生産者にとっては安定した生産の保証と在庫リスクの軽減がなされ，消費者にとっては高品質のものを安く購入することができるというメリットがある。またこれにより流通事業者は在庫を抱えなくて済む。現在は，生活クラブ以外の3つの事業者は紙面によるカタログでは1週間前の注文が可能となっており，ウェブサイトからの注文であれば3日前の注文も可能な事業者もある。注文から消費者への配達までの時間（リードタイム）が短いほど，生産者や流通事業者が在庫を抱えるリスクは高まる。一方，週単位で事前に食事のメニューを予定することを敬遠する家庭もあり，消費者ニーズを優先するとリードタイムは短くなる傾向にある。ただし，生活クラブでは，生産者の安定的な生産を重視し，現在も「2週間前の注文」を継続している。

　そのほか特に米については，消費者が生産者の作付け前の春にあらかじめ年間の購入を予約する仕組みがある。秋の収穫後は，翌年の秋まで米を備蓄し，オーダーに応じて購入者に順次届けるなどのシステムである。生活クラブと大地を守る会には，この米の事前予約制度があり，それぞれ「登録米」・「備蓄米」と呼ばれる。1993年の米パニック以降，生活クラブでは山形県遊佐町と提携，大地を守る会では福島県須賀川市などで生産しており，生産地域との長期的な提携の場ともなっている。この生産地域との長期的な提携については後述する。

③野菜のセットボックス

　①で記述したように，4つの流通事業者は，生産者と事前の作付け数量等の

契約を行い，買い取った農産物の一部は，「内容お任せ」の「野菜セットボックス」という形で消費者に販売する[注14]。これにより流通事業者も，農作物の出来・不出来による収穫変動リスクを吸収することができ，また在庫やロスのリスクも軽減される。一方，消費者は，消費する商品の選択自由度は低下するものの代わりに有機農法・低農薬で高品質とされる農作物を比較的安価に入手することが可能となる。なかでも，らでぃっしゅぼーやでは，消費者が入会する際にこの「野菜セットボックス」の継続購入を「約束」することになっており，購入者の約7割がこのセットを継続して購入しているという。いずれの事業者でも，需要の安定化のためにも，このお任せの野菜のセットボックスの内容が消費者にとって魅力的になるよう工夫しているとのことである。

④その他の需給調整

このような「事前予約」や「野菜セットボックス」による収穫変動の調整が行われても，流通段階での在庫の発生や需要量が供給量を上回るなど，需給調整が必要なことがある。

生活クラブでは，数量契約した品目のうち，宅配での注文による需要量が供給量（生産量）より少ない場合は，生活クラブ直営の小規模店舗（「デポー」）での販売を行ったり，品目によっては宅配での追加注文を行い全量販売したりする。逆に需要量が供給量より多い場合は，青果物は複数産地と契約しているため，産地を追加して対応する。ただし特別な品目や取組み制限（農法・品種）がある場合は欠品となることもある。また例外的かつ不定期なもので，年によっては実施しなくてすむこともあるが，生活クラブの条件（栽培情報の開示等の規格書類の提出，非加温栽培等の自主基準の適合，生活クラブが実施する放射能測定と結果の公開への同意）に適合している場合は，一般市場からの調達を行うこともある。ただしこれは年に数％程度とのことである。

またパルシステムでは，定常的なものではないが，「生産者に対する補填制度」が導入されている。これは，事前に作付け契約した生産物の全量が消費者によって購入されず在庫が生じた場合に，パルシステムの子会社が生産者から生産物を一度買い上げ，「卸し」としてそれをJAや全農に販売するというもので，販売価格が「逆ざや（売値＜買値）」になった場合もその差額をパルシステムが負担する。作付け前に需要を予測できなかったことの責任を流通事業

者が負うという考え方だという。ただし生産者に対する緊急的な補塡制度としての位置づけとのことである。また天候不良等により出荷数が足りない場合は，市場を経由して調達することもある。その際も産直品同様に産地や栽培記録が明確なものに限って調達しており，青果の場合，その割合は全体の4％程度とのことである。

　大地を守る会では，家庭の事情に応じて無理なく続けてもらうという理由で，消費者は必ずしも「野菜セットボックス」を購入しなくてよい。大地を守る会が提携するスーパーへの卸しなど，多様な販売経路を持つことで対応しており，「逆ざや（売値＜買値）」となっても売り切ることもあるとのことである。逆に需要量が供給量を上回る場合も一般市場からの調達はなく，すべて契約生産者・メーカーからの購入である。対策としては作付け量自体を増やすほか，「端境期」といわれる出荷が減りがちな時期には，生産者からの買取価格を上げている。それでも需要量が多い場合には，「量目調整」という形で価格を下げた上で1商品あたりの数量を減らし，できるだけ多くの消費者に届けるようにしているとのことである。

　一方，らでぃっしゅぼーやでは，このような生産者への補塡制度がない。その理由として，らでぃっしゅぼーやは，生産者と契約したものは全量を買い取っているものの，お任せの野菜のセットボックスを消費者に定期的に購入してもらうことにより「売れ残り」が発生しないためと述べている。

⑤特定産地との長期的な提携

　加えて，流通事業者が特定産地やコミュニティとの長期提携を行っている事例もある。生活クラブでは，複数ある提携産地の中でも，1971年から，予約登録米の生産を契約する山形県遊佐町の生産者と提携してきた[注15]。この長期的な提携により，遊佐町の生産者は計画的な生産が可能となり，経営も安定したことで，後継ぎの確保や将来の生活の予測などが可能になったという。長期的な人口の確保とそれによる学校や病院などのインフラの維持が可能となり，地域のコミュニティ形成に寄与できたとのことである。生活クラブは，この取り組みについて「単に農産物を売るのではなく，人がいて，住めるようなまちづくりに寄与することが必要だ」と述べている。生活クラブにとってのメリットとしては，この提携により遊佐町の生産者に対して減農薬・堆肥などの時

間・費用のかかる取組みを依頼することができるようになった。遊佐町と生活クラブは，2013年1月，提携の共同宣言を行った[注16]。このような信頼関係の構築が生活クラブの生産・流通を可能にしてきており，遊佐町を含む山形，栃木，長野，宮城などで，「耕畜提携型農業」などの地域内生産者による「循環型・環境保全型食料基地の形成」と「資源管理型漁業の推進」を進めている[注17]。点としての地域の一部の篤農家との提携ではなく，面的に地域に拡大していく産地提携の在り方を社会の実践的モデルとして推進するためと生活クラブは説明している。

(2) 積極的な情報公開および生産者・流通事業者・消費者の交流・協議会

これらの流通事業者では，生産者や産地情報の情報公開や，生産者・加工企業による協議会や勉強会，生産者（産地）と消費者の交流なども，積極的に進められている。

情報公開としては，各事業者ともに，商品のカタログやウェブサイトにおいて，文字通り「顔のみえる生産者」を多く掲載し，有機農法・低農薬の生産方法や安全性検査などについての詳細な情報提供をすることで，個々の品目のトレーサビリティ制度を確立している。

生産者や加工企業による協議団体や勉強会については，例えばパルシステムでは，全国で青果が約300の産地（1万人以上の生産者），米が32の産地と提携しており，これらの取引先で構成される「パルシステム協力会」[注18]や，130の産地と12の生協関係団体の間での「生産者・消費者協議会」を設立している。これらの協議会は，「地域と農水産業の活性化」・「食料自給率向上」・「産直加工品」などを設立目的の1つとしている[注19]。また，らでぃっしゅぼーやでは，前述のとおり全国2100の契約農家からの産地直送を行い，これらの生産者とともに生産者・メーカーによる非営利団体「Radixの会」を結成，そのなかで環境保全型生産基準「RADIX」（商品取扱基準）を採用し，生産技術を高める努力をしている[注20]。

加えて，4つの流通事業者のいずれにおいても，稲作体験やみそ造りなど，消費者が参加できる生産者（産地）と消費者の交流イベントが数多く企画されている。大地を守る会によれば，これらの交流イベントへの参加者は定着率も

購入額も高く,イベント参加後には食に対する関心も高まるという。

さらに,消費者から生産者への働きかけとしては,生活クラブが行ってきた消費者からの提言によるオリジナルの食材開発などがある。生活クラブは,設立当初から,組合員の要望で添加物のない加工食品などの製造をメーカーに依頼してきた。現在でも組合員と生産者との話し合いにより,市場調査,産地での栽培状況・製造工程の確認などを経て,包材の材質,内容量,適正価格の設定などに消費者が参加している[注21]。

1-3 消費者ニーズの変化と流通事業者の対応

一方,4つの流通事業者が想定する「消費者」や消費者に提供するサービスは,それぞれ若干異なっている。例えば,生活クラブは「生産する消費者」を理想とし,消費者の理解,積極的な関与と責任を期待する。パルシステムは,各世帯のライフスタイルへの対応を重視する。大地を守る会やらでぃっしゅぼーやは,より多くの生産者を支えるという目的からも,インターネットを利用した販路拡大を模索する。このように,同じ産消提携の流通事業でも,消費者の捉え方にはそれぞれ特徴がある。

その背景には,消費者のライフスタイルの変化にあわせ,消費者にとっての利便性を高めようとする動きがある。これまでも,4つの流通事業者では,グループ単位での購入から個人単位での購入,事前予約注文の時期を2週間前から1週間前に移行,さらに紙のカタログ冊子での販売からインターネットでの注文へと,消費者の利便性へのニーズや通信技術の発達とともに,販売方法を変化させてきた。そのことで利用者も増加してきている。一方,昨今の新たな動きとして,大手スーパーなどによる「ネットスーパー」サービスの拡大がある。このネットスーパーのサービスの中には,午前中に注文すれば午後には家まで配達されるような「迅速性」を「売り」にしたものもあり,消費者の利便性は高まる傾向にある。

こうした動きに対応し,4つの流通事業者のなかでも,らでぃっしゅぼーやは,2012年3月に株式会社NTTドコモ,株式会社ローソンとの業務提携・資本提携の基本合意を行い,同年8月にはNTTドコモグループの傘下に入った。同社では,この通信事業者との提携により,例えば会員家庭にインターネ

ット端末のタブレットを配布して,生産者自らが調理する風景を動画で流すなどの顧客と流通業者と生産地との新しいコミュニティの形成や,従来の紙を配付する形でのカタログ販売では困難だった小ロットの野菜の販売など,新しい方法を模索するという。同社は2013年に入り,従来の方法（1週間前に注文）のほかに,宅配便（3日間で届く）を使って届ける「らでぃっしゅぼーやオンラインストア」を立ち上げた。消費者にとっての利便性も重視することで,販路を拡大し,有機・産直農産物をもっと販売してほしいという生産者の声に応えたいとのことである。このほかにも,例えばfacebookなどを通して,顧客自らが食について情報発信し,食や農業,また,それらの安全性や環境への配慮への「共感」が高まることも期待したいという。

　一方で,これまで「消費者の利便性への投資はしてこなかった」という生活クラブのような事業者もある。例えば,リードタイムの短期化は,これまで生産者の安定的な生産と収入を支えてきた「事前予約による注文」という販売方法を変えることでもある。生産者と流通事業者は需要を予測しづらくなり,売れ残りやロスの問題が発生する可能性もある。消費者にとっての利便性拡大やニーズへの対応と,生産者にとっての安定の両立の間で,流通事業者の対応は多様化してきている。

1-4　生産を支える仕組みと情報共有

　4つの流通事業者では,「事前の作付け契約」,「消費者の予約購入」,「野菜セットボックス」など事業者間に共通する仕組みのほか,「生産者に対する補塡制度」や「特定産地との長期提携」など,流通事業者と消費者が農業生産を継続的に支え,食料生産のコストとリスクを負担する仕組みが実施されている。このなかには,生活クラブの山形県遊佐町との長期的提携など,地域のコミュニティ全体との関わりなど,地域全体を支えるような試みもある。

　しかし「はじめに」で記述したように,消費者は,環境への配慮や農業・農村の持続など,自身の利害に直接関係しない事項には必ずしも関心が高いわけではない。価格や販売方法への理解を深め,生産者・流通事業者・消費者間の「信頼関係」を構築するための土台として,生産者や加工企業による協議団体や勉強会による品質の確保,生産者や生産地の情報の積極的な情報公開や産地

表4　放射性物質の暫定規制値
（2011年3月17日〜2012年3月31日）

食品群	規制値（Bq/kg）
野菜類	
穀類	500
肉・卵・魚・その他	
牛乳・乳製品	200
飲料水	200

表5　放射性セシウムの新基準値
（2012年4月1日〜）

食品群	規制値（Bq/kg）
一般食品	100
乳児用食品	50
牛乳	50
飲料水	10

注）厚生労働省・医薬食品局食品安全部（2012）。

での農業体験など，生産者・流通事業者・消費者間での情報共有が積極的に行われている。このような「コストとリスクのシェア」，「長期提携」，「情報共有」による信頼関係は，生産と消費の関係性回復に不可欠である。

次節ではさらに，福島原発事故による食品の放射性物質汚染の拡大への対応を事例に，スーパーなど一般流通事業者を含めた流通事業者による関係主体間の信頼関係を回復するための努力を紹介し，「食の安全・安心」，「環境配慮」，「農業の経済的持続性」に必要な「関係性」のあり方について考察する。

2. 福島原発事故による食品の放射性物質汚染と流通事業者による対応

2-1　原発事故発生とその影響

以下では，2011年3月に発生した福島原発事故による食料の放射性物質汚染と食の安全性の問題を事例として，生産者・流通事業者・消費者の間の情報共有および長期的な信頼の構築と，「食の安全・安心」および「農業の持続性」との関係について考察したい。

この原発事故で，福島県を中心とする東北地域の一部，関東，静岡など東海の一部に広く放射性物質が拡散・降下した。これにより農産物・水産物をはじめとする食料が放射性物質に汚染され，事故後には国の定める放射性物質の暫定規制値（表4，参照）を上回る食品が相次いで検出された。これに対し，国などから出荷停止などの措置がとられるとともに，消費者による当該産地の食品の買い控えなどが生じた。この状況は，野菜，水産物，汚染された稲わらを原因とする牛肉，米などにも広がり，2011年末頃まで続いた。その後，農産物に含まれる放射性物質の値は徐々に低下し，2012年4月に発表された新規制

表6　東京都中央卸売市場（全市場）における野菜の取扱量・取扱金額・平均価格の2010年同期と比較した変化率（産地別）

産地	2011年/2010年（4月～12月）			2012年/2010年（1月～12月）		
	取扱量	取扱金額	平均価格	取扱量	取扱金額	平均価格
全産地	2.1%	−7.9%	−9.8%	4.3%	−3.6%	−7.7%
福島	−12.6%	−20.3%	−8.8%	−12.4%	−34.7%	−25.5%
茨城・栃木・群馬	−0.4%	−15.2%	−14.8%	1.3%	−9.9%	−11.1%
茨城・栃木・群馬・埼玉・千葉	1.8%	−13.9%	−15.4%	1.0%	−7.4%	−8.3%
東京・神奈川	6.2%	−19.4%	−24.1%	−2.8%	2.4%	5.4%
北海道・西日本（東北・関東以外）	3.8%	−2.0%	−5.6%	9.7%	2.6%	−6.5%

注）東京都『東京都中央卸売市場年報』各年版より作成。全産地とは日本国内産地と海外からの輸入の合計。

値（表5，参照）のもとでも，一部の水産物やイノシシ・シカなどの野生動物，野生の山菜・キノコ類などを除き，事故当初に比べて放射性物質の検出値は著しく低くなっている。しかし，この間の当該地域の出荷停止や消費者による買い控えは，福島県をはじめとする東北・関東の第一次産業に対して大きなダメージを与えた。また同時に，「食の安全・安心」と「農業・農村の持続性」について，改めて問題が投げかけられることとなった。

　前節で紹介した産消提携の4つの流通事業者は，これらの問題にどのように対応したのだろうか。筆者は，この4つの流通事業者に加えて，店舗販売の形式をとる一般的なスーパー事業者2社（イオン，ダイエー）についてもヒアリング調査を行った。なお，このうち，ダイエーはメールでの回答である。これにより，前節で論じた「顔の見える関係性」，すなわち特定産地や生産者との「長期的な提携」や生産者・流通業者・消費者間の「信頼関係」の構築と，「食の安全・安心」と「農業・農村の持続性」について考察したい。

　表6は，東京都中央卸売市場（全市場）における全野菜の取扱量・取扱金額・平均価格を，産地県別に2010年の同期と比べたものである。福島県では，2013年12月時点でも原発事故による避難が継続しており，農業生産が行われていない地域が存在する。このため，福島県産の野菜の取扱量は，原発事故後の2011年（4～12月）および2012年（1～12月）は，2010年の同時期に比べ減少したままである。加えて取扱平均価格も，2011年（4～12月）および

表7　東京都中央卸売市場における野菜の取扱量・取扱金額・平均価格（全産地）

全産地	2009年	2010年	2011年	2012年
取扱量（kg）	1,584,168,066	1,508,212,337	1,529,996,624	1,572,656,045
取扱金額（円）	341,343,433,866	365,829,857,302	339,346,414,329	352,622,515,986
平均価格（円）	215	243	222	224

注）東京都『東京都中央卸売市場年報』各年版より作成。全産地とは日本国内産地と海外からの輸入の合計。

表8　東京都中央卸売市場における野菜の取扱量・取扱金額が全産地に占める割合（産地別）

産地		2009年 （1～12月）	2010年 （1～12月）	2011年 （4～12月）	2012年 （1～12月）
福島	数量	2.7%	2.5%	2.5%	2.1%
	金額	3.5%	3.2%	3.2%	2.2%
茨城・栃木・群馬	数量	23.6%	23.1%	23.8%	22.4%
	金額	22.5%	22.4%	21.6%	20.9%
茨城・栃木・群馬・埼玉・千葉	数量	42.1%	40.8%	40.6%	39.5%
	金額	38.2%	38.1%	35.7%	36.6%
東京・神奈川	数量	4.0%	4.2%	3.1%	3.9%
	金額	2.0%	2.1%	1.5%	2.2%
北海道・西日本（東北・関東以外）	数量	40.4%	41.2%	41.4%	43.4%
	金額	43.4%	43.6%	44.7%	46.4%

注）東京都『東京都中央卸売市場年報』各年版より作成。全産地とは日本国内産地と海外からの輸入の合計。

2012年（2012年1～12月）ともに，2010年の同時期と比べて大きく低下している（それぞれ－8.8％，－25.5％）。これは茨城・栃木・群馬・埼玉・千葉でも同様の傾向にある。

ただし2010年は天候等の影響による野菜の不作などもあり，東京都中央卸売市場における2010年の野菜全体の平均価格は高かった（表7，参照）。野菜の取扱量と取扱金額は年によって変動が大きく，同市場全体（全産地）での取扱平均価格も2011年の4～12月は－9.8％，2012年は－7.7％と低下している。したがって2011年と2012年の福島および関東産の野菜の平均価格の著しい低下は，原発事故の影響によるものだけではないことに留意されたい。

しかし，同市場における，福島県産および関東産の野菜の取扱量・取扱金額が全産地に占める割合（表8，参照）は少しずつ減少しており，一方，北海道・西日本産の割合が少しずつ増加している。このように福島原発事故の後，消費

者による福島・関東産の農産物の「買い控え」が生じ，その結果，事故の影響が少なかったと思われる地域の野菜の購入に少しずつシフトしていることが，データから読み取れる。

2-2 原発事故後の消費・流通の動向と対応

この原発事故による食料の放射性物質汚染への対応について，前述した産消提携の4つの事業者（生活クラブ，パルシステム，大地を守る会，らでぃっしゅぼーや）と，大手店舗販売事業者の2社（イオン，ダイエー）にヒアリング調査を行った。ヒアリングを行った時期は，前出の表1の通りである。

上記の流通事業者へのヒアリングによれば，2011年3月以降の原発事故による放射性物質汚染の影響を受け，各流通事業者では消費者の問い合わせへの対応に追われた。安全性への疑問や放射性物質の独自検査の要請などの問い合わせ電話が，例えば大地を守る会では2011年の3月中旬頃には日に最大で1500件あったという。政府等からの食品の放射性物質汚染についての発表が相次ぐなか，各流通事業者では，これらの消費者からの問い合わせ・要請を受けて，それぞれ独自の検査体制の整備や生産者との生産調整等を行った。

各事業者による原発事故後の対応をまとめたものが，表9である。主に，(1) 情報体制の整備，(2) 自主的な規制値の設定，(3) 産地分けや産地限定品の販売，(4) 生産者支援，の4種類の対応に分けられる。以下，これらの対応について紹介する。

(1) 情報体制の整備

多くの事業者が行った情報体制の整備のうち，基本となったのはトレーサビリティである。産地から消費者まで「トレースできること」が，食品の放射性物質汚染への対応を容易にし，消費者の産地離れに歯止めをかけたとの報告が複数の事業者より聞かれた（大地を守る会，らでぃっしゅぼーや）。また店舗販売が中心のイオンでも産地との直接契約を行っており，トレーサビリティにより出荷を止める地域や農家を限定できれば，それ以外の地域・農家は出荷が可能となり，出荷停止の地域・農家へは別途，行政などからの補償や補助が必要と答えている。

表9　原発事故後の対応

(1) 情報体制の整備	
①トレーサビリティ体制	生活，大地，らでぃっしゅ，イオン（一部），ダイエー（一部）
②自主検査	生活，パル，大地，らでぃっしゅ，イオン，ダイエー
③情報公開	生活，パル，大地，らでぃっしゅ，イオン
(2) 自主基準値の設定	生活（2012年4月より復活），パル，大地，らでぃっしゅ，イオン
(3) 産地分け販売（西日本産セットなど）	生活（福島県向け限定），パル，大地，らでぃっしゅ
(4) 生産者支援	
①生産者との協議，合意形成	生活，パル，大地，らでぃっしゅ
②作物への放射性物質移行低減策の支援	生活，パル，大地，らでぃっしゅ
③被災地支援商品の販売	生活，パル，大地，らでぃっしゅ，イオン，ダイエー
④継続的な取引	生活，他は本文参照
⑤震災復興金や見舞金	生活，大地，パル
⑥被災農家の別地域への移転支援（応募農家少なかったため停止）	大地，らでぃっしゅ

注）各事業者へのヒアリングより作成．

　食品に含まれる放射性物質の自主検査を実施した流通事業者もある．生活クラブでは，2011年3月の事故以降，放射性物質の自主検査を行い，4月には31検体の検査結果を公表した．その後，9月には自前の検査機器の整備，全品目検査に向けての生産者説明会の開催を行い，その後も検査体制の拡充に努めている．2012年度末で4万件を超える検査実績をあげ，消費材検査のすべての結果を公表した．また大地を守る会では，2011年5月から放射性物質の検査結果を公表，2011年7月から自社検査結果を公表した．らでぃっしゅぼーやでも，同年5月中旬より検査体制を整備し，田畑の特定，出荷前（ゲルマニウム半導体検出器でサンプル検査），入荷時（表面放射線汚染モニターによる簡易測定），入荷後（ベクレルモニターの検査）など，各工程で検査を行った．同社では，これまで2600の農家と1対1で契約しており，トレーサビリティが可能だったため，出荷時にサンプルをとって放射性物質を測ることにしたという．特に田畑の特定では，同社の事故前からの既存のトレーサビリティシス

テムにより，品目，圃場，栽培記録，生産者の記録等が活用された。イオンでも，2011年3月から第三者機関にて自主検査（モニタリング検査），2013年1月からグループ会社にて検査を開始した。これらの自主検査の結果は，会員向けカタログや各事業者のウェブサイトなどで公開されている。

　こうした情報公開については，ヒアリングした流通事業者の多くが，消費者との信頼関係の構築の上で不可欠だったと回答している。「検査した情報が出てこないことで，かえって消費者が不安になる。放射性物質についての数値の公開は，ほとんどの会員から『判断材料ができた』と支持された」（大地を守る会），「風評被害は情報をきちんと伝えれば起きないはずで，隠そうとするからおかしくなる。リスクコミュニケーションはまず情報開示」（イオン），などである。

(2) 放射性物質の自主基準値の設定

　上記のような独自検査を行う以外にも，国の決めた暫定規制値より厳しい基準値を自ら設定した事業者もある。例えばらでぃっしゅぼーやでは，2011年9月から国の「暫定規制値」の10分の1，2012年4月からは国の「新基準値」の2分の1を自主規制値と設定した。また，パルシステムでは，2011年9月から国の暫定規制値の5分の1となる自主基準値を設定し，2012年2月にはさらに自主基準を引き下げた。乳幼児用商品，米，牛乳，飲料の基準については，検出限界値の10 Bq/kg（ベクレル）とし，自主基準を超える放射能（放射性物質）が検出された場合はそれ以降の取り扱いを原則停止するなどの対応をとった。このような自主基準値の設定により，パルシステムでは原発事故後に組合員が約4万人増えたという[注22]。イオンでは，2011年11月に「店頭での放射性物質"ゼロ"を目標に検査体制を強化」を表明，自主検査結果の店頭およびウェブサイトでの公開とともに，検査によりこの基準を超えて放射性物質が検出された場合は，グループ各社において，産地・漁場の変更と当該産地・漁場の商品の販売の見合わせなどを行うと発表した。

　一方，もともと放射性物質の自主基準値があったものの，今回の原発事故に際してむしろ自主基準を一時停止し，さらに消費者からの要請があっても西日本産野菜に産地を移行しなかった流通事業者もある。生活クラブは，自主検査

は継続しつつも，2011年3月の事故以降，一時的にもともと設定していた自主基準（37 Bq/kg）を停止し，2012年3月まで継続した。その理由は3つある。第1に原発事故直後，放射性ヨウ素は食品1 kgあたり数千Bqという単位で検出されており，外部に検査機関を持っていたとしても扱う食品の全てを検査することはできないこと，第2に独自の検査体制を作るには一定の時間がかかること，第3に検査体制を整備したとしても実際には生活クラブの元の自主基準である37 Bq/kg以内の食料を供給できる保証がないこと，である。生活クラブでは「消費者に安全だと嘘をつくのはやめよう」との方針が決定され，自主基準値を一時的に停止した。しかしこの対応に対して，生活クラブの組合員から「自主基準を止めないで」，「最も安全な農産品を供給してくれると信じていた」などの声があがり，対応に反対する組合員による署名活動などにも発展したという。

(3) 産地を分けての販売

消費者の「西日本産の野菜を食べたい」という声に対応するために，西日本産・北海道産の野菜に特化した野菜セットを販売した事業者もある。大地を守る会では，全国の産地を対象とした野菜セットボックスで福島・北関東産の野菜を区別していなかったことから，これを避けようとする会員が相次いだ。そのため2011年6月から西日本の野菜を組み合わせた「西から応援野菜セット」を販売し，さらに同年7月からは北海道・甲信越・愛知以西産の野菜を集めた「子どもたちへの安心野菜セット」を販売した。同社では，このような東日本・東北以外の野菜セットを販売したことで，販売開始月の2011年6月には，宅配の入会者数が前月の2倍に増加したという。「放射性物質検査やトレーサビリティ体制への安心感と，西日本産と東日本産の野菜を選べるようになったことの両方に要因があるのではないか」と大地を守る会は述べている[注23]。同様に，らでぃっしゅぼーやでは，2011年6月に，葉物5品（ホウレン草・ニラ・小松菜・葉ネギ・水菜）の産地を東日本産と西日本産にそれぞれ分けたところ，売上が両産地計で数倍（ホウレン草1.5倍，水菜2倍など）となった。その後も，西日本産の野菜の売り上げは2012年春まで伸び続けたとのことである。

しかし，大地を守る会は，消費者に選択の権利を付与することが流通事業者の使命であるものの，単に西日本産の野菜を揃えるだけの対策では，本当の意味で不安を払拭したことにはならず，消費者が安心して事故前の需要に戻れるよう，生産者とともに継続的に努力し，その結果を消費者に示し続ける必要がある，と答えている。そのために必要な対策は，福島の生産者たちの安全性確保に向けた努力を支援し，その取り組みを流通業者として消費者に伝えることであり，それこそが流通業者の使命でもあると答えている。

　一方，前述のように，生活クラブでは西日本産，九州産などへの産地移行はしない方針が取られた[注24]。理由として，これまで提携してきた産地と農薬問題，土づくりなどを一緒に行ってきた関係だったことを挙げている。しかし，生活クラブでは，放射性物質の自主基準停止のこともあり，組合員の数にも影響したという。この点について，生活クラブは，「放射性物質汚染への対応は，組織的に組合員と意見交換しながら決めてきたが，一部の不安が先行する消費者の中には，生活クラブが供給する東日本の食品を買い控える者もいた。放射性物質が広範に降った状況下では，致し方ないことで，消費者を責めることではない」と答えている。

(4) 生産者支援

　一方，今回の原発事故の被害を受けた生産者は，震災自体の被災者でもある。こうした生産者への対応は，①生産者との協議・合意形成，②作物への放射性物質移行低減策への支援，③福島を含む被災地支援商品の販売，④継続的な取引，⑤震災復興基金，⑥被災した農家の別地域への移転，などに分類できる。

①生産者との協議・合意形成

　このうち生産者との協議・合意形成では，例えば生活クラブのように，生産者とのこれまでの関係から産地を西日本に切り替えない方針をとったところもある。他方，消費者からの福島・関東産野菜の回避の要望，また流通業としての選択肢の拡大の必要性などから，生産者との交渉で事前に福島産の農産物の作付けを減らしたり，取引を一時的に停止したりした流通事業者もあった。しかしこの際に，ヒアリングを行った産消提携の流通事業者では，一方的に産直産地やメーカーへ決定を押し付けるのではなく，話し合いの下，消費者と生産

者が納得した上で対応を決めることを重視し，可能な限り生産者との合意形成に努めたという。

パルシステムでは，取引先で構成される「パルシステム協力会」と「パルシステム生産者・消費者協議会」とで会合を開き，様々な意見があった中で，検査の情報を公開することを1～2ヵ月かけて合意した。また土壌などの放射性物質が国の定めた指標値以下であっても，生産者と同社が協力して引き続き低減対策を行うことなども約束した。当初は，一部から激しい反発もあったが，その後は納得してもらっているという。

大地を守る会では，事故後に福島の契約農家を回り，契約量通りには農作物を引き取れないと伝えた際に，生産者から強い非難の言葉もあった。事故後，生産者との話し合いと説得を続ける中で，生産者に対し，契約量の下方修正・作付停止や，早期の他の売り先の確保依頼などを行った。同時に生産者には「消費者から信頼を地道に取り戻していくほかに手段はなく，そのためにも『国の基準値未満なのだから食べて』ではなく，できるだけ食料に含まれる汚染物質の値を低くする努力を続けなければならない」と説得したと述べている。

パルシステムや大地を守る会が「消費者と生産者が問題の対立的な立場にあるとは思っていない。放射性物質も，農薬の問題と同様に，危険なものは生産者がまず被害を受ける」と回答しているように，「食の安全・安心」を目指すという目標は，生産者・流通事業者・消費者で共有しているはずである。今回の原発事故での対応において，多くの流通事業者が生産者との様々な協議を行い，消費者と生産者が納得した上での対応の決定を重視したこと，可能な限りの合意形成努力を行ったことは，今後の「食の安全・安心」と「農業の持続性」にとっての基盤であると思われる。合意形成努力に基づく「納得」と「信頼性の構築」は，今後の生産者と消費者の「協力」につながる。「食の安全・安心」と「農業の持続性」は，その結果として得られるものである。

②作物への放射性物質移行低減策への支援

また今回ヒアリング調査を行った産消提携の流通事業者では，農家による農地土壌改良や放射性物質検査などに際し支援を行っている。放射性物質汚染に対する土壌改良とは，カリウムやゼオライトを土に混ぜるなどが中心となる。大地を守る会の米産地の稲田稲作研究会（福島県須賀川市）では，生産者単位

だけでなく，田んぼ1枚1枚ごとに，土，玄米，精米とそれぞれの段階で測る計画を立て，作物への放射性物質の移行低減を支援した。その結果，例えば2011年度産の米は，検査した玄米341検体中337検体が検出限界値未満（限界値＝10 Bq），白米ではすべて限界値未満であり，2012年産の米はさらに下がったという。

　③福島を含む被災地支援商品の販売

　さらに福島を含む被災地支援商品を積極的に販売することで，被災地を支援しようという動きもあった。前述の大地を守る会では，2011年4月から「福島と北関東の農家がんばろうセット」を販売，らでぃっしゅぼーやでは同年7月から「北関東セット」，「福島応援セット」を，パルシステムでも2011年4月から千葉・茨城などの「思いをつなげる産地応援野菜セット」を販売している。同様にイオン，ダイエーでも，福島・東北の支援セールなどを行った。

　ただし，これらの商品は，当初は消費者の震災支援の機運もあり，好調な販売であったものの，2012年末時点では需要が減少しているという。大地を守る会，らでぃっしゅぼーやが行っている被災地支援商品は，2011年の後半から需要が減り，2012年末前後では，減少したままで横ばいが続いていた。またパルシステムでは，自主的規制値と自主検査の情報公開により，他の産地と同じ品質の農作物を販売しているとの理由で，2012年12月時点ではこのような支援商品を取り扱っていない。

　しかし，大地を守る会によれば，それでもあえてこのような支援商品を買い支えたいという会員は存在しており，2012年12月時点でも「福島と北関東の農家がんばろうセット」は週に500セットほど購入されているという。同社は，その理由として，放射性物質の値を測定し信頼されていることと，購入者が産地との絆を大切に思い，それらの農産物を買い支えていることの両方があるのではないか，これまで培ってきた生産者と消費者の絆は確かな意味を持っていると答えている。

　④継続的な取引

　先の支援商品の販売以外に，福島を含む東北産の商品を継続的に販売し続けることが生産者を支えるという考え方を重視した流通事業者もある。生活クラブでは，それにより消費者離れが起きたものの，原発事故後も産地を西日本や

北海道などに変えず，これまで提携してきた産地の農産物を供給し続けた。

　大地を守る会では，米の事前予約制度の産地が福島県の須賀川市であったため，原発事故後の2011年以降，予約者がピーク時の約5000人から半分の約2400～2600人になってしまったという。しかしこれは，それまでの購入者の半数が継続して買ってくれていることでもあり，購入者の中には福島の生産者を応援したいといって申し込んだ人もいるとのことである。大地を守る会は，この約2500人の会員が会の活動と事業をベースとなって支えてくれたと思えば，この数字は「希望」であり，この人たちが，産地や大地を守る会がこれまでの37年をかけて伝えてきたことを理解し，産地を支えてくれているとも考えられる，と述べている。

　またパルシステムでは，食品を扱う流通業者としての信頼関係，これまで組合員が参加してともに商品開発してきた歴史などから，震災後すぐに役員が被災地のメーカーを訪問し，「生産を再開した時には必ず取り扱う」と告げたという。被災した生産者が生産を再開した際に，それらの生産者と再び取引を開始することは，代替商品のために新たに契約した取引先とも合意を取った。「おいしいだけではない産直の意味」を重視しているためとパルシステムは説明している。

　イオン，ダイエーでも共通して，小売活動を継続することこそが生産者支援となると答えている。このうちイオンは独自の放射性物質の基準値を設けているが，「検査と結果の情報開示を行い，消費者のためによい商品，おいしいものを流通させること，小売活動を継続すること，が復興を進め，結果的に生産者を支援する」（イオン），「国や自治体の検査結果に従い，基準値以上の放射性物質が出た産地の農産品を撤去するが，お客様の不安を煽らないよう通常通りの販売を行うよう心がけている」（ダイエー）などである。

⑤震災復興基金

　被災地の直接支援金を供している事例もある。パルシステムでは，2011年に3億円を震災復興基金として用意し，「東北復興支援：一定額が震災支援に」というマークのついた多くの商品をカタログに載せた。消費者からの注文数に応じ，基金からその商品を供給する生産者に支援金が出される仕組みになっている。この支援金は主に放射性物質検査の資材や土壌への取り組みなどに使用

され，2012年末までに，生産者へ約8200万円の支援金が渡されたとのことである。

⑥被災した農家の別地域への移転支援

このほかにも，大地を守る会，らでぃっしゅぼーやでは，2011年の事故直後，福島県で原発事故の影響を受けた被災農家への支援として，それらの農家を他の地域で受け入れてもらうことを企画した。これに対し北海道や四国の農家で被災農家の受け入れ希望があったが，被災農家の多くは福島で農業をやりたいという希望が多く，一時的に移住して別の場所で農業をしようという農家はあまりなかったとのことである。そのため原発事故の被災農家へは，除染支援に重点が移されることとなった。

2-3 原発事故とその対応から学ぶこと

以上のヒアリング調査から得られたことは，①トレーサビリティ制度の重要性，②放射性物質汚染の測定と消費者・生産者双方への情報共有，③対応への合意形成の努力，の3点である。トレーサビリティ制度および検査と情報共有が「消費者だけでなく生産者を守ることになる」という回答は，ヒアリングを行った流通事業者の多くから聞かれた。いくつかを挙げると，「消費者と生産者が問題対立の両極にあるとは思っていない。農薬問題と同様，危険なものは生産者がまず被害を受ける。消費者も生産者も同じ生活者で，目指すところは一緒であり，産直運動はそうやって作られた」（パルシステム），「生産者自身が土壌や農産物の検査を強く望んでいる。必要な除染努力を続けることで，農家自身が安心して食料生産を行い，安全な食料を消費者に提供したい」（らでぃっしゅぼーや），「詳細な検査体制と情報提供の充実が消費者だけでなく生産者も守る」（大地を守る会，イオン）などである。

このようなトレーサビリティ制度と情報共有の前提には，ⓐ事故前からの「顔の見える関係性」すなわち特定産地や生産者との「長期的な提携」がある。また，ⓑ「長期的な提携」が生産者・流通業者・消費者間の「信頼関係」を構築し，ⓒ「信頼関係」にもとづいた「合意形成の努力」がなされることによって，ⓓ生産者・流通業者・消費者それぞれにとっての「納得」と「協力」が生まれる。それらが結果的に「食の安全・安心」の保証につながると考えられる。

産消提携の流通事業者は，数十年にわたり，生産者・流通業者・消費者が提携し，情報を共有することで，多くの協議やコスト負担をそれぞれが担うビジネスの仕組みを作ってきた。このような「プロセスの重要性」については，スーパー事業者であるイオンからも同様の考え方が聞かれた。

　表8の産地別の野菜の取扱量・取扱金額に示されるように，福島県・関東各県の生産者は依然として厳しい状況にある。また，生産者に近い流通事業者の中には，事故後も産地を替えないことを選択し，そのことで苦戦した事業者もある。しかし，大地を守る会によれば，生産者自身は原発事故の影響を単純な風評被害とは思っておらず，むしろこれをどう乗り越えるか，対策を実践するかしないかで結果も違ってくると考える人が多いという。自分の畑の農産物を食べているからこそ，対策は生産者自身の健康を守る上でも重要であり，契約農家はむしろ徹底的な検査を望み，除染対策に取り組むのも早く，その効果も表れているという。加えて，どの流通事業者にも，その組織の活動を理解し支えている会員や組合員がおり，それらの消費者と生産者との信頼関係は続いているという。この点について大地を守る会は，以下のように述べている。「賢明な消費行動は生産地を励ます。それにより生産者が責任を自覚する。今回の原発事故はそれを改めて見直すきっかけになった。生産者・流通・消費者で作ってきた信頼や支えあうことが，食の安全・安心の思想の基本になる。原発事故で突発的に絆は壊れたが，原則論だけでも思いやりだけでも乗り切れない。汚染を測定するなどして消費者の信頼を取り戻す必要がある。かつての『うつくしま福島』を自分たちの手で取り戻す。そういう意識が必要だ」。

　原発事故から3年以上がたち，検査体制の充実とともに，生産者による地道な放射性物質除去対策も行われ，消費者の関心も薄れ始めている。「食の安全・安心」は取り戻されたかのように見える。しかし，放射性物質に汚染された土壌は福島県内にまだ現存しており，また，この原発事故が東北・北関東の農業に与えた影響も収束はしていない。問われるべきは，「消費者にとっての食の安全・安心」の確保のみではなく，「より安全・安心な食料を生産できる『環境』」と，それを可能にする農業の「持続性」である。

3. 食の安全・安心，環境配慮，農業の持続性のための課題

3-1 生産・流通・消費の提携と信頼関係の構築

　以上のように，「食の安全・安心」，「環境配慮」，「農業の持続性」の条件として重要なことは，ⓐ「顔の見える関係性」すなわち特定産地や生産者との「長期的な提携」，ⓑ「長期的な提携」による生産者・流通業者・消費者間の「信頼関係の構築」，ⓒ「信頼関係」にもとづいた「合意形成の努力」，ⓓ「合意形成努力」によるそれぞれの主体の「納得」と「協力」，の4点である。「食の安全・安心」の未曾有の危機であった原発事故後の放射性物質汚染への対応で，流通事業者は，これらにもとづき，①トレーサビリティ制度の拡充，②放射性物質汚染の測定と消費者・生産者双方への情報共有，③対応への合意形成の努力などを進めてきた。

　この関係性を支えてきたのは，長期にわたる生産者・流通業者・消費者の提携と情報共有，それぞれの主体によるコストとリスクの負担，特に「消費者による農業の買い支え」の仕組みである。上記のⓐ～ⓓのプロセスには時間と手間がかかり，地道で長期的な提携の継続が必要となる。もちろん，このような提携があれば必ず「食の安全・安心」，「環境配慮」，「農業の持続性」が実現できるわけではない。日本の農業の今後は，高齢化や担い手不足などの生産地の構造的問題やグローバル経済での競争，消費者のライフスタイルの変化など多くの要因にも依存している。また流通事業者の中には，国内外の多くの産地と契約し，生産地を多様化することで，天候不順や災害，それによる価格変動などのリスクをできるだけ低減しようという考え方もある。しかし，生産サイドのみによるコストとリスクの負担は避けなければならない。「農業の持続性」を支える流通と消費の仕組みとコスト負担が求められる。「農業・農村の持続性」は「都市の持続性」であり，「生産の持続性」は「消費の持続性」でもあると考えるからである。

　生活クラブは，この関係性の「継続」が生む「信用」と産地との「対等互恵」的な提携，そして生産者・流通業者・消費者の間での信頼関係と価格の「納得性」が，結果的に「食の安全・安心」を確保できると述べている。一方，

店舗販売を中心とする大手スーパーマーケットであるイオンも，今後の食料品販売においては，国内外のトレーサビリティの確保可能な生産地，信頼できる生産者と組み，食料の供給基地を確保する方向であると述べている。そこには共通して，「長期的な提携」，「信頼関係の構築」，「合意形成」，「納得と協力」の重要性への指摘がある。「食の安全・安心」は，その結果として得られると考えられる。

3-2 消費者の責務

一方，上記のような生産者・流通事業者・消費者の提携において，消費者はその責務を果たしているのだろうか。前述のように，価格の問題などから，産消提携に参加する消費者は限定されてしまう。また自らの安全・安心だけでなく，食料生産・流通の環境影響にまで配慮するような倫理的消費者はごく一部である。消費者の家族構成の変化，高齢化，ライフスタイルの変化などから，食品の経済性，購入時の利便性向上へのニーズは高い。そのため，これらの提携が前提としていた事前予約注文やセット購入などの「計画的な消費」が成り立ちにくくなっている。いずれの流通事業者においても，商品の魅力の向上だけでなく，一層の情報提供やサービスの拡充など，消費者へのサービスとコミュニケーション方法が模索されている。

さらに，消費者は，これらの食料を消費してはいるものの，消費者自身が生産・流通により積極的に関わるというような状況には必ずしもない。筆者が調査対象とした4つの産消提携の流通事業者は，もともと「消費者による食料生産・流通への働きかけ」から始まっており，「コミュニティ農業」における産消提携の社会経済モデルでもあった。しかし有機・産直農産物の市場規模が拡大すればするほど，そこでの消費者の参加や当事者意識は希薄となり，消費者自身の参加割合は小さくなってしまう。多くの消費者は，自らにとっての「安心・安全」や「利便性」のみを追求し，いわば「安全・安心」と「環境」という自然資源に「オープンアクセス」している状況なのではないか。生活クラブなどの産消提携は，「食の安全・安心」，「環境配慮」，「農業の持続性」のための会員制のネットワーク組織である。そのような共通の関心や目的などで集まった機能的集団（アソシエーション）が，食料生産・流通・消費の「顔の見え

る関係」を通して，食料生産を持続的に行うには，生産者・流通事業者・消費者のそれぞれのコストとリスク負担が必要であり，なかでも消費者による「買い支え」が不可欠である。市場の「量的拡大」と消費者意識の「質的向上」を両立させるため，各事業者は商品の魅力向上とともに，インターネットによる注文や情報発信などにより新たな消費者ニーズを開拓しようとしているが，消費者自身の意識と行動がそれに呼応しているかは非常に不確定である。

　生活クラブは，自らの事業を「一種の社会実験」と述べている。「マクロの社会を一度に変えることはできず，グローバリズムの中にオルタナティブはない。しかしささやかでも作れることはあることを示す。消費者は受け身ではなく主体であり，匿名の消費者になってはならない。自主管理することで，自分で自分をコントロールできる社会を提供する」（生活クラブ）。また大地を守る会は，それぞれの主体が関わり続けることの重要性を強調する。「取引は需要と供給の関係による。双方の意識が変わることで，各地域で少しずつ生産と消費が変わっていく。賢明な消費行動は生産地を励ます。それにより生産者が責任を自覚する。今回の原発事故はそれを改めて見直すきっかけになった」（大地を守る会）。

　本章の「はじめに」で述べたように，都市における二重の持続可能性（都市と自然，都市を構成する社会経済関係）について危惧した大泉は，「コモンズ」が自然と人間社会との共生を維持しうるシステム，すなわち市場経済とは異なる社会経済関係となる可能性を示唆している（大泉，2006，111頁）。「コモンズ」の定義は多様ではあるが，井上（1997）は「自然資源の共同管理制度，および共同管理の対象である資源そのもの」と定義しており，その発展の可能性として「地域住民と都市住民をつなぐ役割」を挙げている[注25]。本章で取り上げた産消提携は，食料生産とその生産地という資源を，会員制の流通事業という形で，安全に持続させるための取り組みであると見なすこともできる。その意味では，自然資源の共同管理制度としての「コモンズ」の性質を有していると考えられるのではないか。国内外のいずれの地域であっても，「農業の持続性」がなければ，「食の安全・安心」もない。食料経済の構成員である消費者には，このような資源を支えるための相応のコスト負担とより積極的な参加が求められている。

（謝辞）本稿の趣旨を理解し協力していただいた調査対象事業者の皆様に心より感謝申し上げます。

［注1］その後，ドイツ，スイス，アメリカ，フランス，イタリアなどに拡大し，アメリカのCSA（地域で支える農業：Community Supported Agriculture），フランスのAMAP（家族農業を守る会：Association for the Maintenance of a Peasant Agriculture），イタリアのGAS（連帯型購入グループ：Gruppo di Acquisto Solidale）などに発展している（蔦谷，2013, 12頁）。

［注2］ここでの「スーパー」の定義は，経済産業省『商業動態統計調査』におけるスーパーの定義である「セルフ店でかつ『売場面積1500平方メートル以上の商店』」にもとづく。

［注3］山口（2009）55頁。

［注4］生活クラブ（2012）11頁。

［注5］生活クラブ（http://www.seikatsuclub.coop/item/）。

［注6］生活クラブ（2012）11頁。

［注7］大地を守る会（http://www.daichi.or.jp/corporate/），大地を守る会（2012）11頁。

［注8］らでぃっしゅぼーや（http://www.radishbo-ya.co.jp）。

［注9］蔦谷（2013）には，アメリカのCSA，フランスのAMAP，イタリアのGASの生産者との契約が紹介されている。アメリカCSAでは，生産者と消費者の話し合いで生産可能な栽培農産物，栽培方法等を含めた年間の作付け計画が策定され，生産物は消費者が全量購入する。購入代金は再生産が可能なように経費に一定の所得が上乗せされて決定され，購入代金は天候等によって不作になることも了解の上で作付け前に先払いされる。また消費者は農作業の一部を分担することも義務づけられていることが多い。フランスAMAPでは，生産者と消費者間の会議で作付けする野菜の種類や栽培計画が決められ，栽培にかかる費用と農場で働く人の賃金を会員数で割り年間の契約金を割り出す。後述のイタリアのGAS等と対比して生産者主導型であるとされる。また会員が農作業を手伝う援農を規約に盛り込んでいるところが多い。イタリアGASは，消費者主導型と言われ，多くは，消費者が20戸から30戸集まり，特定の生産者と提携することにより安全・安心な農産物を確保するとともに，その見返りとして再生産が可能な価格で支払う（204-207頁）。

［注10］辻村（2013）には，生活クラブと山形県遊佐町との「共同開発米」での「生産原価保障方式」手順が記載されている。これによれば，共同開発米部会が最初に「生産原価計算書」を作成，生産原価は，開発米生産における種籾・肥料・農薬などの平

均的な価格・投入量を想定した経営費（現金支出と減価償却費）に，家族労働費（他産業従事者の平均賃金×年間労働時間）と自己資本利子を加えて算出される。次に，生産者代表，消費者代表（生活クラブ単協の消費委員，推進会議担当など），JA庄内みどり遊佐支店代表，生活クラブ連合会代表などが「推進会議」においてその計算書をもとに開発米価格決定の協議を行う。公式には2回の協議で決定されることになっているが，実際には容易には決まらず，産地や東京での非公式な会議を重ねて妥結価格を探る。辻村（2013）は決定された価格を，産消提携の理念の下，生産者が頑張れば「作り続けられる価格」，消費者が頑張れば「食べ続けられる価格」と表現している。また1992年の本格的な「生産原価保障方式」の導入以降，開発米価格は市場価格を上回っているが，市場価格と開発米価格との差が10％開いた場合，見直しを始めるという規定がある。ただし市場価格と10％以上の価格差があっても，できる限り開発米価格を落とさないよう努める，とされている（辻村，2013，214-218頁）。

[注11] 生活クラブ（2012）11頁。

[注12] らでぃっしゅぼーや（http://www.radishbo-ya.co.jp/admission/about_us.html）。

[注13] らでぃっしゅぼーや（http://www.radishbo-ya.co.jp/admission/about_us.html）。

[注14] 流通事業者に青果物の品目や量を任せるお任せの野菜セットには，生活クラブの「コア産地まるごとパック」，パルシステムの「グリーンボックス」，「コアフード有機野菜セット」，大地を守る会の「ベジタ」，らでぃっしゅぼーやの「ぱれっと」などがある。

[注15] 生活クラブと山形県遊佐町との提携の経緯や内容については，辻村（2013）第3章に詳しい。

[注16] 大地を守る会でも岩手県の山形村（現：岩手県久慈市）と約30年の交流を行っており，1994年1月に山形村，いわてくじ農業協同組合（現：新岩手農業協同組合）と大地を守る会の出資による第三セクター「有限会社総合農舎山形村」を設立した。大地を守る会『活動・事業内容』（2012年7月改訂）11頁。

[注17] 生活クラブ事業連合生活協同組合連合会（2013）134頁。

[注18] パルシステム生活協同組合連合会（2012a）13頁。

[注19] 地域と農水産業の活性化をめざす協議会，複数の産地・業種にまたがって地域の活性化をめざす協議会，食料自給率向上・産直加工品に取り組む協議会，産直協議会などがある。パルシステム生活協同組合連合会（2012b）34-35頁。

[注20] らでぃっしゅぼーや（http://www.radishbo-ya.co.jp/）。

[注21] 生活クラブウェブサイト（http://www.seikatsuclub.coop/about/item.html）。

[注22] ただし組合員が伸びた理由は，震災直後で物流が停止状態だったときに，通常通りに商品を届ける努力をしたことで信頼感が増したことも大きいとのことである。

パルシステムよりヒアリング（2012年12月25日）。
[注23] 2012年12月時点での比率は，全国の野菜で構成される「ベジタ」が6～7割，西日本産野菜を中心とした「子供たちへの安心野菜」が3～4割ほど。
[注24] ただし生活クラブでは，外部被曝線量の多いと思われる地域には内部被曝しない食品が必要という考えから，福島県浜通り・中通り限定で，「放射能10時間測定」の結果不検出を確認した「福島限定野菜セット」を供給した。
[注25] 井上（2004）89頁，井上編（2008）207頁。

参考文献

井上真（1997）「コモンズとしての熱帯林——カリマンタンでの実証調査をもとにして」『環境社会学研究』3号，15-32頁。
―――（2004）『コモンズの思想を求めて』岩波書店。
井上真編（2008）『コモンズ論の挑戦——新たな資源管理を求めて』新曜社。
大泉英次（2006）「コモンズと都市の公共性論」鈴木龍也・富野暉一郎編著『コモンズ論再考』晃洋書房。
鬼頭秀一（1996）『自然保護を問いなおす——環境倫理とネットワーク』ちくま新書。
厚生労働省・医薬食品安全部（2012）『新しい基準値の設定』。
生活クラブ事業連合生活協同組合連合会（2012）『生活クラブガイド』。
―――（2013）『生活クラブ連合会2013年度活動方針』。
大地を守る会（2012）『活動・事業案内』。
辻村英之（2013）『農業を買い支える仕組み——フェア・トレードと産消提携』太田出版。
蔦谷栄一（2013）『共生と提携のコミュニティ農業へ』創森社。
東京都『東京都中央卸売市場年報』各年版。
パルシステム生活協同組合連合会（2012a）『2012 Report 21世紀型生協の創造』。
―――（2012b）『パルシステム産直データブック2012』。
山口英昌（2009）「有機食品と有機農業」『食の安全事典』旬報社。
山本伸司（2012）「東日本大震災での消費の変化と生協の取り組み——パルシステムからの報告」，日本フードシステム学会編『東日本大震災とフードシステム』第5章，農林統計出版。

補　章

棚田存続の危機と保全のための連携

石井　敦

はじめに

　中山間地域の傾斜地水田地帯では，巨大区画水田への整備は土工費がかかりすぎてできず，第2章で筆者が示した大規模経営による生産コストの削減はできない。こうした地域の水田を保全するためには，水田を保持するための労力・金銭，さらには，そこで"農"を行う農民への精神的な支援が必要であろう。

　特に，生産・生活上の条件が厳しい「棚田」では，すでに耕作放棄が広がっているが，その一方で，棚田はまた，近年，その美しさから日本の「原風景」とも称され，伝統文化も含めた景観として憧憬の対象となっている。また，国内外の棚田の写真集が多数出版され，近年はフィリピンのコルディエラの棚田群が世界遺産にも登録され（1995年。なお，登録後まもない2001年には早くも危機に瀕する遺産リストに登録されている），国内でも重要文化的景観として国の指定を受け，保全が計画される地区もでてくる等，その価値が称揚されている。

　こうした棚田の危機と称揚から，現在，全国各地で多種多様な棚田保全支援活動が行われている。公的にはいくつもの地方自治体が様々な形態で棚田の保全活動を支援している。政府も中山間地域への直接支払い制度等を通じて保全を援助している。また，民間では，都市住民等がオーナー制度やトラスト制度，ワーキングホリデー等，多種多様な形態で保全活動に参加している。さらに，地元住民や農民らによる保存会による活動も各地で行われている。

耕作放棄の危機に瀕している棚田を今後持続的に保全していくためには，端的に言って，こうした金銭的・労働的支援が不可欠であり，持続的保全に必要な支援を具体的かつ定量的に解明することが必要である。これらがあまりに多大な場合，全国すべての棚田を保全することは困難であり，保全すべき棚田を選別する必要もあるだろう。

　以下，中山間地域水田の「限界地」である棚田について，その保全に必要な労力・金銭，棚田保全支援の各種取り組みの実態を分析し，今後の棚田保全の方策について検討する。

1. 棚田と谷地田

　農林水産省では傾斜20分の1以上の地域にある水田を棚田としているが，典型的な棚田は，谷地田等の谷底でなく山の尾根筋等，周囲より高いところに開かれた傾斜地水田であり，以下ではこれを狭義の棚田とする。中島（1999）が分類した「山間型」「臨海型」の棚田がその典型で，三重県熊野市の丸山千枚田，能登の輪島の千枚田や長野県千曲市の姨捨地区等，著名な棚田群にはこうしたものが多い。

　谷地田と違って狭義の棚田では，自己流域外からの取水と，そのための灌漑施設（取水堰，棚田群までの長大な導水路等）が必要になる点に特徴がある。

2. 棚田保全の含意と困難性

　棚田の保全と言う場合，棚田そのものを物理的に保存するだけでは不十分で，そこで水稲栽培が持続的に行われることを含んでいる。その点が，公園等の保全管理とは異なるところで，保全には多大な労力を要する。そのうえに，棚田は農地が狭小であり，面積あたりの農作業労力が多大になる。

　さらに，畑と違って棚田での水稲作付けには，少なくとも日本では中島（1999）が指摘したように，ごく少数の天水田を除き，灌漑が必須である。換言すれば，水源から個々の棚田までの水利施設と，それらの配水操作・維持管理（共同）作業が，棚田の保全には不可欠である。典型的な狭義の棚田の場合，

表1 棚田保全のための各種支援策

官民		支　援
民間	訪問・体験あり	オーナー制，トラストⅡ型（訪問型），ワーキングホリデー，各種のボランティア活動等
	訪問・体験なし	トラストⅠ型（醵金型），私人助成
行政	人的支援	PR，企画，イベント協力，会計，顧客管理
	補助	中山間地域直接支払い，地方自治体補助
	制度	特定農地貸付，特区，保全条例
	整備	圃場整備，農道・用排水路改良，アクセス道路整備，集会場建設，駐車場整備

多くは水源とする渓流等から棚田群まで長大な水路が必要で，棚田水田面積あたりに必要な維持管理の労力・費用が大きく，これも棚田の保全を困難にしている要因の一つとなっている（石井・佐久間，2008）。

こうした労力がどの程度必要かの具体例として，例えば，前記の丸山千枚田では，耕作放棄された2.4 haの棚田を町が復旧し，復旧後は地元農家からなる「丸山千枚田保存会」が稲作を行って保全しているが，毎年農作業にのべ1000人日前後，10 a当たりにすると40人日前後を要している（石井・佐久間，2006）。棚田で生産されるコメを一般的な生産者価格で売った場合の粗収入は10 a当たり10万円に満たないから，それと比べて多大な労働力・労働費用を要していると言える。

3. 各種の保全支援活動

表1に，現在，各地で行われている官・民による棚田支援活動等を示す。

保全支援の組織体制としては，市町村等の行政と，在村農民からなる「保存会」が中心になっていることが多い。市町村は各種支援の事務，資金管理，オーナー制の農地貸付の仲介やPR等を行い，また保存会の活動が軌道にのるまでの企画立案や体制づくり等を行う。「保存会」は日々の棚田での営農や保全作業を行って，都市住民の支援の経験を積み，市町村から事務等を受け継ぐことが多い。NPO法人となって支援を受け入れる主体となっていることもある

(千葉県鴨川市大山千枚田,岐阜県恵那市坂折棚田等)。また,市町村等が公社を設立し,人員を配置して,各種保全支援の業務を行うケースもある(三重県紀和町丸山千枚田,奈良県明日香村等)。

　支援の額として,前記の丸山千枚田では,オーナー制,県・市町村からの補助,直接支払い等を合わせると年間1000万円前後の資金を得ている。10 a 当たりにすると40万円前後であり,これは,同じ面積で作付けしたコメの売り上げの4倍前後にあたり,棚田の保全に多額の費用を要している(石井・佐久間,2006)。

4. オーナー制・トラスト制のネック

　都市住民が参加する支援の代表的なものとして,棚田のオーナー制やトラスト制がある。ともに都市住民等が現地を訪れ,田植え,刈り取り等の農作業を体験し,その代価としてオーナー利用料やトラスト会費を支払うというものである。

　オーナー制の場合,利用料は通常1口3~4万円程度で $100 m^2$ 程度の棚田のオーナーとなり,そこで収穫されるコメの全部か一部を受け取る。

　トラスト制度も同様の会費を支払い,田植えや刈り取りの作業に参加して,収穫されたコメを受け取る。オーナー制度では個々のオーナーに対してそれぞれ持ち分の棚田が決められるのに対し,トラスト制度ではそれがなく,対象となる棚田で会員全員が共同で作業を体験する。また,オーナー制と比べて,農作業の参加「義務」が比較的緩やかなものになっている地区が多い。なお,棚田保全活動の分野で「トラスト」という用語が使われてきたのは,ナショナル・トラストという用語の連想的誤用ではないかと思われる。

　オーナー制・トラスト制は,どちらも棚田 10 a 当たりにして30~40万円(水稲作付け粗収入の3~4倍)の利用料・会費が得られることから,棚田保全支援策としての期待が高く,実施している棚田地区も多い。

　しかし,1地区でこうした支援措置をとれる面積は,オーナー等を希望する都市住民が限られるという需要の制約と,彼らの農作業を指導する地元保存会等の指導員数が限られるという指導員制約とがあって,いくらでも増やせるわ

けではない。

　たとえば，丸山千枚田では，指導員に余力があってオーナー数増加の努力をしているが，オーナー希望者数が限られ，オーナー制でカバーできているのは8 ha の棚田群に対して1 ha 程度である。これはオーナー制の第1号である高知県檮原町の棚田や，名古屋から2時間程度と近い岐阜県恵那市の坂折棚田でも同様である。

　一方，鴨川市の大山千枚田は，京葉の大都市から近く，今のところそうした需要上の問題はおきていない。しかし，確実に期待できる指導員の数が制約となり，オーナー希望者は溢れているのに，現在の面積，オーナー数の枠を拡大しないでいる（佐久間・石井，2007）。「2002年には136組になって日本一のオーナー数を記録した」（中島，2004）と賞賛を込めて紹介された大山千枚田だが，指導員の確保が制約となって，以後はオーナー数も棚田面積も増やしていないのが現状である。

　おわりに

　現在，傾斜20分の1以上の広義の棚田は全国で20万 ha 以上あるとされているが，これらすべての棚田地区を丸山千枚田の保全区域のように手厚く支援することはきわめて困難である。支援を有効なものにするためには，保全する棚田地区を，例えば「棚田百選」合計約 1400 ha に選ばれているような景観上優れている等の棚田に限って，支援を集中する必要があろう。

　丸山千枚田では，熊野市（旧紀和町）が千枚田保全条例をつくって，市内に多々ある棚田のなかで，特に丸山千枚田に対して手厚い行政支援を行っている。

　また，保全すべき棚田地区のなかでも，例えば輪島市白米の棚田では，景観上問題とならないエリアの棚田は耕作放棄されてもやむなしとし，観光資源となりうるエリアに保全活動を集中している。そのような，地区内で保全すべきエリアとそれ以外とを分けるゾーニングも必要であろう。

　また，棚田を圃場整備することで農作業の負担を軽減することも考えられ，実際，そのような整備もなされている。しかし，たしかに労力は軽減されるものの，第Ⅰ部第2章第2節で示したように，他産業並みの収益が得られるだけ

の経営規模は実現できない。そうした場合でも，都市からの支援が必須である。また，圃場整備によって石積みの法面がコンクリートになる等，景観上好ましくない結果になるケースもある。さらに，傾斜地の圃場整備の費用は平地に比べて高く，整備した後も，持続的に営農されないおそれもあり，公共事業として実施することには慎重になる必要があろう。

なお，圃場整備を行う場合でも，区画整理をしないで景観を保全するエリアと圃場整備するエリアとのゾーニングが望ましい。これは，恵那市の坂折地区で全国で初めて計画されたが，換地処分で圃場整備を希望する農民と望まない農民との土地とを分けて集団化することが難しく，実際は所有者の意向のままに景観保全区域と圃場整備区域とがモザイク状になっている。こうした問題については，今後，第2章第2節で示した，耕作する権利のみを交換調整する耕作地調整の手法を検討することを推奨したい。

参考文献

石井敦・佐久間泰一（2006）「丸山千枚田における復田棚田の持続的保全支援の分析」『農業土木学会論文集』246，181-187頁。

―――（2008）「棚田保全に必要な水利施設とその管理の実態」『農業土木学会論文集』253，79-84頁。

佐久間泰一・石井敦（2007）「千葉県鴨川市における棚田の持続的保全支援の諸形態」『農業土木学会論文集』249，89-98頁。

中島峰広（1999）『日本の棚田』古今書院，118-119頁。

―――（2004）『百選の棚田を歩く』古今書院，6-10頁。

第III部

自立と連携のための政策

第 8 章

農山村の再生を支える税財政

寺 西 俊 一

はじめに

　本書の第1章（佐無田論文）で詳述されているように，日本では，1960年代の高度経済成長期の頃から農山村の過疎化と衰退化が徐々に進行してきた。その後も約半世紀にわたり，この傾向が基本的に続いているが，とくに近年，事態はますます厳しさを増し，いま日本の農山村はきわめて深刻な危機に直面している。

　この章では，まず第1節で，日本の農山村が直面している今日的な危機の様相について簡単に概観する。第2節では，これからの日本の農山村が"危機から再生へ"と局面の打開を図っていくためには，"自立と連携"にもとづく「内発的発展」への取り組みが重要になっていることを確認する。そのうえで第3節および第4節において，日本の農山村の再生を支えるための税財政のあり方をめぐって若干の検討を行う。そして，「おわりに」では，農山村がもっぱら政府の財政資金に頼るだけではなく，より多様な資金チャンネルを自前で確保し，それぞれの地域内経済循環を拡充していく取り組みの重要性についても簡単に言及する。

1. 日本の農山村が直面している"四重の危機"

　今日，日本の農山村は，以下に述べるように，いわば"四重の危機"に見舞われている。

第1は，1960年代から進行してきた農山村の過疎化と衰退化の傾向がさらに一段と強まっていることである。日本は，2004年末の総人口1億2784万人をピークにして，2005年以降，明らかに「人口減社会」[注1]に転じており，しかも，かつてない急速な高齢化が進んでいる。とりわけ農山村の担い手である基幹的農業従事者や基幹的林業従事者の減少と高齢化のテンポが著しい。たとえば2008年には，日本全体での基幹的農業従事者は197万人（しかも，この6割が65歳以上）となり，200万人を割り込んだ。これは，その10年前（1998年）に比べて約2割もの激減である。さらに2012年には174万人にまで減少している。こうした傾向がその後も続くなかで，農政学者の小田切徳美（小田切，2009参照）が強い危機感をもって指摘しているように，日本の農山村では，「人の空洞化」（社会減少から自然減少へ），「土地の空洞化」（農林地の荒廃化），「むらの空洞化」（集落機能の脆弱化），さらには「誇りの空洞化」（地域住民がそこに住み続ける意味や誇りの喪失）が進行しつつある。

　日本では，1990年代初頭に「限界集落」という言葉が登場してきたが（大野，2005参照），今後は，「消滅集落」が次々と発生してくるという現実的な懸念も高まっている。もし，こうした懸念に対処する有効な政策的措置が講じられないならば，とくに日本の中山間地域等における農林業とそれを支えてきた集落コミュニティの多くが消滅していくことになるだろう。それにともなって日本各地の森林資源や水資源の維持・管理が非常に困難な事態とならざるをえない。その結果，農業や林業が有する「多面的機能」[注2]や公益的機能，たとえば国土や水源などを守ってきた各種の環境保全機能（いわゆる「生態系サービス」[注3]の供給機能）が失われ，国土全体の深刻な荒廃化につながっていく。

　第2は，1980年代の後半以降における市場経済のグローバル化の進展を背景とした国際化と自由化の荒波を受けた弱肉強食型の"生き残り競争"に晒されていることである。日本では，すでに1960年代から安価な外材の輸入が増えることによって国内林業が衰退し，森林の荒廃が進んできたことは周知のとおりである。さらにその後，一部農産物の輸入自由化を受け，多くの関係農家が深刻な打撃を被ってきた。日本の食料自給率（カロリーベース）は，1960年には73％であったが，2012年には39％にまで下がっている。また，国際比較が可能な穀物自給率（飼料用の穀物も含めた穀物全体の自給率）でみ

ると，日本は，1960年の62％から2008年の28％にまで落ち込んできた。これは，フランスの173％，カナダの146％，アメリカの132％，イギリスの99％，ドイツの99％（いずれも2008年）など，他の先進諸国と比べて極端に低いレベルである。人口1億人以上を抱える大国のなかでも，日本は最低の自給率となっており，非常時の食料安全保障を考えた場合，深刻に憂慮すべき事態になっている。

　しかも，こうした状況のなかにあって，2010年秋以降，突如としてTPP（環太平洋経済連携協定）への参加問題が政治的に急浮上してきた。TPPとは，もともと2006年にブルネイ，チリ，ニュージーランド，シンガポールの4カ国が参加して発効した通称「P4協定」と呼ばれるものを土台としたものである。その後，アメリカ，オーストラリア，ペルー，ベトナム，マレーシアの5カ国，さらにカナダとメキシコが参加を表明し，これらの11カ国のあいだで交渉が進められてきたFTA（自由貿易協定）の一種である。このTPPの基本的な特徴は，10年間で関税をほぼ全面的に撤廃すること（「例外なき関税撤廃」）を原則的にめざしている点にある。さらには，こうした関税の撤廃だけでなく，金融・電気通信・その他サービス分野（保険・医療などを含む）の自由化，投資，知的財産権，政府調達，環境，労働，植物衛生検疫，貿易手続きの円滑化など，幅広い分野で自由化に向けた取り決めをめざすものとなっている。2013年3月，安倍首相はこのTPPへの交渉参加を表明し，同年7月から実際の交渉プロセスに関与しているが，今後，日本がTPPに正式加入するという選択に突き進むならば，私たちの国民生活に関わる幅広い分野に多大な諸影響をもたらすことが懸念される。とりわけ日本の農山村に対して致命的な打撃を与えるものとなるのは必至であろう[注4]。

　第3には，2001年の小泉政権の登場以降，新自由主義的な政策が強行され，これまで農山村の維持・保全に役立ってきた各種の施策が次々に切り捨てられるという動きがますます強まっていることである。この点では，とくに2003～06年にかけて実施された「三位一体の改革」（国庫支出金の廃止・整理合理化，地方交付税の見直し，税源移譲）による深刻な影響を看過することができない。たとえば2003～06年の4年間で，国庫支出金と地方交付税を合わせて約9兆8000億円もの大幅な削減が行われた。このため，農山村地域を抱える

地方の小規模市町村のほとんどがきわめて厳しい財政危機に陥ることになった。この間,「平成の市町村大合併」も推進されてきたが,地方での各種公共サービスの著しい低下が進むとともに,地方自治体における財政危機は一段と深刻の度を増している（川瀬,2011参照）。

そして第4には,それらのうえに折り重なる形で,2011年3月11日に東日本大震災と東京電力福島第一原発事故による未曾有の自然的・人為的な災害が発生したことである。とくに福島原発事故にともなう深刻な放射能汚染の広がりは,福島県をはじめとした東北地方の農林水産業とそれらを支えてきた地域社会に対し,きわめて甚大なダメージを与えることになった。なかでも放射能汚染による「警戒区域」（その後,「帰還困難区域」）に指定された福島原発近隣の市町村では,地域コミュニティそのものが壊滅を余儀なくされるという事態（本書の第3章（除本論文）参照）にまで追い込まれている。

以上のように,目下,日本の農山村はいくつもの重層的な危機に直面し,それらに如何に対処していくか,そして,今後の再生に向けた取り組みをどのように推し進めていくかが鋭く問われる状況になっている[注5]。

2. "自立と連携"にもとづく「内発的発展」の重要性

では,これからの日本における農山村の再生に向けて,今後,どのような取り組みが求められているのだろうか。前述したように,目下,日本の農山村は,①過疎化・高齢化,②国際化・自由化の荒波,③政策的な切り捨て,④大震災と原発事故による甚大なダメージという"四重の危機"に直面しているが,これら一連の危機を乗り越えていくためには,それぞれの農山村地域が個別的な対応をバラバラな形で推し進めていくだけでは不十分である。そこでは,少なくとも今世紀半ばを見据えた中長期的な視野と展望に立って,これからの農山村の再生に向けた戦略的な基本ビジョンを明確にしていかなくてはならない。そのためのキーワードとして,本書全体を通じて提示しているのが,"自立と連携"にもとづく「内発的発展」である。

第1章（佐無田論文）でも触れられているとおり,これまで農山村の再生のためにはそれぞれの地域からの「内発的発展」（Endogenous Development）

への取り組みが重要だとされてきた。だが，この「内発的発展」論も，単にそれぞれの地域内部での「自助努力」(Self-help)の推奨にとどまるものであれば，これからの日本の農山村の再生に向けた戦略的な基本ビジョンとはなりえない。今日の日本における農山村をめぐる一連の危機は，個々の地域内部での「自助努力」だけではとうてい打開していくことのできない政治的・経済的・社会的な構造を背景としているからである。いま求められているのは，「自助努力」の推奨論にとどまらない，"自立と連携"にもとづく「内発的発展」論であり，また，それを可能とするための新たな政策論の展開である。

では，"自立と連携"にもとづく「内発的発展」とはどのようなものか。この点で重要な指針を与えているのが，農村地域経済の専門家である保母武彦が1996年に定式化した独自の「内発的発展」論であろう。保母（1996）は，次のように提示している。

①環境・生態系の保全及び社会の維持可能な発展を政策の枠組みとしつつ，人権の擁護，人間の発達，生活の質的向上を図る総合的な地域発展を目標とする。

②地域にある資源，技術，産業，人材，文化，ネットワークなどのハードとソフトの資源を活用し，地域振興においては，複合経済と多種の職業構成を重視し，域内産業連関を拡充する発展方式をとる。地域経済は閉鎖体系ではないため，「地域主義」に閉じこもるのではなく，経済力の集中・集積する都市との連携，その活用を図り，また，必要な規制と誘導を行う。国家の支援措置については，地域の自律的意思により活用を図る。

③地域の自律的な意思に基づく政策形成を行う。住民参加，分権と住民自治の徹底による地方自治の確立を重視する。同時に，地域の実態に合った事業実施主体の形成を図る。

上記の①②③は，それぞれの地域での「内発的発展」への取り組みにおける「目標」「方法・手段」「主体」に対応する。①は，それぞれの地域における中長期の将来像ないし将来目標と展望を明確に設定することの重要性を示したものである。それぞれの地域が進むべき中長期の将来像ないし将来目標が明確に設定されるならば，それを基本に据えて，関係する住民，企業，行政などが何をなすべきかという課題と役割もはっきりし，さまざまな創意も出てくること

になる。次の②は，それぞれの地域での「内発的発展」における「方法・手段」に関するものである。なお，この点については，その後，保母（2013）で，より詳しい補足が行われている。重要な諸点を多く含んでいるので，少し長くなるが，そのまま以下に引用しておくことにしたい。

「地域産業・経済の振興の方法……には，次の３つの方法しかない。①地域の既存企業・産業を伸ばす（『内発的発展』）。②地域に必要だが無い産業部門を地域が主体となって創る（『内発的発展』）。③地域主体で創ることができなければ，地域の外から誘致する（『外来型開発』）。このうち，第３番目の「地域の外からの企業誘致」には，２つの基本的な欠陥があることを忘れてはならない。第１の欠陥は，企業の進出も撤退も操業も企業の採算性（営利）が唯一，最高の判断基準であって，決定権は企業にあり，親会社の判断と決定が絶対的であるということである。地域が雇用の場の存続を望んだとしても，決定権を地元地域が持っているわけではない。第２の欠陥は，進出事業所の利益は本社に吸収されて，より採算性の高い地域・部門への投資に使われ，当該地域での再投資の原資にならない場合が多いことである。そのため，地域の発展に望ましい方法は，上記のうち③『外来型開発』ではなく，①と②，その組み合わせによる『内発的発展』が望ましいことになる。①と②がどうしても不可能な場合には，③しかないが，その場合には，上記の『２つの基本的な欠陥』を最小限に食い止めるための当該地域の取り組みが必要になる。」

「『地域にある資源，技術，産業，人材，文化，ネットワークなどのハードとソフトの資源』の活用は，地域振興の重要な方策である。『地域資源』には，再生可能エネルギー資源が含まれる。福島の原発事故以降，日本国内で，太陽光，太陽熱，風力，バイオマス，地中熱など再生可能エネルギー資源が注目されるようになった。実は，農山村に豊かに賦存する，これらの再生可能エネルギー資源は高度成長と『エネルギー革命』，原発開発への傾斜の中で，日本が一たん捨てた資源である。『地域資源』としての再生可能エネルギー資源の見直しと再利用が，農山村再生の"新たな切り札"となる可能性を秘めている。」

「また，『地域資源』には，地下資源や水資源，農地や山林などの『ハードの資源』以外に，技術や文化，人的ネットワークなどの『ソフトの資源』もある。例えば人口動態で社会的減少が多かった過疎地域は，人口減少だけを見れば，一方的な地域活力の低下だが，見方を変えれば，村人が都会や全国に『つながり』を広めていることでもあり，それを人的ネットワークとして活かせば，有力な『ソフトの資源』になる。既存産業・企業の育成は重要だが，それだけでは若者の就業・雇用に結びつかないという悩みを，多くの地域が抱えている。この悩みの解決には，既存産業・企業の技術革新，新商品の

開発などとともに，②の『地域に必要だが無い産業部門を地域が主体となって創る』ことが有効である。1つの産業・企業の周りに，資源や原材料，技術などの関連で新産業を興す『産業クラスター』的発展が安定的な産業発展には適している。」

「地域産業の発展において重視したいのは，生産技術と経営技術の向上である。これら技術の向上は，地域内での独自開発や地域外からの導入によってもたらされるが，生産技術と経営技術の向上は，地域の小規模企業の努力だけでは困難な面があり，これをコーディネートする地域経営能力の向上が求められる。コーディネート役は，行政か，あるいは行政，農協，商工会（商工会議所），森林組合などからなる振興協議会か，それ以外でもよい。」「いずれの場合にも，地域における情報収集と知識の集積が重要である。地域の限界を超える外部専門家の活用も重要であり，そのシステムづくりが成否の鍵を握るであろう。」

「地元の関係者，住民が意欲を持って取り組む『自前の発展努力』が基礎，基本だが，資本，情報の集中する都市との連携が重要である。都市は大消費地でもある。また，……国家の役割も欠かせない。」「内発的発展のためには，『自前の発展努力』，『都市との連携』と『国家の正常な役割の発揮』の3政策の結合が欠かせない。」[注6]

そして，③では，それぞれの地域での「内発的発展」が可能となるための不可欠な主体的条件として，自律的な意思形成，住民参加と住民自治にもとづく地方自治の重要性を強調している。

以上に紹介したような保母による「内発的発展」論を基本的な指針とするならば，これからの農山村の再生に求められるのは，まず，それぞれの地域が自助（Self-help）と自立（Self-support）への内部努力（「自前の発展努力」）をスタートさせ，そこからさらに，自律（Self-control）と自治（Self-governance）の確立をめざしていくことである。その際，「地域にある資源，技術，産業，人材，文化，ネットワークなどのハードとソフトの資源の活用」を図っていくために，さまざまな"連携"の輪[注7]を重層的に広げていくことがきわめて重要な鍵となる。

3. 農山村を支える税財政（1）——地方交付税制度のあり方

前節では，保母による議論を引用し，それぞれの地域が"自立と連携"にもとづく「内発的発展」に取り組むことの重要性について改めて確認した。しか

し，保母が「3政策の結合」という表現で指摘しているように，他方では，そうした取り組みを支える制度的な基盤がその前提として保障されなければならない。なかでも，とりわけ重要なのが税財政のあり方である。

　日本の農山村地域を抱える地方自治体は，地方税などの自主財源に乏しく，地方交付税交付金，国・県からの各種補助金，および地方（過疎）債といった依存財源に頼らざるをえないところが多い。そこで本節では，農山村を支える重要な財源保障の一つである「地方交付税交付金制度」（以下，地方交付税制度）に焦点をあてて，若干の検討を行っておこう。

　周知のように，日本の地方交付税制度は，第二次世界大戦後，1949年に来日したアメリカ税制使節団による「シャウプ勧告」にもとづいて創設された「地方財政平衡交付金制度」（1950～53年）を前身としている。この「平衡交付金」の制度は，使節団長であったシャウプ（K. S. Shoup, コロンビア大学教授）による地方自治の理念を反映したものであった。とくに市町村レベルの地方自治体（法律用語では「地方公共団体」。以下同）の独立性を財政的に支えることを狙いとしていた。具体的には，各地方自治体の標準的な財政規模（基準財政需要額と基準財政収入額）を算定したうえで，それぞれの地方自治体の財源不足額を「平衡交付金」によって全額補塡するというものであった。しかし実際には，この理想どおりの運用は行われず，毎年の「平衡交付金」の総額が地方自治体の実際の財源不足額に比して著しく低い水準で決定された。そのため，この制度はわずか3年で破綻し，定着しなかった。そして，この失敗を受けて，翌1954年度から新たにスタートしたのが戦後日本の地方交付税制度であった。

　この地方交付税制度の意義は，①地域間の財政力格差の是正，②すべての地域が一定水準の行政サービスを維持するために必要な財源の保障，という点にある。前者は，「水平的な財政調整機能」，後者は「垂直的な財源保障機能」と呼ばれている。この制度では，国から各地方自治体に配分される交付税の総額を国税の一定割合（法定税率分）にリンクさせるという方式が導入された。この法定税率は，地方交付税法の第6条で定められ，当初は，国税3税（所得税，酒税，法人税）の一定割合とされたが，1989年度以降には国税5税（前出の3税に消費税とたばこ税が加えられた）の一定割合となっている。

このような地方交付税の制度は，施行からすでに半世紀以上を経ており，戦後日本の地方自治を支える根幹的な税財政システムとして重要な役割を果たしてきたといえる。ところが近年では，数多くの問題を抱え込み，この制度の是非や改革をめぐる議論が展開されている。以下では，この制度をめぐる主な問題点について確認しておこう（より詳しくは，西森，2005；川瀬，2012，などを参照）。

まず，第1の問題点は，地方交付税特別会計の借入金残高が，1990年代初頭のバブル崩壊以降，年々増加し，雪ダルマ的に膨らんできたことである。前述のとおり，この制度では，国税3税（1989年度以降は国税5税）の一定割合（法定税率分）を地方交付税特別会計に繰り入れ，この財源によって各地方自治体に配分する交付税額に当ててきた。この交付税総額は，法定税率の変更がなくても，景気動向等の影響をもろに受け，各対象税源からの実際の税収額の変動に応じて増減する。幸い1980年代までは，この総額はほぼ一貫して右肩上がりで増えてきたが，バブル崩壊以降には減少に転じ，しかも変動の幅も激しくなってきた。

他方で，各地方自治体の基準財政需要額と基準財政収入額の差，つまり地方交付税によって国が各地方自治体に財源保障すべき総額は年々増加の一途を辿ってきた。このため，その不足分を地方交付税特別会計の新規借入金（財務省資金運用部資金からの借入金）によって賄う割合が急増してきたのである。とくに1994年度以降，新規借入金への依存が始まり，累積での借入金残高は年を追うごとに増加し，2004年度末にはついに50兆円の大台を突破した。すでに触れたように，小泉政権のもとでの「三位一体の改革」によって地方交付税総額そのものの大幅削減が強行されたが，その結果，最低限の財源保障機能が果たされなくなり，深刻な打撃を被ることになった市町村が少なくない。

第2の問題点は，この制度による交付金が地方自治体にとっては使途を制限されない重要な一般財源であるにもかかわらず，基準財政需要額の算定方法や配分方法などが国（総務省）によって細かく決定され，しかも，年々きわめて複雑かつ不透明なものになってきたことである。また，そこに各地方自治体の実情や意向が十分に反映されず，地方自治を財政的に支えるという制度本来の主旨にそぐわなくなってきた。ちなみに，「地方交付税法」の第1条では，次

のように明記されている。

「この法律は,地方団体が自主的にその財産を管理し,事務を処理し,及び行政を執行する権能をそこなわずに,その財源の均衡化を図り,及び地方交付税の交付の基準の設定を通じて地方行政の計画的な運営を保障することによって,地方自治の本旨の実現に資するとともに,地方団体の独立性を強化することを目的とする。」

この原点を改めて再確認する必要がある。

さらに第3の,より由々しき問題は,上記の点とも関連するが,とくに1990年代のバブル崩壊以降,「地方交付税の補助金化」(浅羽,2002)と呼ばれるような事態が政策的につくりだされてきたことである。地方交付税の制度本来の主旨から逸脱し,むしろ,それに反するものだといわなくてはならない。こうした事態は,バブル崩壊後の景気後退を背景に,政府が数次にわたる景気対策のために公共事業を増加させ,地方自治体に対しても単独事業や補助事業を拡大させるようにリードしてきたことに起因する。その際,政府は,地方自治体の投資的経費の拡大を可能にするため,事業費補正等によって地方債の発行を誘導し,その元本償還金を交付税に繰り入れるという措置をとった。この政策的措置によって,一般財源であるはずの交付税が国庫支出金の補給財源としての役割をもたされることになったのである。これは,政府の政策に合わせて,地方交付税を恣意的に運用したものにほかならない。

近年,以上のような一連の問題点が顕在化してくるなかで,一部の専門家からは,この制度そのものを廃止すべきだとする極論さえ出されている[注8]。だが,それは本末転倒であろう。いま,求められているのは,この制度を発足させた原点に立ち戻り,国・地方の「垂直的な財源保障」,および,都市・農村の連携を含む各地域間の「水平的な財政調整」という,この制度本来の主旨に即した改革を真剣に検討していくことである。

すでにいくつかの改革案も出されているが[注9],"自立と連携"にもとづく農山村の「内発的発展」に資するという観点からいえば,とくに以下の諸点が具体的に検討されていく必要があろう。第1には,地方交付税原資の拡充と安定的確保を図ること,その際,地域的な偏在性の高い税目(法人税など)を中心にして地方交付税原資への組み入れ率を高め,「水平的な財政調整機能」をさらに強化していくことである。第2には,「地方交付税の補助金化」の傾向

を食い止め，とくに農山村を抱える地方自治体の実情や意向を十分に反映させることができるよう，基準財政需要の算定方法等に関する具体的な改善を図っていくことである。そして第3には，以上のような改革を実現していくために，地方交付税の算定過程そのものに農山村を抱える市町村を含む地方自治体の代表が参加する形で，国（総務省）との協議体を新たに創設することである[注10]。

4. 農山村を支える税財政 (2)——「農山村補助金」のあり方

続いて，農山村の再生に向けた"自立と連携"にもとづく「内発的発展」への取り組みを推し進めていくためには，これまでの農山村にかかわる各種補助金のあり方についても，改めて検討する必要がある。

現在，日本の農林水産省は，国内の農業・農村政策に直接的に関わる行政部門として，①消費・安全局，②食料産業局，③生産局，④経営局，⑤農村振興局という5つの部局を抱えている（大臣官房，統計部，国際部，検査部，さらに林野庁，水産庁，農林水産技術会議などを除く）。①消費・安全局は，農場から食卓までの安全管理や食品表示の適正化による消費者への的確な情報の伝達・提供等，②食料産業局は，「食」や「食を生み出す農山漁村の自然や環境」に関連する事業の所管と産業育成等，③生産局は，農産物・畜産物の生産の振興，米の需給調整，政府米の売買・管理，各種生産技術対策や環境保全型農業の推進及び農作物の災害・鳥獣被害の防止等，④経営局は，農業経営の安定・発展に向けた各種施策等，そして⑤農村振興局は，農業生産を支える土地（農地）や水（農業用水）等の保全管理・整備，グリーン・ツーリズムなど都市と農山漁村の人々の交流，農山漁村の取り組みの支援，農地，農村景観，伝統文化等農村地域の多様な資源の保全等，総合的な農村振興，をそれぞれ担当している。以下，これらのうち，農山村にかかわる諸施策を中心的に所管している⑤の農村振興局による主な補助事業に焦点をあてることにしよう。

まず，直近の2013年度を例にとれば，農村振興局は，「農業農村整備事業」（当初予算ベース：2627億3300万円），「国営かんがい排水事業」（同：1167億9800万円），「農業基盤整備促進事業」（同：220億円），「基幹水利施設管理事業」（同：16億2600万円），「広域農業水利施設総合管理事業」（同：8億2000

万円）など，計73費目にのぼる各種公共事業を推進している。また，非公共事業としても，「中山間地域等直接支払交付金」（同：284億6300万円），「農地・水保全管理支払交付金」（同：281億6300万円），「農山漁村活性化プロジェクト支援交付金」（同：62億3300万円），「耕作放棄地再生利用緊急対策交付金」（同：45億1700万円）など，計18費目の補助事業を実施している。この18費目のなかには，「都市農村共生・交流総合対策交付金」（同：19億5000万円），「『農』のある暮らしづくり交付金」（同：5億5000万円）等，新規名目の補助事業も含まれている。

　近年，国全体としての深刻な財政赤字の制約も受けて，ハードな各種公共事業が抑制ないし削減され，ソフトな補助事業が増やされるという傾向にある。そのなかで農山村にかかわる重要な補助事業として，とくに注目されるのが「中山間地域等直接支払交付金」（以下，「直接支払」）の制度である。

　日本では，1992年に打ち出された「新しい食料・農業・農村政策の方向」（いわゆる「新政策」）を受け，その後，1999年7月に旧農業基本法（1961年）に代わる「食料・農業・農村基本法」（以下，「新基本法」）が制定された。そこでは，農業・農村の位置づけとして，①「食料の安定供給の確保」，②「多面的機能の発揮」[注11]，③「農業の持続的な発展」，④「農村の振興」という4つの基本理念が明示的に掲げられた。そして，この「新基本法」における基本理念の一つに位置づけられた「多面的機能」にかかわる施策として，EUでの「条件不利地域支払」の制度[注12]を参考にしつつ，日本でも「直接支払」の制度が新たに導入されることになったのである。

　この制度は，平野部と比べて農業生産条件が不利である中山間地域等に対して，農業生産の維持を図りつつ「多面的機能」を確保するという観点から，地域振興立法等による指定地域[注13]の急傾斜地，緩傾斜地，小区画・不整形といった条件不利な農用地において，「集落協定」または「個別協定」にもとづき5年以上継続して行われる農業生産活動に対し，直接支払の形で一定額の交付金（この具体的な規定は，表1，および，表2，参照）を農用地面積に応じて支給するというものである。この間，2000〜04年度までの「第1期対策」，2005〜09年度までの「第2期対策」，そして2010〜14年度までの「第3期対策」が進められている。

表1　中山間地域等直接支払制度における対象農用地への交付単価（10aあたり）

地目	区分	基礎単価	通常単価（体制整備単価）
田	急傾斜（傾斜1/20）	16,800円	21,000円
	緩傾斜（1/100）	6,400円	8,000円
畑	急傾斜（傾斜：15°）	9,200円	11,500円
	緩傾斜（傾斜：8°）	2,800円	3,500円
草地	急傾斜（傾斜：15°）	8,400円	10,500円
	緩傾斜（傾斜：8°）	2,400円	3,000円
	草地比率の高い草地	1,200円	1,500円
採草放牧地	急傾斜（傾斜：15°）	800円	1,000円
	緩傾斜（傾斜：8°）	240円	300円

注）農林水産省農村振興局農政政策部中山間地域振興課「中山間整備推進室資料（2013年度）」(http://www.maff.go.jp/j/nousin/tyusan/siharai_seido/s_about/kouhu/index.html) より作成。

　表3は，2000～12年度までの実施状況をとりまとめてみたものである。この表に示されているとおり，対象農用地を有する市町村（「対象市町村」）のうち，ほぼ9割がこの「直接支払」の交付金支給を受ける「交付市町村」となり，日本全体の中山間地域等がほぼカバーされる形になっている（なお，2005年度以降，「対象市町村」と「交付市町村」の数がほぼ半減しているのは，「平成の市町村合併」が進められたことによる）。

　日本全体での交付面積では，2000年度の55万1000haから，2012年度には68万2000haへと増加している。また，「直接支払」の交付総額（この負担割合は，国が2分の1，都道府県が4分の1，市町村が4分の1である）の実績でみると，スタートの2000年度が約420億円，その後は毎年度約500～540億円で推移している。そして，こうした「直接支払」の交付金支給を受けて，「交付市町村」のほとんどで「中山間地域等直接支払市町村基本方針」が策定され，「集落協定」（対象農用地において農業生産活動等を行う複数の農業者等が締結する協定）と「個別協定」（認定農業者等が農用地の所有権等を有する者との間において利用権の設定等や農作業受委託契約等を行う協定）にもとづき，「集落マスタープランの作成」，「耕作放棄の防止等の活動」（「農地の法面

表2　中山間地域等直接支払制度における加算措置の交付単価　　　　　　　（10 a あたり）

規模拡大加算		田	1,500 円
		畑	500 円
		草地	500 円
土地利用調整加算（要件を満たす協定全体の農地に加算）		田	500 円
		畑	500 円
小規模・高齢化集落支援加算（取り込んだ小規模・高齢化集落の農地面積に応じて加算）		田	4,500 円
		畑	1,800 円
法人設立加算〈特定農業法人〉 （1 法人 100 千円／年を上限とし，協定に対して交付）		田	1,000 円
		畑	750 円
		草地	750 円
		採草放牧地	750 円
法人設立加算〈農業生産法人〉 （1 法人 60 千円／年を上限とし，協定に対して交付）		田	600 円
		畑	500 円
		草地	500 円
		採草放牧地	500 円
集落連携促進加算（2013 年度から新規） （1 協定 1,000 千円／年を上限とし，協定変更後の交付対象農用地面積に対して加算）		田	2,000 円
		畑	2,000 円
		草地	2,000 円
		採草放牧地	2,000 円

注）農林水産省農村振興局農村政策部中山間地域振興課「中山間整備推進室資料（2013 年度）」（http://www.maff.go.jp/j/nousin/tyusan/siharai_seido/s_about/kouhu/index.html）より作成。
　　以下は元資料の注記。
1) 小区画・不整形な田，高齢化率・耕作放棄率の高い農地にあっては，緩傾斜の単価と同額。
2) 1 農業者あたりの交付上限は 100 万円（但し，生産組織，第三セクター等は適用外）。
3) 規模拡大加算と土地利用調整加算は重複して受給することができない。
4) 同一農用地を対象として特定農業法人に係る加算と農業生産法人に係る加算を重複して受給することはできない。
5) 法人設立加算と経営所得安定対策推進事業における法人化支援を重複して受給することはできない。
6) 耕作放棄地復旧加算は廃止。

表3　日本の中山間地域等直接支払制度の実施状況（2000～12年度）

	（年度）	対象農用地のある市町村数	交付市町村数	協定締結数		交付面積 (1,000 ha)	交付総額 (100万円)
				集落協定数	個別協定数		
第1期対策 (2000～04年度)	2000	2,158	1,687	25,621	498	551	41,937
	2001	2,122	1,913	31,462	605	632	51,420
	2002	2,101	1,946	32,747	629	655	53,830
	2003	2,102	1,960	33,137	638	662	54,580
	2004	2,044	1,906	33,331	638	665	54,910
第2期対策 (2005～09年度)	2005	1,139	1,041	27,435	434	654	50,246
	2006	1,130	1,040	28,073	442	663	51,347
	2007	1,128	1,038	28,255	455	665	51,698
	2008	1,116	1,028	28,299	458	664	51,791
	2009	1,090	1,008	28,309	456	664	51,772
第3期対策 (2010～14年度)	2010	1,090	985	26,490	447	662	51,794
	2011	1,108	993	27,094	476	678	53,280
	2012	1,110	993	27,352	497	682	53,845

注）農林水産省農村振興局資料（各年度「中山間地域等直接支払制度の実施状況」）にもとづき作成。

管理」「賃借権設定・農作業の委託」「鳥獣被害防止のための柵，ネットの設置」等），「多面的機能を増進する活動」（「周辺林地の下草刈」「景観作物の作付け」「堆きゅう肥の施肥」等），「農用地等保全マップの作成」，「地域の実情に即した農業生産活動等の継続に向けた活動」（「農作業共同化又は受委託」等」）が行われている[注14]。

　では，こうした日本での「直接支払」の制度は，どのように評価されるであろうか。この点は，同制度の政策的位置づけをどう考えるかによって，基本的な評価そのものが分かれることになるかもしれない。以下では，この制度が導入された経緯と主旨に即して吟味しておこう。

　まず，この制度は，すでに触れたように1999年7月に制定された「新基本法」における農業・農村の位置づけと深いかかわりをもっている。それまでは，個々の農業者等への「直接支払」による政策支援は，「零細な農業構造を温存

し，農業者の生産意欲を失わせることにつながるのではないか」といった慎重論から導入を見送られてきたという経緯があった。しかし，「新基本法」の制定を含む農政全般の改革について総合的な検討を行った「食料・農業・農村基本問題調査会」の答申（1998年9月）のなかで，「河川上流に位置する中山間地域等の多面的機能によって，下流域の国民の生命・財産が守られていることを認識すべきであり，公益的な諸価値を守る観点から，公的支援策を講じることが必要」とされ，中山間地域等への「直接支払」は「真に政策支援が必要な主体に焦点を当て，施策の透明性が確保されるならば，新たな公的支援策として有効な手法の一つである」と明記された。そして，この答申を踏まえて，当時の政府・与党・関係団体間で活発な議論が行われ，その集約として「農政改革大綱」（農林水産省省議決定，1998年12月）がまとめられ，この「大綱」のなかで，中山間地域等への「直接支払」について「具体的な検討を行う」ことが盛り込まれることとなった。その後，翌1999年1月，農林水産省構造改善局長（当時）のもとに「中山間地域等直接支払制度検討会」（以下，「制度検討会」）が設置され，同年8月に出された報告書にもとづき，農林水産省の概算要求，政府予算全体の編成プロセスを経て，2000年度から日本の「農政史上初の試み」として，この「直接支払」の制度が実施に移されることになったのである。

　当時の「制度検討会」の報告書では，次のように述べられていた。「中山間地域等は，下流域の都市住民をはじめとした国民の生命・財産を守るという，防波堤あるいは都市の里山ともいえる役割を果たしている。しかし，中山間地域等においては，高齢化が進行する中，農業生産条件が不利な地域があることから，耕作放棄地の増加等により多面的機能の低下が特に懸念されている。耕作放棄が行われ農地が荒廃すれば，その復旧には多大のコストを要するものであり，21世紀へ健全な農地・国土を引き継いでいくためには，耕作放棄の発生を防止し多面的機能を維持することが喫緊の課題となっている」「このような中で，直接支払いという手法は，外部経済効果に対して直接働きかけ，耕作放棄の原因となる生産条件の不利性を直接的に補正するものである。したがって，国民の納得が得られるような仕組み，運用等となるならば，適正な農業生産活動等の維持を通じて中山間地域等の多面的機能の維持・発揮を図っていく

ために有効な手法の一つである」。その際,「わが国農政史上例のないものであることから,導入の必要性,対象地域,対象者,対象行為等について,広く国民一般の理解を求めること」,また,「国際的に通用することはもとより,国内で理解を得るためにも,WTO農業協定上『緑』の政策とすることが必要である」[注15]。

さて,以上で紹介したような経緯と主旨に照らしていえば,2000年度から10年以上にわたって実施されてきた日本での「直接支払」の制度は,おおむね順調な実績と成果を示してきたと評価することができる。ちなみに,この制度のスタート直後から農林水産省が中立的な第三者機関として設置してきた「中山間地域等総合対策検討会」[注16]も,2009年8月の報告書において,次のように積極的な評価を与えている。

「本制度による交付金の効果等については,各都道府県の最終評価(都道府県に設置する中立的な第三者機関において効果等を検討・評価した上で提出)において,全ての都道府県やほとんどの市町村が制度の効果等を高く評価していること,また,都道府県の最終評価の結果に基づいた全国レベルでの実績値においても,全国で66.4万haの農用地を対象に適切な農業生産活動が継続されるとともに,各地域において多様な取組が実施され,直接的な効果である『農用地の保全』や『多面的機能の確保』に加え,『集落の活性化』などの間接的な効果についても認められることなどから,肯定的な評価ができるものと考える。」[注17]

しかし他方では,飛び地や点在などによってまとまった農用地を確保できない集落や「1 ha以上の一団の農用地」という要件(「1 haの団地要件」)が満たされない地域では,耕作放棄地の発生を食い止められていないという状況が見受けられる。また,この制度の対象となりうる農用地(2012年現在,約83万ha)のうち,2割近く(同,約15万ha)で「集落協定」の締結が行われていないといった現実もある。さらに今後に関しては,高齢化の進行がとくに著しい地域では協定活動の継続そのものが危ぶまれ,この制度に取り組む集落の大幅な減少や協定面積の縮小によって耕作放棄地が大量に発生してくる恐れが指摘されている。実は,こうした地域こそが,農業生産活動の維持・継続を通じた「多面的機能」の確保が文字どおり危機的状況に陥っている。本来,そこになんらかの政策的措置が求められているとすれば,現行の制度は肝心なとこ

ろで十分には役立っておらず，残念ながら，中山間地域等が直面している諸問題の深刻化に歯止めをかけるものにはなっていないといった厳しい評価もある[注18]。いずれにしろ，とくに中山間地域等では，高齢化率が全国平均と比べて10年以上先を行く水準で推移しているため，今後における新たな担い手の確保や，農山村に関心を寄せる都市住民を含めた幅広い主体とのさまざまな連携が確実に促進されていく仕組みへの改善が必要になっているといえる。

あるいは，この制度について，もう一歩踏み込んだ別の政策的位置づけを新たに検討していくことも考えられるであろう。たとえば，現行の「直接支払」は，あくまで平場の農用地との条件格差を補正するための交付金支給（「条件不利支払」）であるが，これを，日本の中山間地域等が有する「多面的機能」が提供している各種の環境的利益への国民的な対価支払として位置づけるということである。もし，こうした考え方にもとづく制度改革にさらに踏み込むことすれば，今後，この制度は，より大胆な拡充と強化が検討されてもおかしくない。

実際，日本の中山間地域等は，国土面積の73％，耕地面積の40％，総農家数の44％，農業産出額の35％，農業集落数の52％を占める。しかも，それらの地域のほとんどが下流域に広がる都市部や平場の農業地域等の上流部に位置し，日本国民のほとんどが中山間地域等の果たしている「多面的機能」によって何らかの貴重な恩恵に浴している。ちなみに，平成13（2001）年11月に提出された日本学術会議の答申は，「農業の多面的機能の貨幣的評価」として総計で8兆2226億円という推計（年額）[注19]を示しているが，その大部分は中山間地域等によって担われているものである。また，近年では，生物多様性保全の重要性に対する国内外での認識の高まりを背景にして，新たに注目され始めている各種の「生態系サービス」による社会的便益の評価[注20]なども含めるならば，日本の中山間地域等が有する「多面的機能」の意義と役割はきわめて大きい。この点をどのように政策的に位置づけるか，これからの日本の農業・農村の位置づけや基本ビジョンのあり方とも密接に関わってくる。今後，この制度は，さらに前向きな拡充と強化のあり方ついて検討される必要があるといえる[注21]。

おわりに

　以上，第3節，第4節では，農山村を支える税財政のあり方とかかわって，とくに日本の地方交付税と「中山間地域等直接支払交付金」の制度に焦点をあてて，若干の検討を行った。これらの制度は，いずれも日本の農山村を下支えするための重要な税財政システムとして積極的な意義をもっている。とはいえ，これらは，今後における日本の農山村再生に向けた"自立と連携"にもとづく「内発的発展」への取り組みにとって不可欠な必要条件であるが，けっして十分条件ではないことにも留意しなくてはならない。

　これから日本の農山村が，第2節で紹介した保母による「内発的発展」論の指針に示されているように，「地域にある資源，技術，産業，人材，文化，ネットワークなどのハードとソフトの資源を活用し，地域振興においては，複合経済と多種の職業構成を重視し，域内産業連関を拡充する発展方式」にもとづく再生への取り組みを推し進めていくためには，もっぱら政府を通じた財政資金にのみ依存するのではなく，より多様な資金チャンネルを自前で確保し，それぞれの地域内経済循環を拡充していく努力を積み重ねることが重要となる。また，この点では，今後，日本でも「地域金融」や「非営利金融」（ソーシャル・ファイナンス）が果たすべき役割と期待が高まっている。残念ながら，本章では，こうした点について検討することはできなかったが，別途，改めて論じる機会をもつことにしたい。

［注1］2011年2月，国土審議会政策部会長期展望委員会（委員長：大西隆東京大学教授）による「『国土の長期展望』中間とりまとめ」（以下，「中間とりまとめ」）が発表された。そこでは，2050年までのシミュレーションにもとづく厳しい予測結果が示されている。それによれば，日本社会の総人口は，2050年までに3269万人も減少し（マイナス25.5％），9515万人（中位推計）となる。「この変化は日本史上千年単位で見ても類をみない，極めて急激な減少」であり，また，「国土全体での人口の減少と地域的な偏りが同時に進行するという，これまでに経験のない現象が進行する」と指摘されている。とくに「地域的な偏り」という点では，「人口が疎になる地域は，農林業利用地・規制白地に多い。里地里山とされる地域（＝里地里山の環境）のうち，現居住地域の約4割が無居住ないし低密度居住地域になる」という衝撃的な予測が打ち出

されている。
［注2］農業の「多面的機能」について詳しくは，荘林（2010）参照。
［注3］「生態系サービス」の概念について詳しくは，Gretchen Daily（1997）；Millennium Ecosystem Assessment（2005）（ミレニアム生態系評価編・横浜国立大学21世紀COE翻訳委員会責任翻訳（2007）），などを参照。
［注4］このTPPについて詳しくは，石田（2011；2012；2013）参照。
［注5］この点については，2009年度から農林中央金庫による寄附講義として一橋大学で開講されてきた一連の特別講義をもとに「自然資源経済論入門」シリーズ全3巻を刊行し，このシリーズのなかで多面的な視点からの照射と考察が示されている。それらを参照していただければ幸いである。寺西・石田（2010；2011；2013）参照。
［注6］以上，保母（2013），319-322頁から引用。
［注7］さまざまな"連携"の輪についていえば，「地域内連携」(Intra-Regional Cooperation)と「地域間連携」(Inter-Regional Cooperation)，「都市と農村の連携」，「上流域と下流域の連携」，「生産者・流通業者・消費者の連携」，さらには「被災地と非被災地の連携」など，多面的で重層的な広がりをもったネットワーク化への取り組みが重要である。
［注8］たとえば，赤井・佐藤・山下（2003）参照。
［注9］たとえば，神野・池上（2003）参照。
［注10］この点については，諸富（2007）参照。
［注11］「新基本法」の第3条では，「国土の保全，水源のかん養，自然環境の保全，良好な景観の形成，文化の伝承等農村で農業生産活動が行われることにより生ずる食料その他の農産物の供給の機能以外の多面にわたる機能（以下「多面的機能」という。）については，国民生活及び国民経済の安定に果たす役割にかんがみ，将来にわたって，適切かつ十分に発揮されなければならない」と明記されている。
［注12］EUの制度について詳しくは，石井（2011）参照。
［注13］「特定農山村地域における農林業等の活性化のための基盤整備の促進に関する法律」（特定農山村法），「山村振興法」，「過疎地域自立促進特別措置法」（過疎法），「半島振興法」，「離島振興法」，「沖縄振興特別措置法」，「奄美群島開発特別措置法」，「小笠原諸島振興開発特別措置法」の指定地域，および都道府県知事が指定する地域。
［注14］農村振興局による最新の「実施状況」の報告によれば，2012年度には，993市町村で2万7849協定（「集落協定」が2万7352，「個別協定」が497）が実施されており，このうち「集落協定」に定められた各活動については，おおむね9割以上が「◎：優良」「○：適当」と評価されている。ただし「個別協定」については，「優」および「良」と評価されたのは224協定（45％）で，約半数に留まっている。農林水

産省農村振興局（2013）参照。
[注15] 農林水産省（1999），2-3 頁参照。
[注16] この「総合対策検討会」は，「中山間地域等直接支払交付金実施要領」（平成12年4月1日付け12構改B第38号農林水産事務次官依命通知，最終改正平成25年5月16日付け25農振第148号農林水産事務次官依命通知）にもとづき，中立的な第三者機関として国レベルで設置されたものである。なお，この「実施要領」では，この制度の「推進上の留意点」として，①「国民合意の必要性」，②「国と地方公共団体との緊密な連携」，③「政策効果の評価と見直し」の3点を挙げている。とくに③の点については，国レベルだけでなく都道府県レベルにも中立的な第三者機関を設置し，制度の実施状況についての点検，交付金にかかわる効果等の検証・評価と不断の見直しを行うことを明記している。また①の点についても，広く国民の理解を得るために，国，都道府県，市町村の各レベルで，この制度にもとづく取り組みの優良事例や実施状況等について，それぞれインターネット・ホームページ等を活用した情報公開が積極的に行われている点は高く評価できる。
[注17] 農林水産省・中山間地域等総合対策検討会（2009），2頁。
[注18] 山浦（2009），寺西・山川・藤谷・藤井（2010）参照。
[注19] この内訳は，以下のとおりである。①洪水防止機能が3兆4988億円（治水ダムを代替材として評価した代替法），②河川流況安定機能が1兆4633億円（利水ダムを代替材として評価した代替法），③地下水涵養機能が537億円（水道料金と地下水の価格差で評価した直接法），④土壌浸食（流出）防止機能が3318億円（砂防ダムを代替材として評価した代替法），⑤土砂崩壊防止機能が4782億円（耕作により防止されている被害額により評価した代替法），⑥有機性廃棄物処理機能が123億円（最終処分場を代替材として評価した代替法），⑦気候緩和機能が87億円（冷房料金の節減額により評価した直接法），⑧保養休養・やすらぎ機能が2兆3758億円（都市部の世帯による旅行等に対する家計支出額により評価したトラベルコスト法）。もちろん，以上のような推計はあくまで一つの試算にすぎないが，日本学術会議という第三者的な専門組織による答申の形で示された点が重要である。日本学術会議（2001）参照。
[注20] 近年，「生態系サービス」の定量的評価のための指標の開発と経済的評価の方法に関する検討が重要な課題になっている。詳しくは，吉田（2013）参照。
[注21] この点では，日本の「中山間地域等直接支払制度」が参考にしたEUの共通農業政策（CAP）のもとで実施されている「直接支払」や「環境支払」における政策的位置づけや制度設計にみる新たな動向が注目される。石井（2011）参照。

参考文献

赤井伸郎・佐藤主光・山下耕治（2003）『地方交付税の経済学』有斐閣．
浅羽隆史（2002）「基準財政需要額の推移にみる恣意性と補助金化——実態と背景」『白鴎大学』19，532-558頁．
石井圭一（2011）「EUの農政改革と農業環境政策」，寺西・石田編『自然資源経済論入門2　農林水産業の再生を考える』中央経済社（第4章）．
石田信隆（2011）『TPPとは何か』家の光協会．
―――（2012）『見えてきたTPPの正体』家の光協会．
―――（2013）「TPPと日本の経済・社会の将来」『世界経済評論』57巻5号，40-44頁．
大野晃（2005）『山村環境社会学序説』農山漁村文化協会．
小田切徳美（2009）『農山村再生——「限界集落」問題を超えて』岩波書店．
川瀬憲子（2011）『「分権改革」と地方財政』自治体研究社．
荘林幹太郎（2010）「農業の多面的機能」，寺西・石田編『自然資源経済論入門1　農林水産業を見つめなおす』中央経済社（第7章）．
神野直彦・池上岳彦（2003）『地方交付税　何が問題か』東洋経済新報社．
寺西俊一・山川俊和・藤谷岳・藤井康平（2010）「自然資源経済とルーラル・サステイナビリティ」『農村計画学会誌』29巻1号，29-35頁．
寺西俊一・石田信隆編（2010）『自然資源経済論入門1　農林水産業を見つめなおす』中央経済社．
―――（2011）『自然資源経済論入門2　農林水産業の再生を考える』中央経済社．
―――（2013）『自然資源経済論入門3　農林水産業の未来をひらく』中央経済社．
寺西俊一・石田信隆・山下英俊編著（2013）『ドイツに学ぶ　地域からのエネルギー転換——再生可能エネルギーと地域の自立』家の光協会．
西森光子（2005）「地方交付税の問題点と有識者の改革案——財政再建と地方分権の両立をめざして」『レファレンス』9月号，67-81頁．
日本学術会議（2001）「地球環境・人間生活にかかわる農業及び森林の多面的な機能の評価について（答申）」．
農林水産省（1999）『中山間地域等直接支払制度検討会報告書』(http://www.maff.go.jp/j/study/other/cyusan_siharai/houkoku/zenbun.html)．
―――（2009）『中山間地域等直接支払制度の最終評価』(http://www.maff.go.jp/j/nousin/tyusan/siharai_seido/pdf/data1.pdf)．
農林水産省・中山間地域等総合対策検討会（2009）『中山間地域等直接支払制度の効果検証と課題等の整理を踏まえた今後のあり方』(http://www.maff.go.jp/j/nousin/

tyusan/siharai_seido/pdf/data2.pdf)。
─── ・農村振興局（2008）『中山間地域等直接支払制度中間年評価の結果』(http://www.maff.go.jp/j/nousin/tyusan/siharai_seido/pdf/h19_cyukan_data1.pdf)。
─── 農村振興局（2013）『平成24年度中山間地域等直接支払制度の実施状況』(http://www.maff.go.jp/j/nousin/tyusan/siharai_seido/s_data/pdf/tyuusankan.pdf)。
保母武彦（1996）『内発的発展論と日本の農山村』岩波書店。
───（2013）『日本の農山村をどう再生するか』岩波現代文庫。
宮本憲一編（1990）『補助金の政治経済学』朝日選書。
諸富徹（2007）「分権化と地方政府収入」，諸富徹・門野圭治著『地方財政システム論』有斐閣（第5章）。
山浦陽一（2009）「1990年代以降の中山間地域農業研究の動向──中山間地域等直接支払制度をめぐる論点を中心に」，生源寺真一編著『改革時代の農業政策──最近の政策研究レビュー』農林統計出版（第19章）。
吉田謙太郎（2013）『生物多様性と生態系サービスの経済学』昭和堂。
Gretchen Daily（1997）*Nature's Services: Social Dependence on Natural Ecosystems*, Island Press.
Millennium Ecosystem Assessment（2005）*Ecosystem and Human Well-being: Synthesis*, Island Press.（ミレニアム生態系評価編・横浜国立大学21世紀COE翻訳委員会責任翻訳（2007）『生態系サービスと人類の将来』オーム社。）

第 9 章

新たな自治体連携の枠組みのための試論
――農漁村自治体の災害と連携を素材として――

礒 野 弥 生

はじめに

(1) 課題の設定

　1999年に制定された分権推進一括法以来，国と地方の関係は従来の垂直構造から水平・役割分担型に切り替えられた。機関委任事務が廃止され，多くの事務が国から自治体へ委譲された。当初，国から都道府県への権限委譲が多かったが，市町村にも次第に権限が委譲されるようになった。市町村は，これまで財政的に独自行政を行う余地は非常に少なく，国・県の補助金を当てにしながらの行政運営を行ってきた。そのことは，とりもなおさず，市町村が国・県の政策枠組みを受容し，順応しながら政策を実施したということである。自ら政策を立案し，実施するという体制が弱く，マンパワーの点からも，自立した政策立案のできるような力を養成できるような体制にはなっていなかった。同時に，住民もかならずしも積極的に政策立案能力を要求してこなかったともいえる。

　国は，基礎自治体に権限を委譲するに当たって，政策立案能力の弱さ・財政の脆弱さを，市町村合併という自治体の広域化で対処してきた。今回被災した宮城県石巻市はその典型で，過疎自治体の解消を目的として，牡鹿町，雄勝町，北上町等の過疎地域を合併し，基礎自治体の弱点をカバーしようとしている。国はまた，廃棄物処理事務や介護保険事務などの市町村合併以前から行われてきた広域連合あるいは事務組合といった事務の連携組織も同時に推進してきた[注1]。さらに，中核市あるいは特例市制度を構築し，県の事務を委譲して，これらの

中小都市地域における都市機能を強化し，周辺自治体との連携を推進することで，地域の活性化と基礎自治体強化を図ろうとした。さらに，地域の中心都市を核に「定住自立圏構想」なる広域自治体連携政策を導入し，地方の人口流出を防止する方策を執ってきた[注2]。かかる基礎自治体の広域化は，公の施設の統合，民営化，自治体職員や議員のスリム化などによる「財政健全化」を一つの目標としていた。

ところで，東日本大震災では，岩手県で12，宮城県で12，福島県で9の太平洋沿岸の市町村が津波被害にあった。その中で，政令市は仙台市（103万人，785.8 km^2），中核市がいわき市（34万人，1231.35 km^2）で，人口が5万人を超える自治体は，震災前の2010年現在で石巻市（15万人），南相馬市（7万1000人），宮古市（6万3000人）3市のみである。これらの自治体は面積が広く，宮古市が全国8位，いわき市も全国12位と，時期は異なるが市町村合併により広域化した典型的な自治体である。そして，被災市町村の大多数が農漁業とその加工業を中心としていて，高齢化（高齢化率26～32％），過疎化が進み[注3]，財政基盤は脆弱である。このような市町村の姿は，大都市圏を除いた全国の平均的市町村の姿といえる。

これらの市町村は，過疎化対策として各地域ブロック単位の連携による地域振興が図られてきた。ブロックを超えた連携としては，国が「農山漁村の活性化のための定住等及び地域間交流の促進に関する法律」を制定し，都市と過疎自治体の交流連携による活性化や地域環境の保全を推進してきた。もっともこの取り組みは，自治体間連携と言うよりも，都市住民に対する働きかけである。自治体単位の自主的連携の仕組みといえば，流域自治体連携が夙に有名である。被災自治体を含む流域連携には，「北上川流域市町村連携協議会」（岩手・宮城両県36市町村で構成）が設立され，北上川自然環境権を目標に活動してきた。その他友好都市協定などが締結され，イベント等が行われている。また，飯舘村では，大学等との連携による地域再生活動をしてきたが，同時に自治体連携としては，「日本で一番美しい村」連合に参加し，地域の連合を作ることで地域整備についての情報を交換し，観光政策にも役立ててきた。

2011年3月，東日本大震災は，このような自治体を襲ったのである。

ここでは，東日本大震災による被害の救済支援，そして復興・再生支援の自

治体連携・官民連携を検討することで，自治体のさまざまな連携のあり方をさぐることを本章の課題とする。なお原発被害の連携については必要な限度で触れるが，二重の住民票などの原発事故特有の課題についてはとりあげない。

(2) 連携と災害救助・復興の法的枠組み

「災害対策基本法」が避難や救助等を定め，「災害救助法」が救助についての基本的枠組みを定めている。東日本大震災においては，青森県から東京都にいたる太平洋岸一体の地域が災害救助法の対象地となった。災害対策基本法では，被災市町村長に災害発生時に避難の指示・勧告および他の市町村長や都道府県知事への応援の要求，ならびに都道府県知事への応急措置の要請の権限を付与している[注4]。被災都道府県の知事には円滑な応急措置のために被災市町村長に対する指示権および当該地域の市町村長に対する支援の指示権，あるいは市町村等の行うべき応急の措置を定めている。これらの要求，要請を受けた都道府県知事あるいは市町村長は応援を拒んではいけない，とされている。一方，災害救助法では，都道府県知事が行うべき被災者への応急的な救助の内容を定め，国および都道府県知事の救助に要した費用の支弁について規定している。そのほか，職員派遣については，地方公務員法で定められている。

当該被災市町村の都道府県知事は法定受託事務として応急救助義務があり，市町村は自治義務として応急措置を義務付けられている。今回の大震災を経て国の権限，都道府県知事の権限が強化されたが，基本的に災害対策・対応は市町村単位で行うことが原則で，都道府県は市町村支援をするシステムとなっている。さらに，大規模災害に備えて市町村との連携の仕組みが定められている。

連携に関しては，被災市町村長・都道府県知事から要請があった場合に，前述のとおり他の市町村長や都道府県知事は救助を義務付けられることが定められている。さらに，応急措置に要した費用の全部または一部について都道府県あるいは国の支弁義務を定めている。他の自治体が要した費用は応援を要請した自治体が支払う仕組みとなっていたために，他の自治体による連携支援はあくまで被災地自治体の応援要請が最初のステップとなる。被災市町村のある都道府県内では，都道府県知事の指示もまた連携の端緒となる。

かかる応援要請に備えて，各自治体は，以下に述べるように協定を締結して

おり，またその要求に備えるべく災害対策基本法に基づく地域防災計画で要請の受け入れについて必要な手当を行うことを定めている。

今回の災害で明確になったことは，発災後直ちに市町村長が応援要請をする状況にない場合があるということだ。この場合には，災害救助法の応援（以下，支援とする）要請をまたずに，独自に応援を行うこととなる。同法の規定に基づかない連携支援となり，費用負担に関する問題が生ずる。

このように災害の応急措置に対する枠組みは定められていたが，これまで復興・再生についての法律上の枠組みはなかった。ところが今回，多くの市町村が壊滅的被害を蒙るという未曾有の事態を受けて，東日本災害復興基本法，東日本大震災復興特別区域法および「大規模災害からの復興に関する法律」が制定された。これらの法律では，県と被災市町村の連携は予定されているが，市町村間連携に関しては特に明文の規定はない。原子力災害の場合には，大量の避難者を出したことから，「東日本大震災における原子力発電所の事故による災害に対処するための避難住民に係る事務処理の特例及び住所移転者に係る措置に関する法律」（原発避難者特例法）が，避難者が住民票がなくても，避難先団体による行政サービスを受けられるようにした。

1．災害救助と自治体間連携

1-1 防災協定と連携の枠組み

（1）防災協定

災害支援の連携は，地域づくり連携とは異なり，日常的な連携事務が発生するわけではなく，また災害の規模や内容によって連携支援のありようも異なる。したがって災害が発生した段階でその程度を見極めて支援を求めるということで対応せざるを得ない。他方で迅速な対応のためには事前の連携が有効である。災害対策基本法でも協定の締結が求められていた。東日本大震災が発生する前までに，支援の連携のため県・市町村レベルで多様な協定が締結されていた。包括的な援助内容の協定もあれば，消防活動のような単独事業の協定もある。

災害救助に関する自治体連携は，自治体の住民の救助，安全の確保，ライフラインの復旧という，自治体にとって必要とされる事務に関して行われる[注5]。

都道府県段階では，包括的な協定として「全国の都道府県における災害時等広域応援に関する協定」(2007年締結，12年改正)(稲継，2012，41-60頁)[注6]，「原子力災害時の相互応援に関する協定」(2001年)，地域ブロックとして，東北地方では「大規模災害時の北海道・東北8道県相互応援に関する協定」(北海道，青森県，岩手県，宮城県，秋田県，山形県，福島県及び新潟県の協定，1995年締結)が締結されている。東日本大震災に際して山形県は，全国自治体からの応援職員のとりまとめ，遺体の火葬あるいはがれきの受け入れを含めた宮城県の災害救助を全面的に行ってきたが，直接的には同協定によるものである。市町村レベルでも，東北の自治体では，県内市町村の相互協定が締結されてきた。

1997年に締結された福島・宮城・山形広域災害時相互協定は，福島市や伊達市などの福島地方拠点都市地域，仙南地域広域行政圏，相馬地方広域市町村圏，亘理名取広域行政圏，置賜広域行政圏で構成される自治体の相互協定などである。北東北の市町村では「北東北地域連携軸構想推進協議会」が設置されていた。1997年に岩手県の7市(当時。現在は，合併により北上市，花巻市，奥州市，遠野市，釜石市，大船渡市の6市)，秋田県の4市(由利本荘市，大仙市，湯沢市，横手市)で構成され，両県を「横断する交通・通信体系等の基盤整備や産業，文化，生活等の機能の整備を促進し，太平洋側と日本海側をつなぐ広域交流圏の形成」をめざすとしていた。同協定構成のうちの6市(秋田県，岩手県の市)はその中で「災害時における相互援助に関する協定」を締結し，その規定に基づき援助物資が送られるなどの支援が行われた[注7]。

岩手県では，ごく初期を除いて県を中心に全県市町村全体での調整・合意が要求され，また国の施設利用等で県への要請など積極的応援にもどかしさが伴ったというヒアリング結果もあるが[注8]，協定は，個別協定を含めて，概ね有効に働いた。

市町村でも，中核市は「中核市災害時相互応援に関する協定」(1996年10月)，特例市は「特例市災害時相互応援に関する基本合意書」(2005年3月)がそれぞれ全国レベルで災害時の応援の相互協定を締結しているほか，ほとんどの市町村が個別に県外市町村と相互協定を締結している。

(2) 広域連合・事務組合

　被災自治体は，事務ごとに広域連合や事務組合を構成してきた。一部事務組合は，複数自治体の共通事務を組合形式で共同事業として行うことを目的として，地方自治法で定められている組織である（284条）。広域連合は，事務組合と同様に広域的処理に適した事務を共同して処理する組織だが，都道府県と市町村とで異なる事務を併せて行うことも可能な仕組みとして，あるいは広域連合自らその事務についてイニシアティブを発揮して構成市町村に指示できる権限を付与された仕組みとして設けられた（291条）。このような連携組織が被災自治体の機能を補完する可能性はあったが，構成自治体の編成や機能分担の仕方から今回の地震では，壊滅的打撃を受けてしまった場合が多かった。

　たとえば過疎自治体では特に重要な事務である後期高齢者の保険制度は全国的に県単位の後期高齢者医療広域連合が担っている。ところが，住民との窓口が徴収を含めて市町村となっているために，津波で実務の手足を失った形になり，応援の職員に大幅に頼らざるを得ない状況だった。災害で重要な役割を果たす消防については，一部事務組合方式で行っている場合と各市町村独自で行っている場合があるが，いずれの場合も人的・財産的に多くの被害を出し，さらに津波による被害が事務を大幅に上回り，協定に基づいて，他県消防に多くの応援を得た。家庭ごみの処理については，沿岸市町村で構成された一部事務組合または広域連合によって行われていた。そのために，津波被災のリスク分散ができずに施設の全てを失う団体も多かった。しかし，現実には比較的早期に操業を開始した。このように早期に操業を再開できたのは，操業を受託している民間事業者が他地域の事業所と連携して修復に当たった結果であり，民間連携の賜である。

(3) 支援自治体の自主的取り組みとしての災害支援

　先に述べた防災協定では，支援自治体による自主的応援も含めて規定している。大規模災害が発生した被災自治体と連絡が取れない場合や応援の要請を待ついとまがないと認めた場合をあらかじめ想定し，「要請を待たずに，必要な応援を行うことができるものとする。」（大規模災害時の北海道・東北8道県相互応援に関する協定，岩手県「大規模災害時における岩手県市町村相互応援に

関する協定書」)のような規定がその例である。協定による支援は，支援を受ける自治体の要請に基づいて行われるのを基本とするために，緊急の必要性に対処できないからである。岩手，宮城両県の沿岸に隣接する市町村も津波の被害こそないが地震の被害を蒙っていた。しかし，甚大な被害の様子がテレビで逐一報道されたために，近接する後背地域の市町は，時を待たずに物資の輸送等の自主的応援を行ってきた。

　また，岩手県内では，遠野市が中心となって2007年に，「三陸地域地震被害後方支援拠点施設整備推進協議会」が災害連携組織として設立された。そして，今回の地震が発生してすぐに救援活動をはじめ，近隣後方都市としてボランティアの受け入れ体制を整え，支援の拠点としての役割を担ってきた（遠野市，2013b)[注9]。また，北上市でも，直ちに援助物資を配ると共に，自治体への職員の派遣，ボランティアの拠点の整備，被災工場の受け入れ，震災廃棄物置き場の確保，被災者の受け入れ，あるいは仮設住宅入居者の支援を行っている。後背地自治体の例として北上市の例を挙げておく[注10]。復興に関して，2つの連携事業を企画し，執行している。まず，大船渡市と大槌町で，雇用の機会創出と沿岸自治体の事務の軽減を目的として，「仮設住宅支援員配置事業」を両自治体と北上市が協定し，連携事業として計画・推進している。同事業は，緊急雇用対策基金を活用し，北上市が人材派遣事業者を選定して業務を委託し，大船渡市内の地元雇用によって支援員をおよそ30戸に対し1名配置し，集会場や談話室の管理，各種支援団体の受付窓口，仮設の見守り，朝の声かけ，住民からの相談受付，団地内広報の作成，行政文書の配布等を行っている。同連携事業は，北上市が被災自治体に積極的に提案し，その提案を受け入れた自治体と協定を締結したものである。

　今回は，地震と津波そして原発被害をあわせると，被害地域が東北3県，関東一円に広がり，その人的，財産的被害はこれまでとは比較にならない規模となっているため，全国の都道府県の支援が必要となった（渡辺・岡田，2004, 65-77頁；阪本・矢守，2012, 391-400頁)[注11]。全国の都道府県間では先に挙げたように応援協定を締結していたが，要請に応じて地方のブロック単位ごとの序列をつけて応援態勢をとることとしていた。しかし，県・市で構成する関西広域連合（大阪府，兵庫県，滋賀県，京都府，和歌山県，鳥取県，徳島県，大阪市，

京都市，堺市，神戸市）は，独自に，その先頭を切って，救援物資と職員派遣の支援に取り組んできた．

全国の市町村も，支援協定とは別に独自の支援に取り組み，物資を運搬し，職員を派遣している．多くの自治体は，3月22日の緊急災害対策本部（国）の要請を受けて職員を派遣しているが，阪神淡路大震災を経験している神戸市ではすでに3月11日に決定している（神戸市，2012）．東京市長会も同様である．南相馬市と防災協定を締結していた杉並区は，南相馬市を支援するために「自治体スクラム支援会議」を発足させるというユニークな取り組みをした[注12]．同会議は，世田谷区が協定を締結していた群馬県東吾妻町，新潟県小千谷市，北海道名寄市，東京都青梅市に呼びかけ，共同して物資の輸送，避難者の受け入れ，職員派遣などを行ってきた．

被災者の受け入れは自治体の災害時連携の1つである．東日本大震災の特徴は，他県の市町村で多くの避難者を受け入れたことである．たとえば，米沢市は主として原発事故被災者が，山形市の場合はそれと共に津波・地震被災者が多数避難してきた．米沢市は福島の市レベルの自治体との支援協定は締結していたが，山形市の場合は福島県の市町村との災害援助協定はなかった．被災者が山形市に避難してくるという事実が先行し，自主的な取り組みを緊急避難的に行うことが求められたのである．山形県川西町は，人口1万人弱の小規模自治体ではあるが，米沢市に隣接しているために自治体の規模にしては多くの原発避難者を受け入れてきた（原田，2013）[注13]．特に，原発事故については，避難者が全国に分散して避難生活をしており，都道府県レベルでいえば，全ての都道府県で，現在でもなお合計5万2000人余が暮らしている[注14]．

また，福島原発事故では，浜通り旧警戒区域の被災自治体は国からの援助もなく，それぞれの市町村が個別につてを求めて避難場所の確保を要請した．県内市町村へ役所を含め自治体丸ごとの避難をした．双葉町の場合には埼玉県に支援を求め，県外避難をした．避難者の受け入れは，住居の斡旋のみならず，避難元自治体の住民としての登録をそのままにした上で，保育所や小中学校への児童の受け入れ[注15]，就学支援，避難者に対する各種サービスの提供を意味する．役所ごと移転していない場合には避難元自治体の各人に対する諸事務を代行する．このように避難の受け入れは連携支援のうちでも，基礎自治体と

して最も基本の部分を担うことになる。長期にわたって被災自治体全域あるいは相当部分が自ら利用可能な土地を失う原発事故の場合には、新たな自治体間の連携のあり方が問われているが、原発に特異な問題であり、ここでは指摘するにとどめる。

　今回の連携は、以上のように市町村段階での自主的連携活動から始まった。そして、国が東日本大震災を激甚災害に指定したことによって、国による財政的裏付けを持った自治体間での職員の長期的派遣や他自治体からの避難者の長期にわたる受け入れという連携政策が執られることで、全国規模となったのである（今井、2011、89-102頁）[注16]。

(4) 放射性物質汚染対処特措法・原発避難者特措法による連携

　阪神淡路大震災では大量のがれきが発生したために、東京・神奈川県市町村などブロック圏外の自治体が市内の瓦礫を収集し処理場に運搬した。処分場自体は関西地区の広域処分場があり、そこに搬入した。今回の被災自治体は、ほとんどが小規模自治体であり、一部事務組合の施設やマンパワーも対応能力も乏しいので自治体内で焼却処理をするには時間がかかることが問題となった。そこで、大規模焼却施設を有する自治体の手を借りて行うこととし、「東日本大震災により生じた災害廃棄物の処理に関する特別措置法」（平成23（2011）年法律第99号）に基づいて、全国の自治体による焼却処理の連携という手法をとった。同法による連携は各自治体の主体性に委ねられたが、放射能汚染という今回の災害の特殊性もあり、広域処理について住民の反対あるいは危惧の声も強く（青山、2012；池田、2012；土屋、2013）[注17]、それをおして焼却処理を引き受けた自治体が多い[注18]。その差し止めを求めて裁判が提起されている。住民の意思とのリスクコミュニケーションを欠いた、あるいは十分に行っていない連携の問題点を如実に表している。

1-2　自治体間連携の可能性と課題

(1) 市町村間連携の重要性と可能性

　今回の震災に関する自治体連携をまとめてみると、国が推進する広域連合や一部事務組合も沿岸に施設を設置しているところは被災し、その限りでは今回

はこうした常設連携組織は機能していない。しかし，そのうちの主要な事務である消防，水道，ごみ処理などについては，災害救助法に基づく全国的な広域援助協定が，一般的支援協定と共に機能した。

災害救助法に基づく連携を下支えとした上で，自主的連携機能が有効に働いた。職員派遣は，言葉の問題など実務上一定の限界[注19]を感じさせながらも，これまでの災害にない規模と内容で行われ，かろうじて自治体の機能を継続できた被災自治体も少なくなかった。とはいっても，応援各自治体共に，国の自治体職員削減政策の中で，職員数が減少し，ぎりぎりの職員数で事務をこなしている状況で，長期にわたる職員派遣に困難を感じている自治体は多い。多くの自治体が交付金なしには事業を行えないという状況で，住民の理解が得られるかが鍵となる[注20]。

さらに，前述の世田谷区の取り組みは，自らハブとなることの名乗りを上げた自治体が，自らが持つ既存の連携ネットワークを有機的につなげて支援した事例である。今回は，自治体も法の枠組みを超えて自主的に連携支援を行う柔軟性を示したが，日頃の連携の仕組みを柔軟に活用することの重要性を示したともいえる。また，遠野市のようにハブとなることをあらかじめ想定して周辺市町村との連携の仕組みを作っておくことがいかに重要かということも，今回の教訓である。また，被災現場に近い自治体としての特質を活かした北上市の取り組みは，被災市町村と基礎自治体として同じ立場にあるからこそ生まれたアイディアである。このように現場の目線を持つ市町村相互間の柔軟な連携能力の向上が重要である。

(2) 自治体間連携と費用

連携にとって最大の課題は財政負担である。職員派遣もその他の支援も，被災自治体・支援自治体双方の財政的負担が免除ないし軽減されるという条件があって初めて連携は有効に働く。災害救助法20条では「都道府県は，他の都道府県において行われた救助につきなした応援のため支弁した費用について，救助の行われた地の都道府県に対して，求償することができる」と定めている。被災自治体はこの規定との関係で，自主的支援が定められていても，他県の救援を断るという事例が発生する可能性がある。今回の場合は，2011年3月19

日付けの通知（社援総発 0319 第 1 号・平成 23（2011）年）で，全額を国庫負担とすることが示されたため，自主的応援が機能したともいえる。

　国の財政援助枠組みが用意されれば，前述の北上の仮設住宅支援方式のような NPO・民間団体を介在させる形での連携もまた可能になる。支援自治体と受け入れ被災自治体の創意と工夫のある支援方式が生み出される。

2．地域再生と自治体間連携

2-1　自治体間の連携の現状

(1) 協定と職員派遣

　復興庁は，自治体の復興支援，すなわち復興事業についての自治体間の連携については，職員派遣を中心に行っている。2-1 項の (1) の防災協定でのべた緊急対応，人命等の救助のための職員派遣を含めて 2011 年度には東北 3 県の県市に併せて 7 万 9600 人余が派遣された。行方不明者の発見という発災当初の任務が依然含まれる 2013 年度になっても 1400 名余の職員がほぼ半年から 1 年の単位で全国各地から派遣されている。副市長（国，県職員）やまちづくり担当をはじめとして，復興に向けて計画行政等の専門的知識を有する職員が多数派遣されていることが今回の震災の特徴である[注21]。国は，現在，UR 機構などの民間も含めた職員派遣を実施している。

(2) 様々な連携

　復興計画の策定は，個別被災自治体に対する支援でもあるため，各自治体単位で策定する。被災市町村の多くは，復興計画と日常事務におわれていて被災市町村が積極的に連携を模策する状況には至っていない。その中で，双葉郡の町村には，7 町村長を構成員とする町村会があり，この間も連携をとって国への要望等を，町村会を通して伝えてきた。また，2012 年 5 月に「戦略的・広域的震災復興プロジェクト in 相双」が実践型地域雇用創造事業として認定され，2012 年 12 月から文科省，復興庁あるいは県などと「福島県双葉郡教育復興に関する協議会」を開催して双葉郡での連携による教育復興をめざし[注22]，「福島県双葉郡教育復興ビジョン」を出している。なお，福島県双葉郡双葉地

区教育長会も設けられている。ビジョンの内容は中高一貫校の設置ということであり，県が実施することになるため，県・郡内町村の連携調整が求められる。2013年8月には，①賠償，②除染，③生活環境の再生（医療・福祉・教育），④農業再生，⑤産業復興，⑥広域インフラに関する検討チームを設けて，連携して復旧・復興をめざすとしている。避難指示が出され，高濃度の放射能汚染で復興をするにも多額の費用を要し，帰還人口の減少が予想されるという特殊な外的要因がもたらした連携ともいえる。

　岩手，宮城の両県でも，再生に向けて職員派遣以外の新たな連携の試みがなされている。その一つとして，自治体のクラウド連携が始まっている。これは総務省が推進しているシステムであるが，住民基本台帳等の基礎的データを失い（その後サーバを発見して回収），基本的なデータ管理を行う職員も不足している大槌町は，データの自治体共同クラウドによる広域連携を模索し，一部稼働している。岩手県野田村，普代村，大槌町3町村共通のシステムで，住民記録や選挙，税，福祉や農地管理，人事，給与などを民間会社事業者のデータセンターに移行するというものである。合併をしなかった自治体のクラウド化によるシステム統一を通じて，経費節減と連携の強化を図ることが企図されている。大槌町へ国からIT関係の専門職員が派遣されてきたことが契機となっている。釜石市は単独での事務管理を継続しつつも，北九州市と事務情報連携協定を締結した。北九州の周辺自治体が参加する「北九州地区電子自治体推進協議会（KRIPP）」が釜石市のデータのバックアップを受け入れることになった。これらの連携は，初期費用がかかるが，復興交付金が呼び水となって実現しつつあるシステムである。

(3) 除染と連携

　福島県の地域再生にとって，除染が重要な役割を演じている。除染は，国直轄と市町村が行う地域に分けられる。除染のためには，除染計画の策定，除染実施者の選定，仮置き場の設置とそのための合意，各地権者の除染合意と多くの事務があり，それぞれの自治体がその手続きを行わなければならない。除染の方法，仮置き場の施設基準などは，交付金の基準として国が定めているので，各自治体はそれぞれ，除染方法に関して国と交渉し，住民の合意を得ている。

福島県内ではほぼ全市町村（国施行を除く）で除染が行われているにもかかわらず，その過程における自治体間交流は乏しい。住民との合意形成については，各自治体の状況に応じて個別に行うことが求められる。他方で，除染方法等については，実施する自治体間で情報を共有して適切な方法を採用することが，効率的かつ効果的に除染をすすめるために必要である。しかし，除染事業では，自治体間連携の枠組みで交付金が出ることはない。

　また，現在除染情報は，国・県の行っている除染情報センター等が情報を収集し，それを経由して除染情報の共有が図られているが自治体の交流を促す方策は執られていない。

2-2　自治体と多様な主体間の連携と復興

(1) 情報連携

　国は，復興庁に置かれた復興推進委員会で，2013年6月に中間とりまとめ（「新しい「東北」の創造に向けて」）を出して，官民連携の重要性を提言した。同年11月に，復興庁が主導して「新しい東北」官民連携推進協議会が主として情報の共有のためのプラットホームが立ち上がった。各地域でもこのような情報プラットホームを立ち上げてはいるが，具体的課題への取り組みは少ない。

　そのような状況の中でNPOを中心とした仕掛けではあるが，情報の共有を一つの柱とした北上市の「きたかみ震災復興ステーション」の試みは，自治体の連携支援の一つの形として意味があると思われる。

　北上市が個別の自治体と連携するのではなく，東北各地の復興支援NPOとの協働組織を立ち上げ，人と情報の場を提供することで，多様な主体の複合連携の機会を設けた。この目的は，（ア）避難者の受け入れ自治体として，アパートなどの借り上げ住宅に居住する避難者への必要な情報提供とコミュニティの分散により減少する情報交換の機会の提供，（イ）研究者やNPOがどの地域でどのような活動をしているかの情報共有，（ウ）現地からの支援ニーズの情報共有ならびに復興計画の策定および実施のための地域間の情報やノウハウの共有，（エ）避難者や支援者の交流スペースの提供，（オ）その他，広範な被害が発生した地域のつながりと課題の解決を目的としている。このような連携を支援する仕組み作りをしたという点で，連携のもう一つのあり方を示してい

る。ハブとなって，復興連携を進める可能性がある。

(2) 連携の課題

　これまで見たように，現在まで，地域再生について自治体相互間の連携が余り進まないなかで，国が主導した批判の多い廃棄物の焼却処理に関する広域連携以外に，特筆すべきものがない。除染という具体的な施策についても，自治体間情報交流の仕組みを立ち上げるに至っていない。2013 年版環境白書では，東北地方の太平洋沿岸にある自然公園を国立公園に再編する三陸復興国立公園を核とした「グリーン復興で東北を再生」という旗を掲げてはいる。自治体に目を向けると，自治体間で連携して被災地域の自然を保護し，再生の基点とするという発想はほとんどなく，自治体間での連携としては動きは鈍い。むしろ，北上市の事例のような NPO と協働することで，間接的に自治体間連携を促進するという新たな連携に自治体間連携の新たな芽を見いだすことができる。しかし，このような試みも財政的保証をどのようにしていくかという課題もある。

　また，世田谷区が，大震災・福島原発事故を契機に，新エネルギーを同区が引き受けるという生産地と消費地の連携を提案している。自治体間でこそ考えられる提案である。

3. 多様な主体を含めた連携のハブとしての自治体連携

　ここまでみてきたとおり，日常的な自治体連携があって初めて，緊急時の支援協定に命が吹き込まれる。その意味では，災害時のためにも，平常時からの自治体連携の仕組みづくりとその仕組みでの交流が必要である。被災からの再生に向けては，特に法的枠組みもないことから自ら連携を作り出すことが求められている。とはいえ自治体間のみの連携には限界があり，多様な主体の連携こそが求められる。自治体がそのための枠組み作りと資金的援助の役割を担うことで，一自治体の範囲を超えた実質的自治体連携が可能となる。つまり，自治体のみの相互連携では職員派遣と事務の相互処理に限定されるのみならず，がれきの広域処理のように，住民の強い反対に遭う連携を推し進めることにもなりかねない。自治体連携は，それぞれの住民が主体であることを踏まえて行

われなければならない.自治体はその多様な主体の外部連携の制度を支えるという役割を持ち,内部的には多様な主体の調整の役割を担うことが求められる.

したがって,自治体は,第1に地区内連携調整役として,コミュニティ再生の役割とその連携調整の役割を負っている.岩手県から宮城県北部の沿岸部市町村は,リアス海岸にあって地政学的な特殊性を有し,それぞれの浜ごとにまとまりを維持している地域である.そのため各地区の特性が強い.しかし,多くの市町村では,復興まちづくりにとって重要な土地区画整理事業や防災地域集団移転など,コミュニティとしての意思決定が問われる場面でも調整の枠組みを作れず,地区内部的な意思決定過程での十分な合意形成過程を経ずに決定し,あるいは決定しようとしている.住民はコミュニティを離脱し,地域崩壊を招く原因にもなりかねない[注23].

とはいえ仮設住宅にまとまって入居し,地区内での再建を強く望んでいる人々の中には,コミュニティを維持し,生活が再建できる途を検討し,その具体化を目指している地区もある.たとえば,陸前高田市長洞地区[注24]では,発災時より外部のNPOの支援を得ながら地区内での復興活動を積極的に進め,地区内の高台に集落ごと移転する計画を立案し,実施に移している.市がこのようなコミュニティへの支援をし連携することで,市町村の調整的機能の向上につなげることができる.また,復興商店街として役割を担ってきた商店会コミュニティに対しても,それを積極的に消費者と結びつける支援をする市町村も少なくない.これも,調整的枠組みづくりの一つといえる.

自治体に求められる第2の役割は,自然再生の場合のように,多様な主体が連携して取り組まなければならないときのハブ的な役割である.蒲生干潟については,仙台市を含めてNPOなどの主体が再生にかかわっている.陸前高田では松並木の再生をしようとする運動もある.このような自然や景観再生に向けた動きに対して,自治体には多様な主体の共同決定・協働の受け皿としての役割が求められる.現在,防災の観点のみで海岸線の整備が推進されているが,多くの住民が太平洋沿岸の海岸線の環境・景観が防潮堤などで失われていくことを危惧している.そこで,個別の場所のみならず,広く一体として,海岸法に則しつつ,海岸線の保護を目的として,広域連合という既存の手法を利用するなどして,関係自治体・住民・NPOの連携組織を構築することが,今後必

要になる。

　第3の役割は，これまで述べてきた情報連携としての自治体連携である。地域再生には長い年月を要する。そのために必要な情報を被災自治体と住民そしてNPOが共有して，適切な再生をすることが求められている。そのプラットホームをどのように構築するかは別に検討する必要があるが，すべてのステークホルダーが利用できる情報連携は，現場だからこその自治体連携の重要な役割といえる。それでは，これらの連携に国や県はどのような役割を果たすべきか。この役割分担なしには，自治体連携は実質的な機能を果たし得ない。

［注1］国民健康保険は，都道府県単位化が図られているが（高齢者医療制度改革会議の「最終とりまとめ（平成22年12月20日）」）では，その廃止を前提とした仕組みを提言している。

［注2］同制度は，「中心市と周辺市町村が協定により役割分担する『定住自立圏構想』の実現に向けて，地方都市と周辺地域を含む圏域ごとに生活に必要な機能を確保し人口の流出を食い止める方策を，各府省連携して講ずる」とする経済財政改革の基本方針2008」（2008年6月27日閣議決定）に基づき，「広域行政圏」および「ふるさと市町村圏」に代わって策定された。「定住自立圏構想推進要綱」が定められている。

［注3］岩手県，宮城県の被災市町村の多くが，過疎地域自立促進特別措置法の指定を受けている。面積の広い宮古市，かつての鉄鋼の町である釜石市も同指定を受けている。なお，福島県の津波被災地域はいずれも原発立地および隣接地域で過疎市町村ではない。中通りの避難指示区域を持つ市町村や避難勧奨地点のある伊達市霊山町，月舘町，飯舘村は地域指定を受けている。

［注4］東日本大震災の教訓から，避難について初めて協議制度という形での連携を定めた（86条の2）。

［注5］学術会議では，発災直後「ペアリング支援に関する緊急提言」（2011年3月25日）で持続的な連携の必要性を提言した。稲継（2012）が連携についての具体的な状況について述べている。

［注6］これに基づく全国知事会の動きについて，全国知事会「東日本大震災における全国知事会の活動」（平成24年7月）を参照のこと。注5にあげた稲継（2012, 41-60頁）を同様に参照のこと。

［注7］同協議会は，大船渡，花巻，北上，奥州，遠野，釜石，横手，湯沢，由利本荘，大仙の各市で構成されていたが，2012年度解散している。しかし，防災協定のみは改

正され，継続している。
［注8］2011年秋に行った北上市における担当者からのヒアリングによる。あるいは，沿岸部からの避難者の宿泊場所の確保において，国・県の施設の利用の要請をした自治体も少なくなかったが，国と県との協議を待たざるを得なかったため，避難者への対応の遅れを余儀なくされたとの発言も複数自治体で聞かれた。
［注9］遠野市の支援については，『遠野市後方支援活動検証記録誌』（遠野市，2013b）。
［注10］一関市，盛岡市なども同様に，被災自治体に職員を派遣し，市内での仮設住宅の建設や，被災工場への支援を行っている。
［注11］渡辺千明・岡田成幸（2004，65-77頁）は，阪神淡路大震災での自治体連携の実態を分析しているが，多くの自治体は物資の援助を主とし，発災後10日間で支援を終了していると述べている。（阪本・矢守，2012，391-400頁）。
［注12］杉並区は，それ以前3月16日には，協定に基づき独自に南相馬市の住民を同区の東吾妻町の施設で受け入れるために，バスを送っている。
［注13］同時に井上ひさしの生誕地であるということから，大槌町（ひょっこりひょうたん島のモデルの島，吉里吉里地区がある）に職員を派遣し，さらには被災者のお祭りへの招待などの文化交流支援を行ってきている（原田，2013）。
［注14］岩手，宮城の両県を含めると，6万1000人余の人が他県に避難している（復興庁2013年8月22日発表）。
［注15］発災後1年たった時期でも，避難地域の学校で受け入れた小学生の人数は2万5516人，東北3県以外の都道府県で受け入れた小学生の人数は1万4265人で，全都道府県で受け入れている。
［注16］「東日本大震災における原子力発電所の事故による災害に対処するための避難住民に係る事務処理の特例及び住所移転者に係る措置に関する法律」により対処した。また，住所を移転したものに対しても，元の住所地の自治体の情報を提供するなどの措置を現住所自治体に求めている。（今井，2011，89-102頁）。
［注17］横浜市，横須賀市，静岡県，大阪市，長崎市などでは，住民による強い反対運動が起こった。また，がれきごみの最終処分をめぐっても地域の反対運動が起こっている。大阪，富山では，反対住民を告訴するという状況にまで至っている。また，広域での処理に対して反対意見を述べている専門家も少なくない（青山，2012；池田，2012；土屋，2013）。
［注18］裁判となっている自治体もある。
［注19］北上市での支援担当者からのヒアリング（2011年9月）および遠野市の提言「被災市町村への復興支援職員の派遣システムの提案について」（遠野市，2013a）で，市民との会話については，方言での会話の方が適切に対応できるという側面があり，

その意味で，東北地域，当該県の職員派遣が期待されるとしている。
［注20］北上市での市へのヒアリングでも同様の発言があった。人材および経費に関して同自治体からの財政支出で長期に継続的に援助することは，住民の理解をうることが最大の課題となる，ということである。
［注21］大槌町では，2013年6月時点でも，48％が全国からの自治体，民間からの派遣職員で構成されている（http://www.j-cast.com/2013/07/02178495.html）。
［注22］国は「早期帰還・定住プラン」（2013年3月7日）を出し，その中で，高校教育のためのビジョンを策定することを挙げている。
［注23］石巻市雄勝地区はその典型である。雄勝は災害危険区域に指定された部分もあり，高台移転が進められている。元住んでいた場所に戻りたい，あるいは早く居住地を見つけたい人の中に，雄勝から離れていく人が多い。
［注24］同地区は58戸，230人の漁業を中心とする集落である。

参考文献
青山貞一（2012）「がれき広域処理に関する意見書」
　（http://gomibenren.jp/aoyama_gareki_ikensho2012.pdf）。
池田こみち（2012）「災害瓦礫の広域処理は妥当なのか」
　（http://www.eforum.jp/Actio2012-05-IkedaInterview.pdf）。
稲継裕昭編著（2012）『大規模災害に強い自治体間連携――現場からの報告と提言』早稲田大学ブックレット。
今井照（2011）「原発災害事務処理特例法の制定について」『自治総研』395号（2011年9月号），89-102頁。
神戸市（2012）「東日本大震災の神戸市職員派遣の記録と検証」平成24年3月。
阪本真由美・矢守克也（2012）「広域災害における自治体間の応援調整に関する研究」『地域安全学会論文集』18号，391-400頁。
土屋雄一郎（2013）「震災廃棄物の広域処理をめぐって」『住民と自治』2013年5月号，自治体問題研究所。
遠野市（2013a）「被災市町村への復興支援職員の派遣システムの提案について」平成25年1月31日。
―――（2013b）『遠野市後方支援活動検証記録誌』。
原田俊二（2013）「原発事故と向き合って」『環境と公害』42巻3号，岩波書店。
渡辺千明・岡田成幸（2004）「全国自治体による激震被災地への支援のあり方――（1）阪神淡路大震災における実態調査と要因分析」『災害自然科学』23巻1号，65-77頁。

第 10 章

農山村の自立と連携のための「協治」

井上　真

はじめに

　本章では，自立と連携のあり方の具体的なアイデアとして「協治」（collaborative governance）の概念を位置づけ，様々な問題群に対する解決のための方向性について検討する。

　「協治」とは，「地域住民を中心とする多様な利害関係者の連帯・協働による環境や資源の管理の仕組み」である（井上，2004）。たとえば，熱帯地域では，今でも森林と地元の人の生計は深く関連している。しかし，地域外のいわゆる「市民」は，生物多様性など特定の機能に関心をもつ。ここにギャップが生じる。そこで合意形成が必要となり，協治の概念が必要となる。

　そこで，私はこの協治の概念を実現する制度をつくるのに役立つ10の設計指針（協治原則）を示した（井上，2009）。これは，オストロム（Elinor Ostrom：アメリカの政治学者・経済学者）たちのデザイン・プリンシプル（設計原則）を批判的に検討するなかで出てきたものである。なかでも重要な設計指針は，次の2つである。

　まず，「段階的なメンバーシップ」（graduated membership）は，「開かれた地元主義」（井上，2004）という理念から導出される設計指針である。地元の人が，自分たちで閉じてしまうのではなく，良心的な外部者に資源の利用や管理への関わりの道を開くことから始まる。しかし，不用意に開いてしまうと外部者の力のほうが強くなってしまうこともある。そこで，責任・義務が最も強いコアメンバー（1級会員）から弱いメンバー（2級会員，3級会員）まで段

階を設け，それぞれに応じた権利・責任・義務を付与するというアイデアである。実は，非政府組織（NGO）や非営利組織（NPO）の組織運営を見てみると，意識しておらずとも，この段階的なメンバーシップが活かされているケースが多いのではないかと思う。

　もう1つの「応関原則」（commitment principle）は，「かかわり主義」（井上，2004）という理念から導出される設計指針である。一生懸命に森林などの資源の管理を実施している人（＝かかわり・コミットメントの強い人）の意見をより尊重し，意思決定でも重視する。したがって，口だけ出して何もしない人などの意志決定権は自ずと弱くなる。

　ところで，コモンズを利用・管理し，かつコモンズの重要な主役でもある地元の人々の立場に立つと，行政，市民団体（NGO・NPO），企業といった外部者とのかかわりに関しては，3つの戦略を想定することができる（井上，2010a）。第1は，外部者のかかわりを排除し拒否する「抵抗戦略」である。第2は，外部者からの働きかけに応じて地元が動く「対応戦略」である。そして，第3の戦略として，両者の間に「協治戦略」を位置づけることができる。つまり，「協治戦略」では，「段階的なメンバーシップ」に則って外部者を受け入れつつ，「応関原則」によって深くコミットする人を尊重する。ただし，外部者の発言力の合計は50％未満に抑えられる。なぜならば，これが50％を越えた時点で，もはや「協治戦略」ではなくて，「対応戦略」になるからである。このように考えると，「協治戦略」は，制限付き「対応戦略」であり，かつ部分的「抵抗戦略」であることがわかる。つまり，敵に対しては抵抗しつつ，味方とは協力・協働するのである。

　実際には地域によって適用される戦略が異なり，上記3つの戦略のどれかを選択する農山村と，自由主義的競争世界に飲み込まれる農山村がモザイク状に分布することになろう。そのような状況のなかで，協治論は農山村の将来像を提示する有効な概念枠組みとなりうるのではないか。

　以下，本章では，協治論の有する諸側面に即して農山村の自立と連携のあり方を検討する。

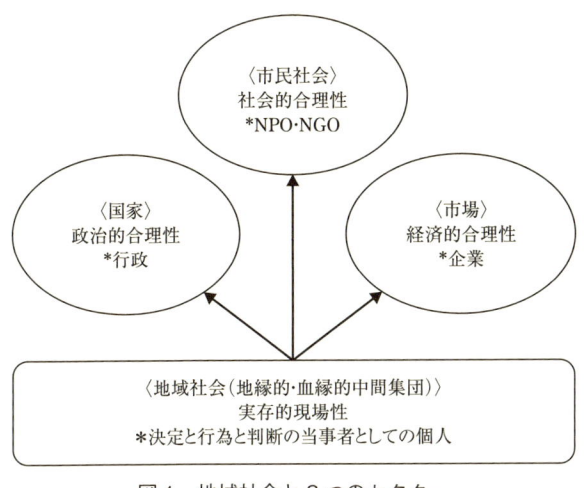

```
          〈市民社会〉
          社会的合理性
          *NPO・NGO

  〈国家〉              〈市場〉
  政治的合理性          経済的合理性
    *行政                *企業

    〈地域社会(地縁的・血縁的中間集団)〉
            実存的現場性
    *決定と行為と判断の当事者としての個人
```

図1　地域社会と3つのセクター
注)　金(2002)を参考に作成。

1. ガバナンス論としての協治より──行政の役割

　地域社会の自立や連携を考える際に避けて通れないのがガバナンスの概念である。新自由主義をベースとする民活路線と軌を一にして影響力をもったローズ (Rhodes, 1997) のような「ガバメントなきガバナンス」にはどうしても違和感がある。同時に，地元住民が等閑視されやすい市民参加論にも違和感を禁じ得ない。そこで，主要な利害関係者の全体像として，具体的な場所で生活する地域の人々がいて，その上にいわば抽象的な国家・市場・市民社会という3つのセクターが乗っている図式（図1）を措定したい。議論や政策や行動の際の基盤はあくまでも地元で生活する個人である。この人々は当事者であり，かつ普通の人々（＝素民）である（井上，2004）。地域社会に生活する個人は，国民として選挙権を行使して国家に参加し，市民として市民社会に関わり，私人（あるいは消費者や企業家）として市場に参入する。国家（行政，ガバメント）だけが強くなったり，市民や企業だけが強くなると，コンフリクトが起こりやすい。

　ガバナンスとは，ルールの設定・適応・執行のあり方をさす (Kjaer, 2004)。

利害関係者の関わり方の違いによってガバナンスには様々なバリエーションがあるが，農山村の再生で重要な役割を果たす地域資源のガバナンスについては，ベースとなる地元住民とともに，行政が重要なプレーヤーとなる。

そこで，日本の農山村で重要な地域資源である森林や土地に着目し，それらの協治における行政の役割について検討する。第1は，コモンズ論における3つのルールに即しての検討である。コモンズ論における3つのルールとは，次の通りである。(1) 運用ルール（operational rule）：個人の行為を直接的に規定するルールのこと。例として，やっていいこと，いけないこと，望ましいこと，などに関する取り決め。(2) 集合的意志決定ルール（collective decision-making rule）：運用ルールの構築方法を定めたルールのこと。例として，誰が，どのようにルールを作り，修正するか，に関する取り決め。(3) 基盤的ルール（constitutional rule）：政治システムの基盤となるルールのこと。つまり，ガバナンスの新たな単位づくり，および集合的意志決定ルールの策定・変更に必要な手続き。例として，誰が政治システムに参加できるか，そのシステムの任務は何か，任務を担う人をどのように選ぶのか，それらの人々の権力や権限は何か，に関する取り決めを挙げることができる。

このうち，行政に求められる役割は基盤的ルールをしっかりと定めることである。つまり，多様な利害関係者のコミットメントの可能性の枠組みを設定する役割である。もし，多様な利害関係者のコミットメントを認めない政策が採択されると，都市に住む「有志」や農山村の地域住民を協治の主体としてそもそも想定できなくなってしまう。

第II部補章（石井論文）では，都市住民による棚田保全活動への支援，および保全条例の制定において，行政が重要な役割を果たしていることが述べられている。

これらの事例から，行政の役割は第一義的には基盤的ルールの設定であるが，それだけではないことが示唆される。つまり，行政は自らが設定した基盤的ルールの範囲内で，自らを除く利害関係者たちによる公平な資源利用を実現するため，集合的意志決定ルールや運用ルールの面においても，主要プレーヤーの権限を阻害しない範囲で役割を果たす余地があるということだ。地域自治の基盤を損ねない範囲（あるいはプレーヤーの権限を阻害しない範囲）で行政が具

体的にどのように関わったらよいのかは，様々な試行錯誤によって検討していくべき課題であろう。

　第2は，グリーン・セーフティネットの担い手としての役割である。仮に住民が意志決定権を持っているとし，森林や土地の大部分をゴルフ場開発業者へ売却することを決めてしまったら地域資源はなくなってしまう。生物多様性の観点などから果たしてそれでよいのか。ナショナルミニマムの環境を確保するための歯止めはどうしても必要である。地域資源の協治が，より広い社会からレジティマシー（正当性）を承認されるためには，多様な利害関係者の参加（民主性の確保）だけではなく，持続可能な資源管理が実際に達成され（有効性の確保），さらに欲を言えば，経済的にも合理的な管理がなされること（効率性の確保）が求められる。そのためには開発規制や補助金など行政の関与が不可欠となる。

　先の補章（石井論文）において，棚田保全へとつなげるための公共事業（圃場整備，導水路の改良，集会場建設など），および所得保障の必要性が述べられているが，これらはグリーン・セーフティーネットに対する行政の重要性を示している。

　第3は，規範的専門性を提示することである。第II部第6章（羽山論文）では，様々なステークホルダー間のコーディネートのみならず，行政が司令塔としての管理者的役割を果たす必要性が述べられている。逆に，第II部第5章（泉論文）では，行政による施業指針に頼らず，独自の技術を展開している例が紹介されている。これらの事例より，議論の対象となる専門性の性質の違いにより，行政が専門的に優位に立ちうるものとそうでないものがあり，それによって専門性の観点からの行政の役割も異なってくることがわかる。

2. 資源管理論としての協治より——専門家と素人

　社会学者・吉田民人は，自然資源の制御のあり方についての所有・用益・管理を包含する分析枠組みとして「社会的制御能」（吉田，1981）の概念を提示している。この枠組みに則って，閉鎖型コモンズ（入会）と開放型コモンズ（例えばGoogleの書籍検索サービス）の2つを比較してみた（井上，2010）。その

結果，両者の違いが顕著なのは，管理主体と用益主体，それと帰属（排除性）であることがわかった。したがって，様々な性格の異なるコモンズの所有論的特質を把握するためには，これら社会的制御能の要素に注目すればよい。閉鎖型コモンズと開放型コモンズの矛盾を止揚したのが，協治型コモンズである。もちろん協治型だけがよいのではなく，協治型コモンズはあくまでも1つのパターンとして位置づけるべきであろう。

協治型コモンズにおける管理主体は「素民」と「有志」を含む多様な関係者のコアメンバーである。また，用益主体は超スケール（集落，村，自治体，国家，世界などどんなスケールでも成立する）での関係者なので，さしたる問題はない。問題は，管理権能・用益権能の排除性であろう。

特に，誰を排除するのか，とりわけ素人は排除できるのか，などが問題となる。これについては，「第3の波論争」が参考になる。社会学者ハリー・コリンズ（Harry Collins）（コリンズ，2011）は，技術がからむ意思決定には2つの局面があって，それぞれに関与できる人が異なるという。意志決定を下す政治的局面（第1の局面）には全市民が利害関係者として参与する権利をもつ。しかし，意志決定に利用できる知識を生み出すテクニカルな局面（第2の局面）では専門家および，専門知を有する特定市民にだけ参加の権利が付与されるべきだという。

これに対し，社会学者ブライアン・ウィン（Brian Wynne）（ウィン，2011）は，コリンズの主張は生活者や現場の知識を排除していると批判した。この論争は，チェルノブイリ原子力発電所事故の文脈で展開された。

おそらく，素人が関与することの是非は，専門知のあり方によって変わるのではないだろうか。たとえば，カリマンタンの人はローカルな知識をもっており，これを排除するのはおかしい。では，原発はどうであろうか。住民は専門知識をもっていないから意志決定から排除できると簡単に結論づけてよいのだろうか。かなり慎重に議論することが必要であろう。したがって，地域資源協治への素人の関与の是非について検討するためには，当該分野の専門家に要求される専門性のあり方そのものを問う必要があるのではないか。素人であれ専門家であれ，様々な場面でリスクを共有せざるをえない。原発事故などのアクシデントに関するリスクのみでなく，食物の安全性など日常的な生活のうえで

のリスクにも大きな関心が払われるべきである。

　第4章（山下論文）では自然エネルギーへの出資者としての市民の役割が論じられている。こうした行為によって市民が声を出せるようになり，素人の参加が促進され権限が強化されうる。これらの事例は，協治がもたらす新たな社会像を示唆している。

3. コミュニティ論／市民社会論としての協治より——外部者の役割

　社会学者マッキーヴァー（Robert Morrison MacIver）（2009）によると，コミュニティとは，社会生活（つまり社会的存在の共同生活）の焦点であり，アソシエーションとは，ある共同の感心または諸関心の追求のために明確に設立された社会生活の組織体である。コミュニティとアソシエーションとの違いについて，哲学者，内山（2010）は，アソシエーションのコミュニティへの転化，および多様な小集団の重要性を指摘している。内山（2010）によると，共同体（コミュニティ）とは「共有された世界を持っている存在であり……理由を問うことなく守ろうとする。あるいは持続させようとする。……当然のように持続の意志が働く」ものである。また，アソシエーションとは，「理由があるから結びついている組織体」である。ところが，「……村では理由があるから結びついてきたはずの組織が，またたくまに，理由なく持続させる結びつきへと変容する。……なぜそうなるのかといえば，この共同体のなかにいると，自分の存在に納得できる。諒解できるからである」と，アソシエーションのコミュニティへの転化について論じている。同時に，「アソシエーション」を積み上げても，共同体は生まれないことを指摘している。また，「……トクヴィルは小さな集団が多様に存在することによって多様な『精神の習慣／心の習慣』が生まれると考えた。……彼の社会観は今日的にいえばコミュニティが多様に存在する社会こそが健全な社会をつくるという視点と結びつく」と，多様な小集団の重要性を指摘した。

　このような考え方に基づいて協治を再定義してみると，「協治」とは「基盤としてのコミュニティが，市民（外部者）によるアソシエーションとの協働により資源管理を行う社会制度」といえる。

第7章（根本論文）では，消費者の利便性を重視する「らでぃっしゅぼーや」のウェブストア，逆に生産者を重視する生活クラブの活動が紹介されている。いずれの場合も生産者と消費者の連携として注目すべき試みであるが，生産者たちのコミュニティに対する影響については今後検討する必要があろう。とはいえ，外部者と連携する協治は，地域資源管理を超える地域の内発的発展にとっても有効な社会制度となりうるのである。
　しかし，外部者は常に地域社会のサポーターではない。良心的なアソシエーションであっても予期せぬ悪影響を及ぼすことがある。さらに，営利目的の企業が協治プレーヤーとして関わる場合もある。第1章（佐無田論文）において新しい多就業スタイルへの企業のかかわりが，また第7章（根本論文）でも社会的企業の役割が述べられている。営利目的の企業を協治のプレーヤーとした場合の理論構築はこれまでの協治論に欠けていた点である。企業と地元住民，それに外部者（市民）との間で，何をどのように分担することが可能なのかを具体的に検討することが必要である。その際に，企業の役割の有効性と地域社会への影響についての検討は避けて通れない課題であろう。
　ところで，大久保ら（2011）は，内部者と外部者との間に位置づけられる「他出者」に着目し，その重要性を次のように指摘している。「一点目は，他出者が，集落の問題について縮小方向の意思決定にも関与しうる存在だという点……代々大切に受け継いできたものごとを，空間や内容を縮小させることでなんとか『やれる範囲で』続けたり，場合によっては続けていくことを諦めたりしている。これは，過疎化の進む農山村に共通の社会変容であり」「二点目は，集落に居住する人がいなくなった後も，他出者が『地域住民』としての役割を部分的に果たして行く可能性も考えうるという点……自分たちの先祖に対する縦方向の『責任』と，同時代を同じ土地に集う仲間に対する横方向の『責任』。楽しさに加えてそれらを醸成することができたならば，必ずしも定住に基づかない形で集落を『やれる範囲』で維持していくことも，可能となるのかもしれない。」
　どうやら他出者をもっときちんと考えたほうがよさそうである。かつて私は，ある程度の時間距離を限度とした人的繋がりの見られる地域的広がりを「人的ネットワーク圏」と定義した（井上，2002）。そして，地域社会を越える人的ネ

ットワーク圏を視野に入れたシステム，特に都市に居住する他出子およびIターン予備軍の参画を促すようなシステムの構築を提言した。その根拠は，他出者を含めた「人的ネットワーク圏」を想定すれば，他出者が一定の役割を果たすことができるようになるからである。

　このように議論を展開すると，次のステップとして検討すべき課題が浮かび上がってくる。限界化・過疎化でコミュニティの弱体化がとめどなく進展してしまう地域では，地域の人々が閉じて地域資源の管理をやっていく「抵抗戦略」や，NPOなど外部者に開きつつもあくまでも地元民が主体的にかかわる「協治戦略」は使えなくなってしまう。となると，必然的にNPOなど外部者に頼る「対応戦略」をとるほかないだろう。つまり，人的ネットワーク圏への支援を「つなぎ」として，将来的には公的管理へと移行してゆく方策を検討するのである。これは，すなわち公的管理への移行期間の社会制度として「協治」を設計するということである。第5章（泉論文）でNPOの関わりが紹介されているが，このような論点から今後のあり方を検討してみる必要があるのではないか。

　一方で，集落の戸数が減っても廃村に至らない集落が多数存在することも考慮する必要がある。非限界性を示す山村を全国規模で探し，その存立要因を探った研究（西野，2012）によると，それらの集落は都市への通勤圏域に位置していること，観光・リゾート地域であること，特定の農産物の生産や酪農に特化した地域であること，林業を経済的基盤としているのではないこと，などの共通点を有している。ここには，農山村の新しい産業の創出という農山村の再生の面においてと同時に，国土の68％を占める森林資源の管理の面においても，外部者の関わりの重要性が示されている。第1章（佐無田論文）で示された地域間分業，財政移転，人材の再配置の議論は，以上の観点からすると，きわめて重要な手段となりうる。

4．公共性論としての協治より——かかわりの正当性

　コモンズ研究は，3つの面で公共性の議論に関連している（下村，2011）。第1は，「資源属性における公共性」である。つまり，森林などのコモンズは環

境資源として正の外部性をもつがゆえに，コモンズの維持・管理は外部社会との積極的な関係を有している。第2は，「政治空間における公共性」である。下村によると，「井上真の『協治』とはまさに，ガバナンスの局面における公共性論である。……また，内部の主体（アクター）と外部からの多様な主体とによって創出される公共性として捉えることも可能であろう」とのことである。第3は，「正統性における公共性」である。これは，コモンズを守るロジックとしてコモンズが長年にわたって地元住民によって維持・管理されてきたという事実が体現する「歴史的正当性としての正統性」に内包される公共性を指す。

このうち，「資源属性における公共性」は，これまで長年にわたって森林関係者が主張してきた公益的機能を有する森林への公的助成の根拠となってきたが，大きな政治力には結びつかなかった。それは，専門家の認識と地域住民や市民の認識との間にはギャップがあり，資源属性における公共性が一部の人々にしか認識されなかったからである。第5章（泉論文）の森林のもつ水源涵養や災害防止の機能，第6章（羽山論文）の野生動物の管理，第7章（根本論文）の安心・安全な食，といった議論は，みな自然の有する公益的な機能，すなわち「資源属性における公共性」に関連しており，多くの人々が重要なものとして承認できるものであろう。

一方で，「正統性における公共性」は，価値観の変化のなかで今後は弱められる可能性が大きい。前から住んでいたことに公共性が認められるかどうかは心許ない。第3章（除本論文）に示されるように，土地に根ざした生活と地域コミュニティの破壊が，そこに住んでいた人々だけの問題であると認識される限りは，歴史的な正統性，すなわち「正統性における公共性」は成り立っていないと言わざるを得ない。これをどのように構築したらよいのかは大きな課題である。

最後に，「政治空間における公共性」として創出される「協治」に関して，検討すべき重要な課題がある。外部者を含む協治の関係者は，より広い社会構成メンバーから自己満足という誹りを受けるのか，あるいは公共性の担い手として評価されるのか，という問題である。地域の人だけでは手が足りないので外部者と協働した場合，参加したメンバーというスケールでは公共性がある。しかし，そのことが，さらに大きなスケールでの人々（社会）からみて公共性

をもっていると認められるかどうか。

　森林など地域資源の公益的機能という資源属性による公共性が認められないと、ローカルな試みは勝手に好きなことをやっているだけだと切り捨てられてしまうのだろうか。このような、協治の有する階層性（入れ子状態）による問題は、今後の重要な理論面での検討課題である。

　この観点からいえば、第5章（泉論文）で紹介されているNPOの活動を「新しい公共事業」として行政が位置づける事例は、とても重要な意味をもつ。市民の能動的な活動が、より広い社会からの誹りを受けることなく、公共性をもつものとして多くの人に承認される道を開くからである。

おわりに

　本章では、自立と連携の基本的考え方の1つとして「協治」に着目した。そして、自立と連携を実践的に進めるためのバックボーンを構築するための理論的な検討課題を協治論のもつ諸側面に即して提示した。様々な利害関係者が積極的に関与すること、とりわけ地元の人々、および外部者である市民のコミットメントは重要である。行政には幅広いコミットメントを保証し支持するような制度設計が求められる。最大の問題は、そもそも行動を起こす地元の人々や都市の人々がどのくらいいるのかである。東日本大震災および東京電力福島第一原発事故の悲劇を契機として、離れた地域の人々のことにも関心を持ち、行動を起こす人が増えたことに期待したい。

参考文献

井上真（2002）「山村での生活を支える人的ネットワーク」『環境と公害』31巻4号，31-38頁。
　　　　（2004）『コモンズの思想を求めて——カリマンタンの森で考える』岩波書店。
　　　　（2009）「自然資源「協治」の設計指針——ローカルからグローバルへ」，室田武編『グローバル時代のローカル・コモンズ』ミネルヴァ書房，3-25頁。
　　　　（2010a）「「協治」論の新展開——あとがきにかえて」，三俣学・菅豊・井上真編著『ローカル・コモンズの可能性——自治と環境の新たな関係』ミネルヴァ書房，

263-265 頁。
―――（2010b）「汎コモンズ論へのアプローチ」，山田奨治編『コモンズと文化――文化は誰のものか』東京堂出版，234-262 頁。
―――（2012）「協治論の諸側面から森林ガバナンスへ挑む」『林業経済』64 巻 10 号，24-26 頁。
ウィン，ブライアン（1996/2011）「誤解された誤解――社会的アイデンティティと公衆の科学理解」『思想』1046 号，64-103 頁。
内山節（2010）『共同体の基礎理論――自然と人間の基層から』農山漁村文化協会。
大久保実香・田中求・井上真（2011）「祭りを通してみた他出者と出身村とのかかわりの変容――山梨県早川町茂倉集落の場合」『村落社会研究ジャーナル』17 巻 2 号，6-17 頁。
金泰昌（2002）「おわりに」，佐々木毅・金泰昌編『中間集団が開く公共性（公共哲学 7）』東京大学出版会，375-394 頁。
コリンズ，ハリー／和田慈訳（2011）「科学論の第三の波――その展開とポリティクス」『思想』1046 号，27-63 頁。
下村智典（2011）「コモンズの公共性」『Local Commons』No. 15，18-21 頁。
西野寿章（2012）「21 世紀初頭における日本の山村の現状とその類型」『高崎経済大学論集』54 巻 4 号 41-57 頁。
マッキーヴァー／中久郎・松本通晴訳（1970/2009）『コミュニティ』ミネルヴァ書房。
吉田民人（1981）「所有構造の理論」，安田三郎・塩原勉・富永健一・吉田民人編『基礎社会学Ⅳ：社会構造』東洋経済新報社，198-244 頁。
Kjaer, A. M.（2004）*Governance*, Polity Press.
Rhodes, R. A. W.（1997）*Understanding Governance*, Open University Press.

あとがき

山下英俊

　本書は，日本の農山村の再生をテーマとし，第Ⅰ部で現状認識と課題設定を行い，第Ⅱ部で個別事例の検討を通じて問題解決の方向性を模索し，第Ⅲ部で総合的な政策論を展開するという3部構成を採った。

　第Ⅰ部（第1～3章）で示された基本認識は，要旨以下のとおりである。現代日本の農村問題は，ポスト工業化・グローバル化の中で，これまで日本を支えてきた国民経済システムが機能不全に陥っていることに根本的な原因がある。それが端的に農村の危機（過疎化）として現象している。対策として農業の生産性向上を図り，大規模効率化させたとすれば，条件の整っている地域では一定の国際競争力を確保できるかもしれない。しかし，同時に農業以外の就労機会が周辺地域で得られなければ，農村は維持できない。問題解決のためには，農林水産業の再構築と同時に，兼業農家モデルに代わる「新しい多就業スタイル」を実現する必要がある。そのためには，農山村に資金や人材の還流をもたらす，新たな「地域連携アプローチ」が求められる。新たな連携の鍵になるのが，農山村の有する「固有価値」への着目である。

　こうした認識を前提として，第Ⅱ部では，エネルギー（第4章），森林（第5章），野生動物（第6章），食料（第7章）という，いずれも農山村が供給できる財・サービスの中で，近年，社会的にその価値が再評価されつつある素材を取り上げた。これらの財・サービスを農山村から都市に供給することを通じ，その対価として農山村への新たな資金の流れを生み出すための方策を検討した。対象とする素材の性質や，その素材が持つ価値がどの程度社会で認められているかによって違いがあるものの，適切な制度が導入されれば，農山村への資金や人材の還流を生むことができることが明らかとなった。つまり，農山村の「価値」を具現化する制度を導入することが，農山村の再生の一つの鍵となる

ことが示唆された。

　この農山村の価値の制度化は，一方では，農山村の価値（地域の資源）を良好な状態で保全すること，言い換えれば良好な生活環境の中で暮らすことを意味する。他方では，その価値（地域の資源）を経済的価値として具現化することによって利益を得て，それにより生計を立てるという，生業としての地域資源利用を意味する。両者は表裏一体のものであり，これからの農山村再生においては，地域住民の権利として積極的に位置づけることが求められる。すなわち，「環境権と生業権の融合」（宮本憲一先生からのご示唆による）である。地域の環境保全活動と，地域における生産活動とを，地域住民が統一的に管理できるようにすべきであるという主張とも解釈できる。第Ⅱ部第4章で紹介した長野県飯田市の「地域環境権」も，類似の発想と考えられる。「地域連携アプローチ」の前提となる地域の自立を担保し，持続可能な地域社会を形成するために，地域住民に対して保障されるべき権利ともいえる。

　第Ⅲ部では，以上の検討を念頭に置きつつ，従来からの行政を軸とした連携の枠組みとして，税財政（第8章）と災害支援における自治体連携（第9章）の現状と課題が分析されている。その上で，本書全体をまとめる形で，第10章において，自立を前提とした連携の論理として，「協治」の考え方が提示されている。

　以上が，本書の到達点の概要である。ただし，冒頭の「監修者序文」でも述べられているとおり，本書はわれわれの共同研究の「中間報告」である。日本の農山村再生という大きなテーマに取り組む上で，対応すべき課題が多数残されている。以下，今後の検討課題として認識している論点のうち，主要なものを示しておく。

　本書では「地域連携アプローチ」による農山村再生の要点として，「農山村の価値の制度化」に着目し，個別事例の検討を通じたある程度の類型化を試みた。次の段階として，農山村の価値の制度化を一般的な政策論に発展させる必要がある。対象とする素材（価値の源泉）の性質に応じた制度化のあり方について，①関係主体の権利と義務，責任の所在，②財源調達・費用負担ルール，③役割分担（政府間関係，公民連携，営利―非営利関係，地域間連携など）を明らかにすることが求められる。安定した制度化が行われることが，グローバ

ル競争の中で農山村発のイノベーションを生み出す基盤を強化することにもつながると考えられる。

　連携の対象となる地域の範囲についても，一層の検討が必要である。本書でも取り上げたとおり，地域間連携には農村と都市，河川の上流域と下流域，生産地と消費地，地方と東京などさまざまな様態がある。その中で，本書で十分に扱えなかった類型として，ここでは特に，国境を跨いだ地域間の連携を挙げておきたい。現状では，TPP 参加問題などを受け，国際間の競争の側面に議論が過度に集中している印象がある。一方で，国家の枠に囚われない地域間交流にもさまざまな蓄積がある。日本の農山村の価値を評価し，地域の自立を認めた上で「協治」に参加してくれる主体であれば，国境の内外は原理的な問題とはならないはずである。当然，日本から他国を支援するという逆方向の連携の可能性もありうる。こうした越境型の連携の可能性をつなぎ，TPP に代表されるグローバル競争への対抗論理として組み立てることで，日本の農山村再生を世界に開かれたものにするための展望を示す必要がある。

　本書は農山村を出発点として，「地域からの国土政策」によって日本の社会・経済システムを再構築することをめざしてきた。一方で，第 1 章で明確に示されているとおり，日本の農山村問題の裏側には，「東京問題」が存在する。本書の枠を超えた長期的な課題となるが，この日本の都市問題をも視野に入れつつ，人口減少社会を前提としたダウンサイジングされた新しい日本の姿を示すことが求められる。目標は，『「国土の長期展望」中間とりまとめ』に描かれた，従来の単純延長上に待ち受ける危機的な未来ではなく，「環境権と生業権の融合」がもたらす新しい豊かさを享受できるような未来である。

　以上のような論点について，これからも学際的共同研究を継続し，いずれは次の成果報告ができればと考えている。

　本書は，公益財団法人 日本生命財団による研究助成および出版助成なしには成立しえなかった。特に，同財団助成事業部部長（当時）の吉川良夫さん，助成事務局の広瀬浩平さんには，毎回の研究会に足をお運びいただき，本研究の進捗状況を見守っていただいた。宮本憲一先生，淡路剛久先生，保母武彦先生をはじめとした日本環境会議の諸先生には，オブザーバーとして本研究会に

もご参加いただき，研究の方向性や注目すべき事例など，貴重なご指導をいただいた。一般財団法人 統計研究会の村本絹江さん，田尻朋子さんには，研究会の資金管理をお引き受けいただき，円滑な研究活動の推進を手助けいただいた。東京大学出版会には本書の出版をお引き受けいただき，特に編集担当の後藤健介さんには，原稿の集約が遅れ出版日程がずれ込む中でも，常に前向きに私たちの作業を後押ししていただいた。一橋大学自然資源経済論プロジェクトの歴代のメンバーである，石田信隆さん（農林中金総合研究所・理事研究員），若林剛志さん（同・主事研究員），寺林暁良さん（同・研究員）には，本研究と連携して研究会や現地調査を実施させていただき，本研究の良き理解者として，その都度，示唆に富むご指摘をいただいた。また，山川俊和君，傅喆さん，浅井美香さん，藤谷岳君，藤井康平君，吉村武洋君，西林勝吾君，石倉研君には，同プロジェクトの特任講師，非常勤研究員，研究補助員などとして，本研究の研究会や現地調査の記録作成を支援していただいた。この他にも，研究会や現地調査の際に，多くの方々にお世話になった。ここにあらためて御礼申し上げる。本書の刊行が，皆様へのご恩返しに向けた一歩となれば幸いである。

監修者・編者紹介

岡本雅美（おかもと・まさみ）［監修］元日本大学教授.『利根川の水利』（共著, 1985年, 岩波書店）, ほか.

寺西俊一（てらにし・しゅんいち）［編者, まえがき, 8 章］一橋大学大学院経済学研究科特任教授.『新しい環境経済政策』（編著, 2003 年, 東洋経済新報社）,『地域再生の環境学』（共編著, 2006 年, 東京大学出版会）,『自然資源経済論入門』（全 3 巻, 共編著, 2010～13 年, 中央経済社）, ほか.

井上　真（いのうえ・まこと）［編者, 10 章］東京大学大学院農学生命科学研究科教授.『コモンズの思想を求めて』（2004 年, 岩波書店）,『地球環境保全への途』（共編著, 2006 年, 有斐閣）,『コモンズ論の挑戦』（編著, 2008 年, 新曜社）, ほか.

山下英俊（やました・ひでとし）［編者, 4 章, あとがき］一橋大学大学院経済学研究科准教授.『ドイツに学ぶ　地域からのエネルギー転換』（共編著, 2013 年, 家の光協会）,『自然資源経済論入門 2　農林水産業の再生を考える』（分担執筆, 2011 年, 中央経済社）,「日本におけるメガソーラー事業の現状と課題」（『一橋経済学』7 巻 2 号, 2014 年）, ほか.

執筆者紹介（五十音順）

石井　敦（いしい・あつし）［2 章, 補章］筑波大学生命環境系教授.「国際化に対応した低コスト大規模稲作経営実現のための圃場整備」（『農業農村工学会誌』81 巻 10 号, 2013 年）,「巨大畦区水田整備によるコメの生産コスト削減」（『農業農村工学会誌』78 巻 11 号, 2010 年）, ほか.

礒野弥生（いその・やよい）［9 章］東京経済大学現代法学部教授.『日本社会と市民法学』（分担執筆, 2013 年, 日本評論社）,『分権時代と自治体法学』（分担執筆, 2007 年, 勁草書房）,『中国太湖流域の水環境ガバナンス――対話と共働による再生に向けて』（分担執筆, 2012 年, アジア経済研究書）, ほか.

泉　桂子（いずみ・けいこ）［5 章］岩手県立大学総合政策学部准教授.『近代水源林の誕生とその軌跡――森林と都市の環境史』（2004 年, 東京大学出版会）,『森林破壊の歴史』（分担執筆, 2011 年, 明石書店）,『里山創生』（分担執筆, 2011 年, 創森社）, ほか.

佐無田　光（さむた・ひかる）［1 章］金沢大学人間社会学域教授.『北陸地域経済学』（編著, 2007 年, 日本経済評論社）,『基本ケースで学ぶ地域経済学』（分担執筆, 2008 年, 有斐閣）,『環境再生のまちづくり』（分担執筆, 2008 年, ミネルヴァ書房）, ほか.

根本志保子(ねもと・しほこ)[7章]日本大学経済学部准教授.「福島第一原発事故が「東京」に問題提起していること――エネルギーと食料の新たな地域間連携」(『環境と公害』41巻2号,2011年),『消費社会のリ・デザイン――豊かさとは何か』(共著,2009年,日本デザイン機構),ほか.

羽山伸一(はやま・しんいち)[6章]日本獣医生命大学獣医学部教授,獣医師.『野生動物問題』(2001年,地人書館),『野生動物管理――理論と技術』(共編著,2012年,文永堂出版),『野生との共存――行動する動物園と大学』(共編著,2012年,地人書館),ほか.

除本理史(よけもと・まさふみ)[3章]大阪市立大学大学院経営学研究科教授.『環境被害の責任と費用負担』(2007年,有斐閣),『原発事故の被害と補償』(共著,2012年,大月書店),『原発賠償を問う』(2013年,岩波ブックレット),ほか.

索　引

あ　行

Iターン　32, 34-36
芦別市（北海道）　94
畦区　50
アソシエーション　259-260
新しい多就業スタイル　89, 265
海士町（島根県）　35, 36, 41
　　──自立促進プラン　36
　　海士ファンバンク　35
アメリカ　199, 213, →米国
飯田市（長野県）　113-114, 266
飯舘村（福島県）　66-70, 72, 76, 78
　　いいたてミートバンク事業　69-70
　　飯舘村第3次総合振興計画　68-70
イオン　170, 184, 186, 188, 192-194
石巻市（宮城県）　235
1.5次産業　25
イノシシ　161
いの町（高知県）　138
入会　133, 135, 142, 145, 257
いろどりビジネス（徳島県上勝町）　27, 33
いわき市（福島県）　236
印旛沼土地改良区（千葉県）　55, 57
ヴォルビック社　128
エコ・ツーリズム　24
江戸崎町（茨城県）　160
エネルギー
　　──完全自給型の地域づくり（北海道下川町）　94
　　──基本計画　90, 99-100
　　──自立　92, 94-95, 115
　　──政策基本法　99
　　──選択の「倫理」　90
エネルギー転換　89, 91-92, 98, 100
　　地域からの──　92-94, 103-104, 111, 115

塩山市（山梨県，旧）　134
応関原則　254
オーナー制　206-207
オオヒシクイ　160
大山千枚田（千葉県鴨川市）　207
奥能登（石川県）　15-20
小河内貯水池（東京都）　129, 135
オフセット・クレジット（J-VER）　117

か　行

かかわり主義　254
革新的エネルギー環境政策　100, 102
かけがえのなさ　83
仮想評価法（CVM）　81, 82
過疎法　15
過疎問題　7, 11, 21, 22, 34
神金財産区（山梨県）　135
上勝町（徳島県）　27
環境管理事業　24
環境権と生存権の融合　266, 267
環境直接支払い　160-161
環境配慮　167-169, 196-197
環境評価手法　81, 82, 83
環境評価法　66
環境保全型農業　25
観光業　17
感染症問題　154, 156
環太平洋経済連携協定　→ TPP
ガバナンス　255-256
帰還困難地域　79
基幹的農業従事者　212
北上市（岩手県）　241, 244, 247-248
　　北上川流域市町村連絡協議会　236
　　きたかみ震災復興ステーション　247
北九州市（福岡県）　246
協治（戦略）　253, 254, 257, 259, 261-263, 266
共存的競争　76-77, 84, 117

271

協同組合　112
巨大区画（化）　45, 55-58
巨大区画水田　46, 53-54, 56, 63, 203
漁協　19
区画　50
葛巻町（岩手県）　95
クラウド連携　246
グリーン・ツーリズム　68, 221
グローバル化　13, 17, 212
畦畔　60
兼業農家（モデル）　13-14, 18, 23-24, 89
下水対策　126
下水道　135
限界集落　158, 212
原子力損害賠償紛争審議会　73
原発事故　→東京電力福島第一原子力発電所事故
原発避難者　80
　──特措法　243
　──特例法　238
広域連携　29, 31
広域連合　240, 243
後期高齢者医療──　240
公共性　261
　資源属性における──　262
　正当性における──　262
耕作地調整　45, 53, 56
耕作放棄（地）　14, 18, 46, 53, 205
国府田農場（米国）　48, 60
こうち型地域環流再エネ事業スキーム（高知県）　112
コウノトリ　154, 160, 163-164
　──育む農法（兵庫県豊岡市ほか）　25, 160
　──・トキの舞う関東自治体フォーラム　164
高齢化　34, 212, 227, 228
高齢専業化　14, 60
国土形成計画　22
国土審議会政策部会長期展望委員会　90
「国土の長期展望」中間とりまとめ　8, 96, 267

小作料　55
コジェネレーション（熱電併給）　93, 97-99
固定価格買取（FIT）制度　89, 100, 102, 104-106, 113-116
湖南市（滋賀県）　113-114
コミットメント　256, 263
コミュニティ　259
　──農業　167-168, 197
　──・パワー　104, 116
　──・ビジネス　31
コメ　14, 45-48, 56, 61, 177
　──の生産コスト　47
コモンズ　168, 198, 254, 256-257, 262
　協治型──　258
固有価値（論）　25, 66, 75, 76, 83, 265
　──のストック　75
豪州　48-51, 58-59

さ　行

災害援助法　237, 244
災害対策基本法　237, 238
災後日本　90, 91
再生可能エネルギー（事業）　24, 91, 98-102, 105-106, 109, 114-116
　──特別措置法　102, 116
在宅兼業　12
坂折棚田（岐阜県）　206
サカタニ農産（富山県）　50
相模川（山梨県・神奈川県）　126
佐久総合病院（長野県）　30
サステイナビリティ（持続可能性）　7, 22, 25, 90, 143, 168, 171, 195, 198
サステイナブル・シティズ・プロジェクト　38
佐渡市（新潟県）　161, 164
サル　159
産消提携　167-170
30 a（アール）標準区画　50, 54, 58
産直事業　68, 78, 168
シカ　150-151
　──害　156, 129-130, 141
資金移転制度　28

資源管理（論）　257，259
自然エネルギー促進法　101
自然資源（管理）　149-150，158-159，
　　162-163
　　自然資源管理産業　150，159，161
下川町（北海道）　94，95
下北半島（青森県）　159
社会的企業　31，32，34，→ソーシャル・
　　エンタープライズ
社会的制御能　257
借入田面積　18
周辺経済化　15
集落撤退論　9，158
少子高齢化　8
小農者　61
消費者の予約購入　177，182
消滅集落　212
食の安全・安心　167-169，184，191，
　　195-197
食糧自給率　212
食料・農業・農村基本法　222
所得補償　62
震災復興基金　193
信用金庫　33
森林
　　——環境税　126-127
　　——の水源涵養機能・災害防止機能
　　121，124，262，265
　　——の流域管理システム　124
　　——被害　151
事前の作付け契約　175，182
事前予約　178
自治体のクラウド連携　246
実質農業所得　18
事務組合　240，243
住民参加　70-71
情報連携　247
除染　246
人材環流戦略　34
人的ネットワーク圏　260-261
水源環境税（神奈川県）　127
水源涵養　→森林の水源涵養機能
　　水源かん養林　136

水源地域対策特別措置法　126
水源林　123，129
　　——保全　105
水田　45-62
垂直的な財源保障機能　218
水平的な財政調整機能　218，220
水路　58
住み続ける権利　10
生活協同組合　112，169，171，174
生活クラブ　168-171，176-182，186-187，
　　189-190，196，198
生産原価保障方式　171，176，199，200
生態系サービス　149-150，160，212，228，
　　230，231
生物多様性　158，160，162，163
　　——基本法　159
セーフティネット　30，39，257
セカンドタウン　80
世田谷区（東京都）　244，248
仙台市（宮城県）　236
絶滅危惧種　154
全国総合開発計画　124
全農　178
総合エネルギー調査会　98
総合資源エネルギー調査会　99
総合対策検討会　231
創造的復興　65
ソーシャル・エンタープライズ／ビジネス
　　31，173，→社会的企業
組織的農業　23
ゾーニング　55，62，208

　　　　　　　　　　た　行

太陽光発電　93，101，106
多就業　40
他出者　260
棚田　25，203-207，253
多面的機能　→農業の多面的機能
ダイエー　170，184，186，192-193
大規模稲作経営　52
大規模農業　18
大区画水田　50
大地を守る会　169-170，173，177，

索　引——273

180-181, 186, 189-195, 198
大都市圏　20, 39
第二種兼業農家　18, 45, 52, 55, 60
段階的なメンバーシップ　253-254
地域　123, 267
　──医療　29-30
　──からのエネルギー転換　89, 106
　──からの国土政策　22, 37
　──環境権　114, 266
　──間分業　23, 26
　「──還元型再生可能エネルギー導入事業」
　　（広島県）　112
　──金融機関　33
　──資源　40
　──社会的企業　32
　──制度　33
　──複合経営　62
　──ブランド　66, 74-75, 78
　──連携アプローチ　22, 37, 265, 266
千曲市（長野県）　204
地球温暖化対策　91
地方交付税　218, 219
　──交付金制度　218
　──特別会計　219
　──の補助金化　220
　──法　219
地方財政平衡交付金制度　218
中山間地域　10, 19, 40, 61, 67, 78,
　　132, 203, 223, 228
　──等総合対策検討会　227
　──等直接支払交付金　222, 223, 225,
　　226, 227, 228, 229
　──等直接支払市町村基本法　223
　──等直接支払制度検討会　226
中山間農業地域　62
　──の活性化事業の6類型　78
町外コミュニティ　80
鳥獣保護法（鳥獣の保護および狩猟の適正化
　　に関する法律）　157, 158, 162
　　鳥獣保護及狩猟ニ関スル法律　157
　　鳥獣被害対策特別措置法　158, 162
直接支払　222, 223, 225-227
抵抗戦略　254, 261

低コスト稲作農業　46
定住自立圏構想　236
電気事業者による新エネルギー等の利用に関
　　する特別措置法（RSP法）　101
電源三法交付金制度　104-105
電電プロジェクト　110
デンマーク　116
東京電力福島第一原子力発電所事故
　　66-67, 89, 99, 104, 123, 145, 167,
　　183, 186, 188, 192, 194-196, 198,
　　214, 242
東京都　124
　──水道局　129, 132-136
　──水道水源林　124, 129-131, 133,
　　141-142
遠野市（岩手県）　241, 244
トキ　154, 161, 163-164
土佐の森方式（高知県）　128, 138, 142
都市住民　78
土地改良法　56
土地の空洞化　212
土地持ち非農家　14, 60-61
土地利用型農業　45-46
利根川・荒川水源地域対策基金　126
トラスト制　206
トレーサビリティ　186-187, 189, 194,
　　196-197
ドイツ　92-93, 98, 102-104, 107, 110,
　　115-116, 199
道志村（山梨県）　136, 139-142
　　道志・森づくりネットワーク　136, 137,
　　139
　　道っ木ぃ〜ず　137, 143
道水路レイアウト　58
豊岡町（兵庫県）　160

　　　　　　　　な　行

内発的発展（論）　10, 11, 22, 66, 68,
　　74, 90, 94, 113, 211, 214-217,
　　220-221, 229
「日本で最も美しい村」連合　76
認定農業者制度　14, 18
ネットスーパー　181

農協　13, 19, 26, 28, 33, 52
農業
　——基本法　52
　新——基本法　225-226, 230
　——経営基盤強化促進法　53
　——生産法人　140
　——・農村の持続性　184
　——の持続性　167-169, 191, 195-197
　——の多面的機能　7, 40, 66, 75, 81, 168, 212, 222, 227, 228, 230
農山（漁）村　38
　——の「価値」　66, 105
　農山村経済の「周辺化」　13
農商工連携　40
農事組合法人　24
農政改革大綱　226
農村　38
　——振興　221
　——人口　12, 39
　——の多就業モデル　23
　——の知識経済化　27
農地
　——改革　39, 52
　——貸出　55
　——法　40, 124
　——流動化　40, 53
農用地利用増進事業　53
農用地利用増進法　53
農林水産省　221

　　　　は　行

ハーネス河合（福井県）　52, 55, 57
萩原山財産区（山梨県）　134-135
半島振興法　15
バイオガス　93
バイオマス　24, 94-95, 98, 137-138, 145
パルシステム　169-171, 173, 176, 178, 180-181, 186, 188, 191-194
「半農半X」　24, 36
東日本大震災　65, 214, 236
　——復興構想会議　65
被災者の受け入れ　242

被災地支援商品　192
ヒシクイ保護基金（茨城県牛久市）　160
人の空洞化　212
開かれた地元主義　253
風力発電（所）　95, 96, 116
福島原発事故　→東京電力福島第一発電所事故
双葉郡／双葉町（福島県）　242, 245
復興庁　245
フランス　128
ふるさとの喪失　10, 73-74
ブランド化　67-68
文化的付加価値　25, 40
平地農業地域　46
米国　48-50, 59, 101, →アメリカ
放射性物質（汚染）　183, 188-191, 195-196
　——汚染対処特措法　243
誇りの空洞化　212
圃場整備（事業）　14, 18, 24, 46, 52-54, 56-58, 61, 207, 208
防災協定　238, 245
ポスト工業化　11, 13-14, 17, 21, 25, 39, 89

　　　　ま　行

マウエンハイム地区（ドイツ）　93
までいな村おこし（福島県飯舘村）　72, 74, 75
　までぃライフ　71
「まなざし」　79, 82
丸山千枚田（三重県）　204-205, 207
南相馬市（福島県）　236
みやま市（福岡県）　110
夢創塾（飯舘村）　70
むらの空洞化　212
メガソーラー事業　106-110, 112, 114
　雪国型——　111
メタセコイアの森の仲間たち（岐阜県郡上市）　161
モノレール　133

索　引——275

や 行

野菜セットボックス　178-179, 182, 189
野生動物（問題）　150, 151, 154, 156, 157, 159, 262, 265
谷地田　204
山梨県　131-133, 138
　　やまなし森づくりコミッション　138-139
Uターン　32, 34-35
遊佐町（山形県）　179, 180, 182, 199
輸入自由化（農産物の）　13
余剰電力買取制度　102
横浜市　124
　　――水源林　139, 141
　　――道志水源かん養林　124
吉野ヶ里　109
予約共同購入　171

ら 行

らでぃっしゅぼーや　169-170, 173, 176, 178-181, 186-189, 192, 194, 260
陸前高田市（岩手県）　249
リゾート法　124
流域　123-124, 163
　　――環境保全　125, 127-128, 136
利用集積　45, 53-54
林業　212
労働集約型農業　46, 49

6次産業化　40, 47, 49, 62

わ 行

ワイルドライフマネジメント　157, 159, 162
若妻の翼（飯舘村）　70-71
輪島（石川県）
　　輪島の千枚田　204
　　輪島市白米　207
　　輪島塗　16

A～Z

EU　222, 231
FIT制度　→固定価格買取制度
FTA（自由貿易協定）　213
GATT・ウルグアイラウンド交渉　13
Isbell農場　49
J-VER制度　95, →オフセット・クレジット
JA　178
NPO　30, 31, 32, 33, 114, 137, 170, 205, 245, 248, 249, 254, 261
RADIX（らでぃっしゅぼーや環境保全型生産基準事項）　174, 180
RPS制度／法　101, 102
TPP4（環太平洋戦略的経済連携協定）　45, 213, 267

自立と連携の農村再生論

2014 年 5 月 29 日 初 版
［検印廃止］

監修者　岡本雅美

編　者　寺西俊一・井上　真・山下英俊

発行所　一般財団法人　東京大学出版会
　　　　代表者　渡辺　浩
　　　　153-0041 東京都目黒区駒場 4-5-29
　　　　http://www.utp.or.jp/
　　　　電話 03-6407-1069　Fax 03-6407-1991
　　　　振替 00160-6-59964

印刷所　大日本法令印刷株式会社
製本所　誠製本株式会社

©2014 Masami Okamoto, et al.
ISBN 978-4-13-076029-4　Printed in Japan

[JCOPY]〈(社)出版者著作権管理機構　委託出版物〉
本書の無断複写は著作権法上での例外を除き禁じられています．複写される場合は，そのつど事前に，(社)出版者著作権管理機構（電話 03-3513-6969，FAX 03-3513-6979，e-mail: info@jcopy.or.jp）の許諾を得てください．

淡路剛久 監修			
寺西俊一 西村幸夫	編	地域再生の環境学	A5・3,500 円
西村幸夫	著	都市保全計画 歴史・文化・自然を活かしたまちづくり	A5・15,000 円
武内・鷲谷 恒川	編	里山の環境学	A5・2,800 円
井上・酒井・下村 白石・鈴木	編	人と森の環境学	A5・2,000 円
泉　桂子		近代水源林の誕生とその軌跡 森林と都市の環境史	A5・5,800 円
武内和彦	著	環境時代の構想	A5・2,300 円
石　弘之	編	環境学の技法	A5・3,200 円
阿部　斉 新藤宗幸	著	概説　日本の地方自治［第2版］	四六・2,400 円
持田信樹	著	地方分権の財政学　原点からの再構築	A5・5,000 円
山下詠子	著	入会林野の変容と現代的意義	A5・4,600 円

ここに表示された価格は本体価格です．御購入の際には消費税が加算されますので御了承ください．